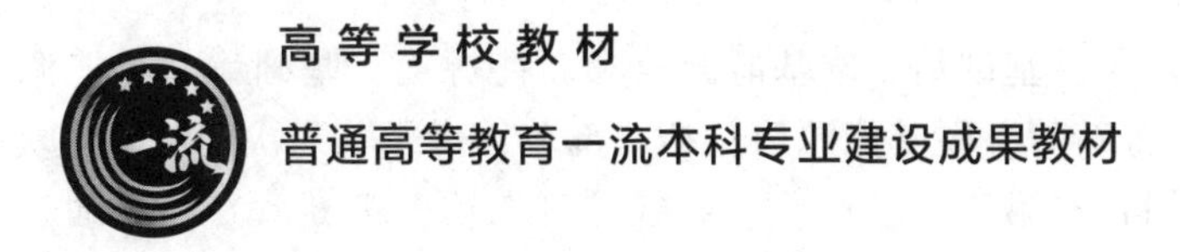


# 能源化学工程导论

高志贤 张 磊 主编
张玉龙 庆绍军 副主编

化学工业出版社
·北京·

## 内容简介

《能源化学工程导论》包括基础篇、碳基能源篇和新能源篇。基础篇介绍能源基本概念与科学基础、能源化工的范畴等。碳基能源篇包括三部分：煤及其二次能源（焦炭、合成气及煤基燃油和煤基醇醚燃料）（第 2～5 章）、天然气与可燃冰（第 6 章）和石油（第 7 章）。新能源篇由太阳能、生物质能和氢能组成（第 8～11 章）。

本书可作为高等学校能源化学工程专业师生以及继续教育、职业培训的教材，也可供能源化工等相关专业的研究生及技术人员参考。

**图书在版编目（CIP）数据**

能源化学工程导论/高志贤，张磊主编；张玉龙，庆绍军副主编. —北京：化学工业出版社，2024.3

高等学校教材

ISBN 978-7-122-44788-3

Ⅰ. ①能… Ⅱ. ①高…②张…③张…④庆… Ⅲ. ①能源-化学工程-高等学校-教材 Ⅳ. ①TK01

中国国家版本馆 CIP 数据核字（2024）第 002317 号

---

责任编辑：郝英华　满悦芝　　　文字编辑：师明远　姚子丽
责任校对：宋　玮　　　装帧设计：史利平

---

出版发行：化学工业出版社
（北京市东城区青年湖南街 13 号　邮政编码 100011）
印　　刷：三河市航远印刷有限公司
装　　订：三河市宇新装订厂
787mm×1092mm　1/16　印张 12　字数 291 千字
2024 年 5 月北京第 1 版第 1 次印刷

---

购书咨询：010-64518888　　　售后服务：010-64518899
网　　址：http：//www.cip.com.cn
凡购买本书，如有缺损质量问题，本社销售中心负责调换。

---

**定　　价：49.00 元**

# 前 言

当今社会的发展对能源资源的依赖越来越高，中华民族伟大复兴必须确保能源安全。传统的化石能源为国民经济的发展提供了物质基础，也带来了相关的环境污染和过度碳排放而引起的气候变化问题。传统煤炭、石油和天然气等碳基能源的清洁化利用，成为过去几十年来各国努力的方向，并取得了较大的进展。近二十年来，随着国际社会对不可再生碳基资源的持续消耗和碳排放的高度关注，太阳能、风能和生物质能等可再生新能源的开发利用成为未来发展的方向。碳基能源清洁利用与新能源开发，需要化工技术的新突破。由此，国内外都在能源化学与化工方面开设专业课程，为相关发展奠定了基础。

在此背景下，辽宁石油化工大学在原化学工程与工艺专业(煤化工)基础上组建能源化学工程专业。为响应我国新能源发展战略和满足专业发展需求，组织有关专家学者编写了本教材。参与编写的人员主要以具有科研背景的学者为主，除了辽宁石油化工大学人员外，还邀请了国内科研机构(中国科学院山西煤炭化学研究所、北京低碳清洁能源研究院及中科合成油有限责任公司)和高等院校(河南理工大学、安徽理工大学及上海交通大学)的专家共同参与教材大纲的制定、编写和审定。经过多次的研讨，并上报辽宁石油化工大学石油化工学院及能源化学工程专业领导核准，确定了本书以与化工有关的能源为主要内容，包括基础篇(第 1 章)、碳基能源篇(煤及其二次能源、天然气与石油，第 2～5 章)及新能源篇(太阳能、生物质能和氢能，第 8～11 章)。其中，在基础篇中，除介绍能源概况和能源化学理论外，还介绍了中国能源发展与能源的关联内容，以及相关的能源革命的重大决策等，目的是强化学生对我国能源发展与国民经济发展关系的深入理解。

在编写过程中，参阅国内外典型教材，部分内容以拓展阅读的方式入框展示，包括基本概念区分、与主题内容关联紧密的概念与定义、发展历史片段、人物和技术企业介绍以及近年来中国能源革命的相关政策等。这些内容与主题内容有机结合，有利于丰富学生的学习兴趣，激发学生为实现中华民族伟大复兴的中国梦而刻苦奋斗的决心与热情。另外，围绕本章主要内容，每章都给出本章的思考题，供广大师生选择使用。本书配套课件及思考题解答可提供给采用本书作为教材的院校使用，如有需要，请登录 www. cipedu. com. cn 注册后下载使用。

全书共分 11 章，第 1 章由高志贤编写，第 2 章由高志贤、王志猛和韩冬云编写，第 3 章由赵建涛(煤制合成气)和高志贤(焦炭)编写，第 4 章由张凡(直接液化)、张玉龙和高志贤(间接液化)编写，第 5 章由张凡和张玉龙编写，第 6 章由刘姝和高志贤编写，第 7 章由张财顺和高志贤编写，第 8 章由陈常东和王芳芳编写，第 9 章由王菲和高志贤编写，第 10 章由庆绍军、张磊和高志贤编写，第 11 章由张磊、庆绍军和高志贤编写。 另外，王天富审阅了生物质能章节全部内容(第 9 章)，相宏伟、王磊、邓天昇和侯相林等为本书的编写提供了部分编写资料。 全书由高志贤负责审核后定稿。

由于编者水平所限，不足之处在所难免，恳请广大读者批评指正。

编者

**2023 年 12 月**

# 目 录

# 基础篇

基础篇（第 1 章）从能源基本概念入手，简要介绍了能源利用与能源结构的相关发展，然后对能源科学基础和能源化工的范畴等进行论述。

# 第1章 能源概论

## 1.1 能源的概念及分类与属性

### 1.1.1 能源的概念

关于能源的定义，约有20种。例如“能源是可从其获得热、光和动力之类能量的资源”；《大英百科全书》中的定义为“能源是一个包括着所有燃料、流水、阳光和风的术语，人类用适当的转换手段便可让它为自己提供所需的能量”；《日本大百科全书》中的定义为“在各种生产活动中，我们利用热能、机械能、光能、电能等来做功，可利用来作为这些能量源泉的自然界中的各种载体，称为能源”；我国的《能源百科全书》中的定义为“能源是可以直接或经转换提供人类所需的光、热、动力等任一形式能量的载能体资源”。

能源（Energy Source）亦称能量资源或能源资源，是指能够提供能量的资源。这里的能量通常指热能、电能、光能、机械能、化学能等。能源是国民经济的重要物质基础，能源的开发和有效利用程度以及人均消费量是生产技术和生活水平的重要标志。(《中国大百科全书·机械工程卷》)

在《中华人民共和国节约能源法》中，能源是指煤炭、石油、天然气、生物质能和电力、热力以及其他直接或者通过加工、转换而取得有用能的各种资源。其中，煤炭、石油和天然气三种能源是现阶段能源消费的主体，是全球能源的基础。中国富煤少油，能源结构的第一构成仍然是煤，截至2020年占比超过55%；对我国而言，能源结构的调整变革仍任重道远。

### 1.1.2 能源的分类与属性

能源按来源可分为三大类：①来自太阳的能源，包括直接来自太阳的能量（如太阳光热辐射能）和间接来自太阳的能源（如煤炭、石油、天然气、油页岩等可燃矿物及薪材等生物质能、水能和风能等）；②来自地球本身的能源，一种是地球内部蕴藏的地热能，如地下热水、地下蒸汽、干热岩体，另一种是地壳内铀、钍等核燃料所蕴藏的原子核能；③月球和太阳等天体对地球的吸引产生的能源，如潮汐能。

按生产可分为两大类，即一次能源和二次能源。一次能源即天然能源，指在自然界现成存在的能源，如煤炭、石油、天然气和水能等。二次能源指由一次能源加工转换而成的能源产品，如电力、蒸汽、煤气/合成气、合成天然气、焦炭、洁净煤、煤气、汽油、柴油及其它各种石油燃料制品等。

一次能源转换为二次能源过程中，发生了物理变化或化学变化，通常发生物理变化的较少，而以化学变化居多。其中，一次能源又分为可再生能源和不可再生能源，凡是可以不断得到补充或能在较短周期内再产生的能源称为可再生能源，如风能、水能、海洋能、潮汐能、太阳能和生物质能等；除可再生能源外，其它称为不可再生能源，主要包括煤、石油和天然气等。地热能基本上是非再生能源，但从地球内部巨大的蕴藏量来看，又具有再生的性质。

按能源利用是否产生碳足迹可分为碳基能源和非碳能源，煤炭、石油、天然气等化石能源均为碳基能源，而太阳能、水能和风能资源等则为非碳能源。幸运的是，碳基能源利用过程中排放到大气中的部分 $CO_2$，可通过大自然的光合作用转化为生物质能（化学能）。

按使用普及程度又可分为常规能源和非常规能源（新能源）。技术上成熟，使用比较普遍的能源叫做常规能源，包括一次能源中的可再生的水力资源和不可再生的煤炭、石油、天然气等资源。新能源是相对于常规能源而言的，是指新近或正在着手开发利用、有待推广的能源，如太阳能、地热能、风能、海洋能、生物质能、氢能和核聚变能等传统能源之外的各种能源形式，也包括通过煤化工制取的低碳醇醚和烃类液体燃料等。

> **拓展阅读**
>
> 可再生能源是指可以在相对短的时间内再次获得的能源，它是个相对的概念。根据能量守恒原理，能源的再生是需要能量之源的；只有能量之源无穷尽，方可成为名副其实的可再生能源，然而事实并非如此。例如水能，由于其上游冰川储量巨大，可以维持相当长时间，但最终总会消耗殆尽的。再比如核能，作为核聚变最合适的燃料重氢(氘)大量地存在于海水中，所谓的“取之不尽，用之不竭”也是相对而言的。同样道理，由于太阳寿命很长很长，生物质能也被归属为可再生之列。

“联合国新能源和可再生能源会议”对新能源的定义为：以新技术和新材料为基础，使传统的可再生能源得到现代化的开发和利用，用取之不尽、周而复始的可再生能源取代资源有限、对环境有污染的化石能源，重点开发太阳能、风能、生物质能、潮汐能、地热能、氢能和核能（原子能）。

目前，大多数新能源还处于研究、发展阶段，存在着技术不成熟、经济性差等问题，有待于进一步发展。尽管如此，新能源属于可再生能源，资源丰富、分布广阔，是未来人类社会发展和进步的主要能源。特别是氢能，不存在碳排放且最清洁，被很多人认为是人类社会发展的终极能源。

**什么是清洁能源？**

一般意义上，清洁能源是指污染物排放少，对环境友好的能源。这一概念主要应用于化石资源领域，例如二次加工生产的洁净煤、清洁燃油等。这些清洁能源产品是指通过现代加工技术，降低甚至去除了对环境产生污染的组分的能源产品，或者是在能源使用过程中产生更少污染物的产品。显然，随着社会的发展，人们对清洁能源的清洁程度指标要求会越来越高，需要不断研究和开发清洁能源生产新技术。

严格意义上讲，清洁能源是指其利用过程中不排放污染物的能源，又称为绿色能源。例如，太阳能和氢能都属于清洁能源。

依据清洁能源的严格定义，还应包含能源利用的技术体系。以氢能为例，有多种不同的利用技术，如燃烧和氢燃料电池，前者只有在特定技术条件下才能实现零排放，而后者发电过程完全不产生污染物。

根据以上表述，结合现代科学认知，可以归纳能源的属性：①形式多样；②可加工转换，即可以相互转化；③可直接或间接储存；④长期意义上都是消耗性资源。

## 1.2 能源利用与能源结构演变

### 1.2.1 能源利用

能源是人类社会进步发展的物质基础，人类在受益的同时也面临一些问题。首先，能源开发和利用造成环境污染，尤其是工业革命以来能源的过度加速消耗对地球生物圈影响巨大，持续增大的碳排放引起的温室效应，成为当前必须解决的重大难题。其次，能源常常引发战争，很多地区战乱频发就是因石油争夺而起，两次世界大战也都包含着能源博弈的色彩。可以说，能源史在一定程度上反映世界各国的斗争发展史。

（1）煤的利用历史

人类开发利用煤炭的历史悠久，早在2000多年前的我国春秋战国时期，就已用煤作燃料。18世纪60年代从英国开始的工业革命，使能源结构发生第一次革命性变化——从生物质能转向了矿物能源，即由木炭转向了煤炭。至今煤炭仍是人类最重要的能源之一。1990年，世界一次能源消费构成中，煤炭占27.3%，仅次于石油，居第二位；同年，中国一次能源消费则以煤炭为主，占比高达77.3%。

（2）石油的利用历史

我国是世界上最早发现石油的国家，《易经》中写道："泽中有火"，"上火下泽"。泽，指湖泊池沼。"泽中有火"，是石油蒸气在湖泊池沼水面上起火现象的描述。1900多年以前东汉文学家、历史学家班固（公元32～92年）所著的《汉书·地理志》中写道："高奴县有洧水可燃。"高奴县指陕西延安一带，洧水是延河的一条支流。该书还记载了石油的产地，并说明石油是水一般的液体，可以燃烧。我国古代人民把石油用于机械润滑、照明和燃料，甚至还最早作为药物和火药配方组分使用。最早给石油以科学命名的是我国宋代著名科学家沈括（1031～1095年，浙江钱塘人）。他在《梦溪笔谈》中，把历史上沿用的石漆、石脂水、火油、猛火油等名称统一命名为石油，并对石油作了极为详细的论述："鄜、延境内有石油……予疑其烟可用，试扫其煤以为墨，黑光如漆，松墨不及也……此物后必大行于世，自予始为之。盖石油至多，生于地中无穷，不若松木有时而竭。""石油"一词，首用于此，沿用至今。

### 1.2.2 能源结构演变

人类利用各种能源的发展史，在一定程度上反映了社会的文明程度和技术进步，大体分为以下几个阶段：

① 1800年以前的农耕文明：柴薪能源时代。

② 1800～1900年的"黄金百年"：化石能源——煤炭能源时代。

③ 1900～2000年的现代文明：化石能源——石油第一、煤炭第二、天然气第三。

④ 2000～2050年的大变革：化石能源向可再生能源转型。

⑤ 2050年以后的理想社会：100%可再生能源（氢能时代）。

（1）什么是能源结构？

能源结构指能源总生产量或总消费量中各类能源的构成及其比例关系。能源结构是能源系统工程研究的重要内容，它直接影响国民经济各部门的最终用能方式，并反映人民的生活水平。

能源结构分为生产结构和消费结构。各类能源产量在能源总生产量中的比例，称为能源生产结构；各类能源消费量在能源总消费量中的比例，称为能源消费结构。

（2）中国的能源结构

我国是世界第一大能源生产国，也是世界第一大能源消费国，在煤炭、石油和天然气三大能源中，煤炭作为主要消费能源，其占比逐年下降，可再生清洁能源占比逐年增大。据《中国的能源状况与政策》白皮书，2006 年中国能源消费总量为 24.6 亿吨标准煤，其中煤炭在一次能源消费中的比重为 69.4％，可再生能源和核电比重为 7.2％。2021 年全年能源消费总量为 52.4 亿吨标准煤，比上年增长 5.2％。煤炭消费量增长 4.6％，原油消费量增长 4.1％，天然气消费量增长 12.5％，电力消费量增长 10.3％。煤炭消费量占能源消费总量的 56.0％，比上年下降 0.9 个百分点；天然气、水电、核电、风电、太阳能发电等清洁能源消费量占能源消费总量的 25.5％，上升 1.2 个百分点。2022 年全年能源消费总量 54.1 亿吨标准煤，比上年增长 2.9％。煤炭消费量占能源消费总量的 56.2％，比上年上升 0.3 个百分点；天然气、水电、核电、风电、太阳能发电等清洁能源消费量占能源消费总量的 25.9％，上升 0.4 个百分点。

（3）能源结构调整

国务院办公厅印发《能源发展战略行动计划（2014—2020 年）》指出，我国优化能源结构的路径是：降低煤炭消费比重，提高天然气消费比重，安全发展核电，大力发展可再生能源。

能源结构调整是中国能源发展面临的重要任务之一，也是保证中国能源安全的重要组成部分。调整中国能源结构就是要减少对石化能源资源的需求与消费，降低对国际石油的依赖，降低煤电的比重，大力发展新能源和可再生能源，把水电开发放到重要地位。

推动能源结构持续优化，核心就是积极发展清洁能源，包括几个方面：①降低煤炭消费比重；②提高天然气消费比重；③安全发展核电；④大力发展可再生能源。

**中国能源结构调整目标**

到 2030 年，中国单位国内生产总值二氧化碳排放将比 2005 年下降 65％以上，非化石能源占一次能源消费比重将达到 25％左右，森林蓄积量将比 2005 年增加 60 亿立方米，风电、太阳能发电总装机容量将达到 12 亿千瓦以上。［来源：《继往开来，开启全球应对气候变化新征程——在气候雄心峰会上的讲话》（2020 年 12 月 12 日，北京）。］

**能源消费总量**

能源消费总量是一定时期内全国物质生产部门、非物质生产部门消费的各种能源的总和，是观察能源消费水平、构成和增长速度的总量指标。包括原煤和原油及其制品、天然气、电力，不包括低热值燃料、生物质能和太阳能等的利用。2015～2022 年清洁能源占能源消费总量的比例见图 1.1 所示。

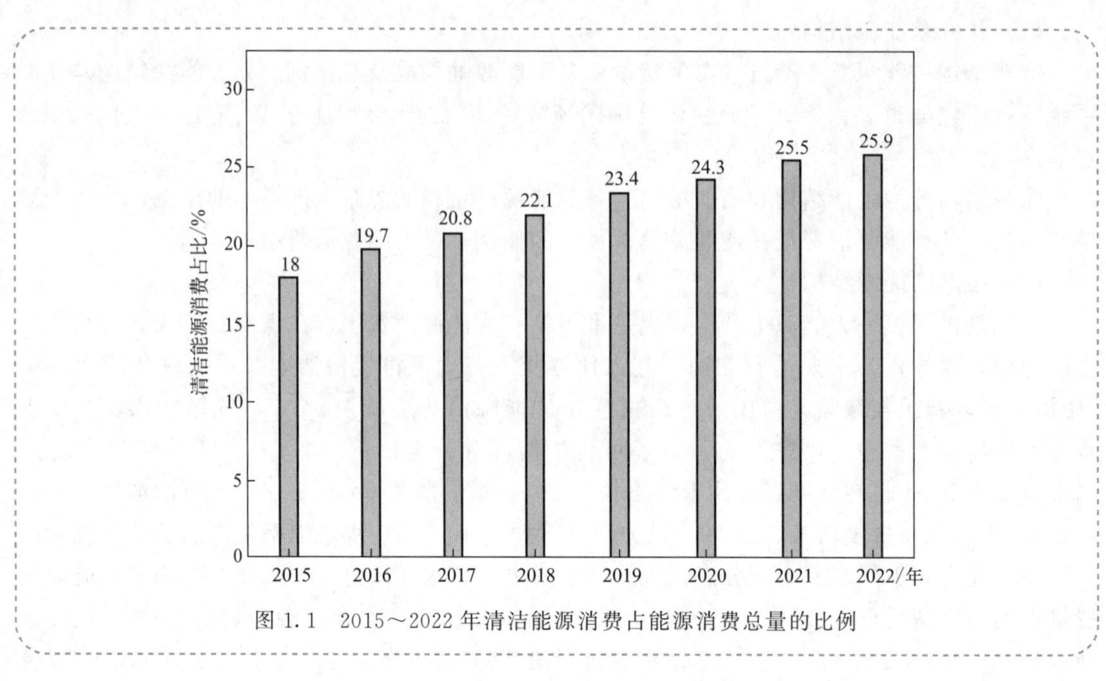

图 1.1 2015～2022 年清洁能源消费占能源消费总量的比例

| 中华人民共和国国民经济和社会发展统计公报 | | |
|---|---|---|
| 2016 年 | 初步核算，全年能源消费总量 43.6 亿吨标准煤，比上年增长 1.4%。煤炭消费量下降 4.7%，原油消费量增长 5.5%，天然气消费量增长 8.0%，电力消费量增长 5.0%。煤炭消费量占能源消费总量的 62.0%，比上年下降 2.0 个百分点；水电、风电、核电、天然气等清洁能源消费量占能源消费总量的 19.7%，上升 1.7 个百分点。全国万元国内生产总值能耗下降 5.0%。工业企业吨粗铜综合能耗下降 9.45%，吨钢综合能耗下降 0.08%，单位烧碱综合能耗下降 2.08%，吨水泥综合能耗下降 1.81%，每千瓦时火力发电标准煤耗下降 0.97% | 初步核算，全年国内生产总值 744127 亿元，比上年增长 6.7%。<br>全年人均国内生产总值 53980 元，比上年增长 6.1%。全年国民总收入 742352 亿元，比上年增长 6.9% |
| 2017 年 | 初步核算，全年能源消费总量 44.9 亿吨标准煤，比上年增长 2.9%。煤炭消费量增长 0.4%，原油消费量增长 5.2%，天然气消费量增长 14.8%，电力消费量增长 6.6%。煤炭消费量占能源消费总量的 60.4%，比上年下降 1.6 个百分点；天然气、水电、核电、风电等清洁能源消费量占能源消费总量的 20.8%，上升 1.3 个百分点。全国万元国内生产总值能耗下降 3.7%。重点耗能工业企业单位烧碱综合能耗下降 0.3%，吨水泥综合能耗下降 0.1%，吨钢综合能耗下降 0.9%，吨粗铜综合能耗下降 4.8%，每千瓦时火力发电标准煤耗下降 0.8%。全国万元国内生产总值二氧化碳排放下降 5.1% | 初步核算，全年国内生产总值 827122 亿元，比上年增长 6.9%。<br>全年人均国内生产总值 59660 元，比上年增长 6.3%。全年国民总收入 825016 亿元，比上年增长 7.0% |
| 2018 年 | 初步核算，全年能源消费总量 46.4 亿吨标准煤，比上年增长 3.3%。煤炭消费量增长 1.0%，原油消费量增长 6.5%，天然气消费量增长 17.7%，电力消费量增长 8.5%。煤炭消费量占能源消费总量的 59.0%，比上年下降 1.4 个百分点；天然气、水电、核电、风电等清洁能源消费量占能源消费总量的 22.1%，上升 1.3 个百分点。重点耗能工业企业单位烧碱综合能耗下降 0.5%，单位合成氨综合能耗下降 0.7%，吨钢综合能耗下降 3.3%，单位铜冶炼综合能耗下降 4.7%，每千瓦时火力发电标准煤耗下降 0.7%。全国万元国内生产总值二氧化碳排放下降 4.0% | 初步核算，全年国内生产总值 900309 亿元，比上年增长 6.6%。<br>人均国内生产总值 64644 元，比上年增长 6.1%。国民总收入 896915 亿元，比上年增长 6.5% |

续表

| | | |
|---|---|---|
| 2019年 | 初步核算，全年能源消费总量48.6亿吨标准煤，比上年增长3.3%。煤炭消费量增长1.0%，原油消费量增长6.8%，天然气消费量增长8.6%，电力消费量增长4.5%。煤炭消费量占能源消费总量的57.7%，比上年下降1.5个百分点；天然气、水电、核电、风电等清洁能源消费量占能源消费总量的23.4%，上升1.3个百分点。重点耗能工业企业单位电石综合能耗下降2.1%，单位合成氨综合能耗下降2.4%，吨钢综合能耗下降1.3%，单位电解铝综合能耗下降2.2%，每千瓦时火力发电标准煤耗下降0.3%。全国万元国内生产总值二氧化碳排放下降4.1% | 初步核算，全年国内生产总值990865亿元，比上年增长6.1%。<br>人均国内生产总值70892元，比上年增长5.7%。国民总收入988458亿元，比上年增长6.2% |
| 2020年 | 初步核算，全年能源消费总量49.8亿吨标准煤，比上年增长2.2%。煤炭消费量增长0.6%，原油消费量增长3.3%，天然气消费量增长7.2%，电力消费量增长3.1%。煤炭消费量占能源消费总量的56.8%，比上年下降0.9个百分点；天然气、水电、核电、风电等清洁能源消费量占能源消费总量的24.3%，上升1.0个百分点。重点耗能工业企业单位电石综合能耗下降2.1%，单位合成氨综合能耗上升0.3%，吨钢综合能耗下降0.3%，单位电解铝综合能耗下降1.0%，每千瓦时火力发电标准煤耗下降0.6%。全国万元国内生产总值二氧化碳排放下降1.0% | 初步核算，全年国内生产总值1015986亿元，比上年增长2.3%。<br>预计全年人均国内生产总值72447元，比上年增长2.0%。国民总收入1009151亿元，比上年增长1.9% |
| 2021年 | 初步核算，全年能源消费总量52.4亿吨标准煤，比上年增长5.2%。煤炭消费量增长4.6%，原油消费量增长4.1%，天然气消费量增长12.5%，电力消费量增长10.3%。煤炭消费量占能源消费总量的56.0%，比上年下降0.9个百分点；天然气、水电、核电、风电、太阳能发电等清洁能源消费量占能源消费总量的25.5%，上升1.2个百分点。重点耗能工业企业单位电石综合能耗下降5.3%，单位合成氨综合能耗与上年持平，吨钢综合能耗下降0.4%，单位电解铝综合能耗下降2.1%，每千瓦时火力发电标准煤耗下降0.5%。全国万元国内生产总值二氧化碳排放下降3.8% | 初步核算，全年国内生产总值1143670亿元，比上年增长8.1%，两年平均增长5.1%。<br>全年人均国内生产总值80976元，比上年增长8.0%。国民总收入1133518亿元，比上年增长7.9% |
| 2022年 | 初步核算，全年能源消费总量54.1亿吨标准煤，比上年增长2.9%。煤炭消费量增长4.3%，原油消费量下降3.1%，天然气消费量下降1.2%，电力消费量增长3.6%。煤炭消费量占能源消费总量的56.2%，比上年上升0.3个百分点；天然气、水电、核电、风电、太阳能发电等清洁能源消费量占能源消费总量的25.9%，上升0.4个百分点。重点耗能工业企业单位电石综合能耗下降1.6%，单位合成氨综合能耗下降0.8%，吨钢综合能耗上升1.7%，单位电解铝综合能耗下降0.4%，每千瓦时火力发电标准煤耗下降0.2%。全国万元国内生产总值二氧化碳排放下降0.8% | 初步核算，全年国内生产总值1210207亿元，比上年增长3.0%。<br>全年人均国内生产总值85698元，比上年增长3.0% |

### 1.2.3 新时代的中国能源革命

新时代的中国能源发展，贯彻“四个革命、一个合作”能源安全新战略。

——推动能源消费革命，抑制不合理能源消费。坚持节能优先方针，完善能源消费总量管理，强化能耗强度控制，把节能贯穿于经济社会发展全过程和各领域。坚定调整产业结构，高度重视城镇化节能，推动形成绿色低碳交通运输体系。在全社会倡导勤俭节约的消费观，培育节约能源和使用绿色能源的生产生活方式，加快形成能源节约型社会。

——推动能源供给革命，建立多元供应体系。坚持绿色发展导向，大力推进化石能源清洁高效利用，优先发展可再生能源，安全有序发展核电，加快提升非化石能源在能源供应中的比重。大力提升油气勘探开发力度，推动油气增储上产。推进煤电油气产供储销体系建设，完善能源输送网络和储存设施，健全能源储运和调峰应急体系，不断提升能源供应的质量和安全保障能力。

——推动能源技术革命，带动产业升级。深入实施创新驱动发展战略，构建绿色能源技术创新体系，全面提升能源科技和装备水平。加强能源领域基础研究以及共性技术、颠覆性技术创新，强化原始创新和集成创新。着力推动数字化、大数据、人工智能技术与能源清洁高效开发利用技术的融合创新，大力发展智慧能源技术，把能源技术及其关联产业培育成带动产业升级的新增长点。

——推动能源体制革命，打通能源发展快车道。坚定不移推进能源领域市场化改革，还原能源商品属性，形成统一开放、竞争有序的能源市场。推进能源价格改革，形成主要由市场决定能源价格的机制。健全能源法治体系，创新能源科学管理模式，推进“放管服”改革，加强规划和政策引导，健全行业监管体系。

——全方位加强国际合作，实现开放条件下能源安全。坚持互利共赢、平等互惠原则，全面扩大开放，积极融入世界。推动共建“一带一路”能源绿色可持续发展，促进能源基础设施互联互通。积极参与全球能源治理，加强能源领域国际交流合作，畅通能源国际贸易、促进能源投资便利化，共同构建能源国际合作新格局，维护全球能源市场稳定和共同安全。

（来源：《新时代的中国能源发展》白皮书）

**什么是双碳？碳中和？**

双碳，即碳达峰与碳中和的简称。2020 年 9 月中国明确提出 2030 年“碳达峰”与 2060 年“碳中和”目标。

碳中和（carbon neutrality），节能减排术语。碳中和是指人类社会生产活动中二氧化碳的净排放为零。换言之，就是二氧化碳排放量与捕集封存及转化的量相同，实现正负抵消，达到相对“零排放”。其中，转化部分包括大自然条件下的光合作用转化及人工转化（如 $CO_2$ 制甲醇或其它化学品）。

## 1.3 能源科学基础

能量是物质运动转换的量度，世界万物是不断运动的，在物质的一切属性中，运动是最基本的属性，其他属性都是运动的具体表现。能量也是表征物理系统做功的本领的量度。

### 1.3.1 能量形式

（1）动能

动能是物体由于作机械运动而具有的能，它的大小定义为物体质量与速度平方乘积的二分之一。因此，相同质量的物体，运动速度越大，它的动能越大；运动速度相同的物体，质量越大，具有的动能就越大。

（2）势能

势能是指物体（或系统）由于位置或位形而具有的能。例如，举到高处的打桩机重锤具有势能，故下落时它的动能增加并对外界做功，把桩打入土中；张开的弓具有势能，故在释放时对箭做功，将它射向目标。

（3）重力势能

重力是保守力。质量为 $m$ 的物体，所受到的重力是 $mg$（$g=9.80665\mathrm{m/s^2}$，是重力加速度）。

（4）化学能

化学能是指物质发生化学变化（化学反应）时释放或吸收的能量。像石油和煤的燃烧，炸药爆炸以及人吃的食物在体内发生化学变化时所放出的能量，都属于化学能。

**要点**

物质在化学变化中一定发生变化产生新的化合物，同时吸收或释放化学能；也就是说，化学能的产生同时伴随着化学键的断裂和形成。

化学能是一种隐蔽能量，不能直接用来做功，只有在发生化学变化时才以热能或者其他形式的能量表现出来。

**思考**

化学变化吸收或释放的化学能是起始物质能量与最终产物能量的差值，这样表述是否正确？

化学能是不是一个固定值，与哪些条件有关呢？

化学能可用于废热的利用与储存，请举例说明。

对于释放能量的化学变化过程，化学能转化成热能或者其他形式的能量。如天然气、石油和煤的部分或完全燃烧是化学能转变成热能。干电池和蓄电池的放电是化学能转变成电能；给电池充电则是电能转变成化学能。

对于吸收能量的化学变化过程，热能或者其他形式的能量转化成化学能，相当于能量的储存。例如，$CO_2$ 和 $H_2O$ 在阳光作用下发生光合作用就是把太阳能转化为生物质能，即太阳能的储存。

（5）热能

即物质内部原子、分子热运动的动能，温度愈高的物质所包含的热能愈大。热机是膨胀的水蒸气把它的热能变成了热机的动能。

（6）电能

正负电荷之间由于电力作用所具有的电势能，可以用电场强度表达出来。真空中的电能密度（单位体积内的电能）即电场能量密度 $\omega=\boldsymbol{E}^2/2$；介质中的电能密度 $\omega=(\boldsymbol{E}\cdot\boldsymbol{D})/2$，式中 $\boldsymbol{D}$ 是电位移矢量，$\boldsymbol{E}$ 是电场强度。

电能的提取就是将电势能变成带电粒子的动能，如导体中的电流或加速器中的荷电粒子束。磁能是指磁场能，磁能密度 $\omega=(\boldsymbol{H}\cdot\boldsymbol{B})/2$，式中 $\boldsymbol{H}$ 是磁场强度，$\boldsymbol{B}$ 是磁感应强度。电能密度与磁能密度之和为电磁能密度（电磁场能量密度）$\omega=(\boldsymbol{E}\cdot\boldsymbol{D}+\boldsymbol{H}\cdot\boldsymbol{B})/2$。

（7）辐射能

指光和电磁波的能量（光子的能量）。

(8) 核能

原子核内核子的结合能，它可以在原子核裂变或聚变反应中释放出来变成反应产物的动能。根据狭义相对论，物体的质量 $m$ 和能量 $E$ 之间存在着质能关系 $E=mc^2$（$c$ 为真空中的光速）。因此，当物体静止时也具有能量。物质的能量、质量这二者是密切相关的。原子核的质量比组成它的核子的总质量小，即自由核子结合成原子核时有能量释放出来，这种能量称为原子核的结合能。比结合能（原子核中平均每核子的结合能）低的重核裂变成比结合能高的较轻核，或几个比结合能低的轻核聚合成一个比结合能高的较重核，所释放的能量就是核能。

### 1.3.2 能量守恒定律

能量守恒定律（law of conservation of energy，热力学第一定律）是自然界普遍的基本定律之一，是人们认识自然和利用自然的有力武器。一般表述为：能量既不会凭空产生，也不会凭空消失，它只会从一种形式转化为另一种形式，或者从一个物体转移到其它物体，而能量的总量保持不变。也可以表述为：一个系统的总能量的改变只能等于传入或者传出该系统的能量的多少。总能量为系统的机械能、热能及除热能以外的任何内能形式的总和。如果一个系统处于孤立环境，即不可能有能量或质量传入或传出系统，对于此情形，能量守恒定律表述为：“孤立系统的总能量保持不变。”

**热力学第一定律**

热力学第一定律的思想最初是由德国物理学家 J. 迈尔在实验的基础上于 1842 年提出来的。在此之后，英国物理学家 J. 焦耳做了大量实验，用各种不同方法求热功当量，所得的结果都是一致的。也就是说，热和功之间有一定的转换关系。

焦耳

后经过精确实验测定得知 1cal＝4.184J。

1847 年德国科学家 H. 亥姆霍兹对热力学第一定律进行了严格的数学描述并明确指出：“能量守恒定律是普遍适用于一切自然现象的基本规律之一。”到了 1850 年，在科学界已经得到公认。

热力学第一定律是能量守恒定律对非孤立系统的扩展。此时能量可以以功 $W$ 或热量 $Q$ 的形式传入或传出系统。

阐述方式：

1. 物体内能的增加等于物体吸收的热量和对物体所做的功的总和。
2. 系统在绝热状态时，功只取决于系统初始状态和结束状态的能量，与过程无关。
3. 孤立系统的能量永远守恒。
4. 系统经过绝热循环，其所做的功为零，因此第一类永动机（即不消耗能量做功的机械）是不可能的。
5. 两个系统相互作用时，功具有唯一的数值，可以为正、负或零。

能量守恒定律，它是人类经验的总结，不能用任何别的原理来证明。

能量守恒的一种表达形式是热力学第一定律：热力学系统能量表达为内能、热量和功，系统由状态 1 经过一个过程到达状态 2 后，内能一般会发生改变。

根据能量守恒定律可得：

$$\Delta U=Q-W \quad (1.1)$$

式中，$\Delta U=U_2-U_1$，为系统的内能增量；$Q$ 为在此过程中系统从环境所吸收的热量；$W$ 为在此过程中系统对环境所做的功。

式(1.1) 是热力学第一定律的数学表达形式。式中 $U$ 是状态函数，即 $\Delta U$ 的数值只取决于系统的始态和终态，而与系统由始态变到终态所经过的具体过程无关，而其中 $Q$ 和 $W$ 则与过程有关。应用式(1.1) 时须注意 $Q$ 和 $W$ 的正负号：系统吸热 $Q>0$，系统放热 $Q<0$；系统对环境做功 $W>0$，环境对系统做功 $W<0$。

若系统状态发生一个微小变化，则热力学第一定律就写成：

$$dU=\delta Q-\delta W \quad (1.2)$$

式中，$\delta Q$ 和 $\delta W$ 分别为过程的微小的热量和微小的功，它们不是全微分，所以用"δ"而不用"d"来表示，以与全微分区别。

什么是第一类永动机？第一类永动机是一种能不断自动做功而无须消耗任何燃料和能源的机器。第一类永动机是不可能造成的！

## 1.4 能源化学工程

### 1.4.1 能源化学工程的定义与范畴

作为化学的一门重要分支学科，能源化学工程的研究对象是各种能源，包括常规能源如煤炭、天然气和石油，以及新能源如太阳能、生物质能和氢能等，它利用化学与化工的理论与技术来解决能源生产、能源转换、能源储存及能源传输问题，是实现能源科学利用和可持续发展的重要科学技术基础，以更好地为人类经济和生活服务。主要研究方向包括：能源清洁转化、煤化工、石油化工、燃气及天然气工程、环境催化、绿色合成、新能源利用与化学转化环境化工等。

### 1.4.2 几个重要概念

能源效率，或称能源利用效率，是指一个体系（国家、地区、企业或单项耗能设备等）有效利用的能量与实际消耗能量的比率。它是反映能源消耗水平和利用效果，即能源有效利用程度的综合指标。能源利用效率是衡量能量利用技术水平和经济性的一项综合性指标。通过对能源利用效率的分析，有助于改进企业的工艺和设备，挖掘节能的潜力，提高经济效益。

能源利用效率是指能源中具有的能量被有效利用的程度。通常以 $\eta$ 表示，其计算公式如下：

$$\eta=(\text{有效利用能量}/\text{供给能量})\times 100\%=[(1-\text{损失能量})/\text{供给能量}]\times 100\%$$

对不同的对象，计算能源利用效率的方法也不尽相同。

能量转化（energy transformation，能源转化）是指在一定条件下各种能量之间的互相转化。

**能源转化**

| 起始能源 | 可转化能源形式 | | | | |
|---|---|---|---|---|---|
| | 机械能 | 热能 | 辐射能 | 电能 | 化学能 |
| 机械能 | √ | √ | | √ | |
| 热能 | √ | √ | | √ | |
| 辐射能 | | √ | | √ | √ |
| 电能 | √ | √ | √ | | √ |
| 化学能 | √ | √ | | √ | |
| 核能 | | √ | | | |

热值是指单位质量（或体积）的燃料完全燃烧时所放出的热量，是评价燃料含能多少的重要指标，也可称之为能量密度。固体燃料和液体燃料的热值单位以兆焦/千克（MJ/kg）或千卡/千克（kcal/kg）（1cal＝4.184J）表示，气体燃料则常用兆焦/立方米（$MJ/m^3$）或千卡/立方米（$kcal/m^3$）。日常生活中，千卡往往被称为大卡。国际上多以标准燃料应用的基热值（标准煤当量）29.27MJ/kg 计量。石油、天然气折算标准燃料系数分别为 1.4286 和 1.33。

燃料的热值有低热值（lower heating value，LHV）和高热值（higher heating value，HHV）之分。通常高热值是燃料在 25℃ 条件下完全燃烧所产生的热量（燃烧产物水为液态），当不回收水蒸气冷凝热时，所得即为低热值。换言之，高热值是燃料的燃烧热和水蒸气的冷凝热的总数，低热值仅是燃料的燃烧热，两者的差数就是冷凝热。

**几种燃料高低热值的比较**

| 燃料 | HHV/(MJ/kg) | LHV/(MJ/kg) | HHV/(MJ/L) | LHV/(MJ/L) |
|---|---|---|---|---|
| 原油 | 45.5 | 42.7 | 38.8 | 36.8 |
| 汽油 | 46.5 | 43.4 | 34.8 | 32.7 |
| 天然气(0℃/0.1MPa) | 52.2 | 47.1 | 39.0 | 35.2 |
| 氢(70MPa) | 142.2 | 120.2 | 5.63 | 4.76 |

能量储存是指对一种形式的能量进行直接储存或转化为另外一种形式来储存。例如，将太阳能和风能产生的电能通过一定的技术转化为化学能、势能、动能、电磁能等形式，以满足不同的使用需求，或达到能源供给的持续稳定，或减少当下过剩能源的浪费。

能源消耗率是能源消耗值与社会生产值之间的比率。能源消耗率即单位产品或单位货币的能源消耗，它反映于能源的使用效率。一定量的能源消耗所产生的经济社会效益的程度，标志着一定的科学技术水平和劳动者的素质。我国的能源消耗率比发达国家偏高，提高能源使用效率，是我国现代化建设的一个重要课题。

## 思考题

1. 什么是能源、可再生能源、新能源？
2. 为什么要开发生产二次能源？以太阳能或煤炭利用为例详细说明。
3. 什么是碳基能源？碳排放中的碳是指什么？什么是碳达峰、碳中和？
4. 简要论述能量守恒定律的意义及对能源化工的指导作用。

5. 从2016年到2022年的7年间，中国的能源结构发生了哪些有意义的改变？

6. 2022年我国能源消费总量约为54亿吨标准煤，按照每年增加1%来计算，到2060年的能源消费总量将达到多少？

7. 什么是化学能？它能转化为热能和电能，其原理是什么？

8. 如何理解能量储存在实现“双碳”目标中的作用？

9. 什么是能量密度、强度？

10. 简述能源转化与化学之间的密切关系。

## 参考文献

[1] Fenn J B. Engines，Energy，and Entropy [M]. New York：W. H. Freeman and Company，1982.

[2] Winterton N. Chemistry for Sustainable Technologies. A Foundation [M]. Cambridge：RSC Publishing，2011.

[3] Nancy E. Carpenter，Chemistry of Sustainable Energy [M]. Florida：CRC Press，Taylor & Francis Group，LLC，2014.

[4] 陈军，陶占良. 能源化学 [M]. 北京：化学工业出版社，2004.

# 碳基能源篇

碳基能源篇包括三部分：煤及其二次能源（第2～5章）、天然气与可燃冰（第6章）和石油（第7章）。其中，第2章对煤炭进行概要介绍；第3章对煤的重要转化产品焦炭和合成气进行了详细论述；第4章总结了煤基燃料油合成的技术原理和工艺进展，包括煤炭直接和间接液化；第5章对煤基醇醚燃料甲醇、二甲醚和低碳醇分别进行了合成技术工艺和产品应用的介绍。

# 第2章 煤

## 2.1 概述

煤，一般也称为煤炭，是最主要的固体燃料，是可燃性有机岩的一种，被人们誉为“黑色的金子”“工业的食粮”。由于存在地域环境条件的差异性，所形成的煤炭会有较大差异。

煤炭属于化石燃料资源，在地球上蕴藏量最大、分布地域最广。世界能源委员会的评估认为，世界煤炭可采资源量达 $4.84\times10^4$ 亿吨标准煤，占全球化石燃料可采资源量的66.8%。《1997世界能源统计评论》统计结果显示，至1996年底已探明的煤炭可采储量为 $1.03161\times10^4$ 亿吨，其中储量最大的七个国家依次为美国、中国、澳大利亚、印度、德国、南非和波兰。

与石油资源类似，地球上煤炭储量虽然巨大，但其分布极不均衡，致使其开采利用及运输也成为涉及能源安全的一个重要因素。以煤炭资源丰富的我国为例，已探明的煤炭储量占世界煤炭储量的12.6%。煤炭在除上海以外其它各省区均有分布，但分布量极不均衡，由此造成长期北煤南运、西煤东调的局面。

人类认识煤炭历史悠久，2000多年前的春秋战国时期我国就已经将煤炭作为燃料使用。早期人类对于煤炭的开采获取能力十分有限，仅能利用埋藏在地表的煤炭，随着生产力水平的不断提升，煤炭探测与开采达到现代化的水平。

煤炭资源的埋藏深度不同，埋藏较浅的可露天开采，埋藏较深的采用矿井方式开采。世界范围内，可露天开采的储量占比有较大差别，澳大利亚为35%，美国为32%，中国仅占7.5%。中国采煤以矿井开采为主，如山西、山东、安徽及东北地区主要采用这一方式。

煤炭热量高，标准煤的发热量为29288kJ/kg（7000kcal/kg）。煤炭被广泛用作各种工业生产中的燃料。除了作为燃料外，煤炭经过化学加工可以制造出成千上万种化学产品，所以它又是一种非常重要的化工原料。煤炭是18世纪以来人类世界使用的主要能源之一，与石油和天然气一起构成能源体系三大资源。就世界范围而言，在经历了19世纪的“煤炭时代”、20世纪的“石油时代”之后，煤炭在21世纪的能源结构中仍占据相当大的比重。中国国情是少油多煤，煤炭一直是主要能源，直到2022年煤在我国能源结构中仍然占据56.2%。

## 2.2 煤的形成与分类

### 2.2.1 煤的形成

煤究竟是从何而来？这里有两种可能：一是与地球共诞生，即有地球就存在；二是地球诞生后缓慢形成的。对于第二种情况继续提问：煤是由何物形成的呢，即成煤物质是什么？

现代科学研究认为，煤是由植物且主要由高等植物转化而来的，即植物是成煤的原始物质。煤炭是千百万年来植物的枝叶和根茎，在地面上堆积而成的一层极厚的黑色的腐殖质，之后由于地壳的运动不断地埋入地下，使之长期与空气隔绝，并在高温高压下，经过一系列复杂的生物化学/物理化学变化，形成的黑色可燃沉积岩。

研究者对煤形成过程进行了长期的探索，对煤形成过程有深入的认识，但具体的细节尚有待进一步阐明。

(1) 成煤过程

成煤过程是指高等植物在泥炭沼泽中持续地生长和死亡，其残骸不断堆积，经过长期而复杂的物理化学作用逐渐演化的过程。成煤过程大致可以分为两个阶段：泥炭化阶段和煤化阶段。

泥炭化阶段：在该阶段，低等植物和浮游生物遗体经腐泥化作用形成腐泥，高等植物经泥炭化作用变成泥炭。腐泥化作用：低等植物和浮游生物遗体在潟湖和海湾等还原环境中转变成腐泥的生物化学作用。泥炭化作用：高等植物遗体在湖泊沼泽中经受复杂的生物化学和物理化学变化，转变成泥炭的过程。

煤化阶段：泥炭或腐泥转变为褐煤、烟煤、无烟煤、超烟煤的物理化学变化称为煤化作用。煤化作用主要分为煤成岩作用和煤变质作用。在该阶段，腐泥变成腐泥煤，泥炭经煤成岩作用转变成褐煤，褐煤经煤变质作用转变为烟煤、无烟煤、天然焦和石墨等。

(2) 煤化程度

煤化程度，也有人称之为碳化程度，用来表示煤化作用的深浅程度，一般是指从泥炭到无烟煤的变化程度。随着煤化程度的加深，煤从最初的泥煤，按褐煤、次烟煤、烟煤、无烟煤的顺序演变；泥炭的煤化程度最低，无烟煤的煤化程度最高。随着煤化程度的增加，含碳量增加，含氢量降低，含氧量降低。也就是说，随着碳化程度的增加，挥发性物质减少。

对煤形成过程中煤化程度进行量的描述，即煤阶 (coal rank)，又称煤级。实际上煤阶与煤化程度这两个概念并没有本质的差别，可以等同视之。

### 2.2.2 煤的分类

煤矿生产出来的未经洗选、筛选加工的粗产品，一般称为原煤，包括天然焦及劣质煤，不包括低热值煤（如石煤、泥炭、油页岩等）。原煤中灰分、有害杂质较多，直接燃烧会造成严重的环境污染。

原煤按其成因可分为腐植煤、腐泥煤和腐植腐泥煤三大类。其中，腐植煤由高等植物的遗体经泥炭化作用和煤化作用转变而成，泥煤由湖沼、潟湖或闭塞的浅海环境中的藻类植物及浮游生物等低等植物在还原环境下经腐解转变而成。

根据煤化程度，腐植煤类可分为：泥炭、褐煤、烟煤、无烟煤。

泥炭，亦叫作“泥煤”，又名“草炭”，是沼泽发育过程中的产物，形成于第四纪，由沼泽植物的残体，在多水的嫌气条件下，不能完全分解堆积而成。含有大量水分和未被彻底分解的植物残体、腐殖质以及一部分矿物质。草炭是煤化程度最低的煤（为煤最原始的状态），乃有机物质。

褐煤，又名柴煤（lignite coal；brown coal；wood coal），是一种介于泥炭与沥青煤之间的、煤化程度最低的矿产煤。褐煤外观呈棕黑色、无光泽，空气中容易风化，不易储存和运输。褐煤含碳量60%～77%，密度约为1.1～1.2g/cm³，发热量23.0～27.2MJ/kg（5500～6500kcal/kg）。褐煤的煤化程度低，含可溶于碱液游离腐殖酸。褐煤水分大（15%～60%），富含挥发分（>40%），易于燃烧并冒烟，直接燃烧使用时对空气污染严重，导致雾霾问题日益严重；因此需要经过洗煤处理和提炼，或者改进燃烧技术，才能避免燃烧时空中大量黑灰的出现，从而实现煤炭资源的清洁利用。

烟煤（bituminous coal；soft coal）是煤化程度中等的一类煤，外观呈黑色，致密而脆，燃烧时冒浓烟，故称为烟煤。烟煤含碳量80%～90%，含氢量4%～6%，含氧量10%～15%，不含游离的腐殖酸。烟煤密度约1.2～1.5g/cm³，挥发物约10%～40%，发热量仅次于无烟煤，热值约27170～37200kJ/kg（6500～8900kcal/kg）。大多数烟煤具有黏结性，能结焦。挥发分含量中等的称作中烟煤；较低的称作次烟煤。根据挥发分含量，分为长焰煤、气煤、肥煤、炼焦煤、瘦煤和贫煤等。烟煤是重要的锅炉燃料和炼焦原料，也可用来干馏石油和制造煤气。

无烟煤（anthracite），俗称白煤或红煤。无烟煤是煤化程度最大的煤，因此无烟煤固定碳含量高、挥发分低、密度大、硬度大、燃点高。有时把挥发物含量特大的称作半无烟煤，特小的称作高无烟煤。无烟煤外观呈黑色，坚硬、有金属光泽；以脂摩擦不致染污，断口成贝壳状。无烟煤燃烧时不结焦，火焰短而少烟。一般含碳量在90%以上，挥发物在10%以下，热值约25104～27196kJ/kg（6000～6500kcal/kg）。

**煤矸石**

煤矸石即采矿过程中从井下采出的或混入煤中的石块，俗称“矸子”。煤矸石中主要无机物成分是$Al_2O_3$和$SiO_2$，主要以高岭石（$Al_2O_3 \cdot 2SiO_2 \cdot 2H_2O$）与石英（$SiO_2$）矿物相存在；次要成分为$Fe_2O_3$、CaO、MgO、$Na_2O$、$K_2O$、$P_2O_5$、$SO_3$和微量稀有元素（镓、钒、钛、钴）。煤矸石含碳量约为5%～45%。

煤矸石在煤炭开采和洗选加工过程中被分离排出，堆积在矿山地面形成“矸石山”固体废弃物。对于主要组成为砂岩、砂砾岩、页岩的煤矸石，露天堆积时易于风化成微细颗粒被带到大气中，这些颗粒中的可燃性碳氢化合物经氧化、分解、脱氢、缩聚等一系列复杂反应而形成炭黑、飞灰等粒状悬浮物，形成雾霾。煤矸石自燃时产生大量$SO_2$、CO、$CO_2$、$NO_x$等有毒有害气体和烟尘，严重污染矿区大气生态环境。

近年来，煤矸石资源化综合利用技术的开发受到国家各级部门的高度关注。

**煤层气**

煤层气是指与煤伴生、共生的气体资源，主要成分为甲烷，属于非常规天然气。储存在煤层中的烃类气体，主要吸附在煤基质颗粒表面，部分游离于煤孔隙中或溶解于煤层水中。

煤层气俗称“瓦斯”，其密度是空气的0.55倍，热值与天然气相当。1立方米纯煤层气的热值相当于1.13kg汽油、1.21kg标准煤。空气中煤层气浓度达到5%～16%时，遇明火就会爆炸。煤层气的温室效应约为二氧化碳的21倍。煤层气的开发利用具有一举多得的功效：洁净能源，商业化能产生巨大的经济效益，为国家战略资源。

### 2.2.3 煤炭分类标准

基于煤炭自然资源和利用技术水平的差异，世界上许多产煤大国均有其煤炭分类标准。各国标准的煤类术语和指标往往会出现同名不同义的情况，应在实际应用中注意其相应检测方法的差异性。西方国家的分类标准偏重于成因研究，而中国和俄罗斯标准相似，偏重于生产应用。

煤炭分类形成一个公认的标准，将有助于技术交流和国际商业往来，为此联合国欧洲经济委员会制定了煤炭分类国际标准 ISO 11760。该标准以煤的变质程度（以镜质组反射率来表示）、岩相组成（以镜质组含量来表示）以及煤的品级（以干基灰分产率来表示）作为煤炭分类的依据。该国际标准是一个成因型分类，与现行的应用型的中国煤炭分类标准 GB/T 5751—2009 相比，在分类方法和分类指标上都具有显著的差异。

根据美国材料与试验协会（ASTM）标准的划分，煤可分为无烟煤、烟煤、亚烟煤和褐煤，并进一步细分为 13 组，如表 2.1 所示。与国际分类类似，ASTM 煤炭分类接近科学成因分类，而不是一种实用性的分类。

**表 2.1 美国 ASTM D388-19 煤炭分类表**（2019）

| 分类 | 分组 | 固定碳含量 $FC_{dmmf}$/% | 挥发分含量 $V_{dmmf}$/% | 黏结性 |
|---|---|---|---|---|
| 无烟煤 | 超无烟煤 | ≥98 | ≤2 | 无黏结性 |
| | 无烟煤 | 92～98 | 2～8 | |
| | 半无烟煤 | 86～92 | 8～14 | |
| 烟煤 | 低挥发分 | 78～86 | 14～22 | 一般有黏结性 |
| | 中挥发分 | 69～78 | 22～31 | |
| | 高挥发分 A 型 | <69 | >31 | |
| | 高挥发分 B 型 | | | |
| | 高挥发分 C 型 | | | |
| 亚烟煤 | A 型 | | | 无黏结性 |
| | B 型 | | | |
| | C 型 | | | |
| 褐煤 | A 型 | | | 无黏结性 |
| | B 型 | | | |

我国煤原有的煤炭分类方案是以炼焦煤为主的工业分类方案，它在我国的煤炭地质勘探和资源合理利用等方面都起到了促进作用。现行的《中国煤炭分类》（GB/T 5751—2009，代替 GB 5751—1986），2010 年 1 月 1 日起施行；标准规定了基于应用的中国煤炭分类体系，适用于中华人民共和国境内勘查、生产、加工利用和销售的煤炭。

《中国煤炭分类》（GB/T 5751—2009）与国际煤炭分类 ISO 11760 相比，在分类方法上存在着根本差异。ISO 11760 采用煤的变质程度作为煤炭分类依据，方法简单，对全球煤炭归类和划分上具有一定科学性和较强的可操作性；而 GB/T 5751—2009 采用了多个分类参数，不仅有煤化程度指标（主要为 $V_{daf}$），还有煤的工艺性能指标，分类方法相对复杂，但对煤的利用具有较强的指导作用。

依据《中国煤炭分类》(GB/T 5751—2009)，各类煤的名称用以下字母为代号表示：

WY——无烟煤；YM——烟煤；HM——褐煤。

PM——贫煤；PS——贫瘦煤；SM——瘦煤；JM——焦煤；FM——肥煤；1/3JM——1/3 焦煤；QF——气肥煤；QM——气煤；1/2ZN——1/2 中黏煤；RN——弱黏煤；BN——不黏煤；CY——长焰煤。

煤炭分类参数有两类，即用于表征煤化程度的参数和用于表征煤工艺性能的参数。

① 表征煤化程度的参数。

干燥无灰基挥发分：符号为 $V_{daf}$，以质量分数表示，其测定方法参见 GB/T 212；

干燥无灰基氢含量：符号为 $H_{daf}$，以质量分数表示，其测定方法参见 GB/T 476；

恒湿无灰基高位发热量：符号为 $Q_{gr,maf}$，单位为兆焦每千克 (MJ/kg)，其测定方法参见 GB/T 213；

低煤阶煤透光率：符号为 PM，以百分数表示，其测定方法参见 GB/T 2566。

② 表征工艺性能的参数。

烟煤的黏结指数：符号为 $G_{R.I}$（简记为 $G$），其测定方法参见 GB/T 5447；

烟煤的胶质层最大厚度：符号为 $Y$，单位为毫米 (mm)，其测定方法参见 GB/T 479；

烟煤的奥阿膨胀度：符号为 $b$，以百分数表示，其测定方法参见 GB/T 5450。

依据中国煤炭分类 GB/T 5751—2009，中国煤炭分类体系表包括 5 个表，分别介绍如下：

① 无烟煤、烟煤及褐煤分类表，见表 2.2。

**表 2.2 无烟煤、烟煤及褐煤分类表**

| 类别 | 代号 | 编码 | 分类指标 | |
|---|---|---|---|---|
| | | | $V_{daf}$/% | $P_M$/% |
| 无烟煤 | WY | 01,02,03 | ≤10.0 | — |
| 烟煤 | YM | 11,12,13,14,15,16 | >10.0~20.0 | — |
| | | 21,22,23,24,25,26 | >20.0~28.0 | |
| | | 31,32,33,34,35,36 | >28.0~37.0 | |
| | | 41,42,43,44,45,46 | >37.0 | |
| 褐煤 | HM | 51,52 | >37.0① | ≤50② |

① 凡 $V_{daf}$>37.0%，$G$≤5，再用透光率 $P_M$ 来区分烟煤和褐煤（在地质勘查中，$V_{daf}$>37.0%，在不压饼的条件下测定的焦渣特征为 1~2 号的煤，再用 $P_M$ 来区分烟煤和褐煤）。

② 凡 $V_{daf}$>37.0%，$P_M$>50%者为烟煤；30%<$P_M$≤50%的煤，如恒湿无灰基高位发热量 $Q_{gr,maf}$>24MJ/kg，划为长焰煤，否则为褐煤。恒湿无灰基高位发热量 $Q_{gr,maf}$的计算方法见下式：

$$Q_{gr,maf}=Q_{gr,ad}\times\frac{100(100-MHC)}{100(100-M_{ad})-A_{ad}(100-MHC)}$$

式中 $Q_{gr,maf}$——煤样的恒湿无灰基高位发热量，单位为焦耳每克 (J/g)；

$Q_{gr,ad}$——一般分析试验煤样的恒容高位发热量，单位为焦耳每克 (J/g)，其测试方法参见 GB/T 213；

$M_{ad}$——一般分析试验煤样水分的质量分数，单位为百分数 (%)，其测试方法参见 GB/T 212；

$MHC$——煤样最高内在水分的质量分数，单位为百分数 (%)，其测试方法参见 GB/T 4632。

② 无烟煤亚类的划分，见表 2.3。

**表 2.3 无烟煤亚类的划分**

| 亚类 | 代号 | 编码 | 分类指标 | |
|---|---|---|---|---|
| | | | $V_{daf}$/% | $H_{daf}$/%① |
| 无烟煤一号 | WY1 | 01 | ≤3.5 | ≤2.0 |

续表

| 亚类 | 代号 | 编码 | 分类指标 | |
|---|---|---|---|---|
| | | | $V_{daf}$/% | $H_{daf}$/%[①] |
| 无烟煤二号 | WY2 | 02 | >3.5～6.5 | >2.0～3.0 |
| 无烟煤三号 | WY3 | 03 | >6.5～10.0 | >3.0 |

① 在已确定无烟煤亚类的生产矿、厂的日常工作中，可以只按 $V_{daf}$ 分类；在地质勘查工作中，为新区确定亚类或生产矿、厂和其他单位需要重新核定亚类时，应同时测定 $V_{daf}$ 和 $H_{daf}$，按上表分亚类。如两种结果有矛盾，以按 $H_{daf}$ 划亚类的结果为准。

③ 烟煤的分类，见表 2.4。

**表 2.4 烟煤的分类**

| 类别 | 代号 | 编码 | 分类指标 | | | |
|---|---|---|---|---|---|---|
| | | | $V_{daf}$/% | G | Y/mm | b/%[②] |
| 贫煤 | PM | 11 | >10.0～20.0 | ≤5 | | |
| 贫瘦煤 | PS | 12 | >10.0～20.0 | >5～20 | | |
| 瘦煤 | SM | 13<br>14 | >10.0～20.0<br>>10.0～20.0 | >20～50<br>>50～65 | | |
| 焦煤 | JM | 15<br>24<br>25 | >10.0～20.0<br>>20.0～28.0<br>>20.0～28.0 | >65[①]<br>>50～65<br>>65[①] | ≤25.0<br><br>≤25.0 | ≤150<br><br>≤150 |
| 肥煤 | FM | 16<br>26<br>36 | >10.0～20.0<br>>20.0～28.0<br>>28.0～37.0 | (>85)[①]<br>(>85)[①]<br>(>85)[①] | >25.0<br>>25.0<br>>25.0 | >150<br>>150<br>>220 |
| 1/3 焦煤 | 1/3JM | 35 | >28.0～37.0 | >65[①] | ≤25.0 | ≤220 |
| 气肥煤 | QF | 46 | >37.0 | (>85)[①] | >25.0 | >220 |
| 气煤 | QM | 34<br>43<br>44<br>45 | >28.0～37.0<br>>37.0<br>>37.0<br>>37.0 | >50～65<br>>35～50<br>>50～65<br>>65[①] | ≤25.0 | ≤220 |
| 1/2 中黏煤 | 1/2ZN | 23<br>33 | >20.0～28.0<br>>28.0～37.0 | >30～50<br>>30～50 | | |
| 弱黏煤 | RN | 22<br>32 | >20.0～28.0<br>>28.0～37.0 | >5～30<br>>5～30 | | |
| 不黏煤 | BN | 21<br>31 | >20.0～28.0<br>>28.0～37.0 | ≤5<br>≤5 | | |
| 长焰煤 | CY | 41<br>42 | >37.0<br>>37.0 | ≤5<br>>5～35 | | |

① 当烟煤黏结指数测值 $G \leqslant 85$ 时，用干燥无灰基挥发分 $V_{daf}$ 和黏结指数 $G$ 来划分煤类。当黏结指数测值 $G>85$ 时，则用干燥无灰基挥发分 $V_{daf}$ 和胶质层最大厚度 $Y$，或用干燥无灰基挥发分 $V_{daf}$ 和奥阿膨胀度 $b$ 来划分煤类。在 $G>85$ 的情况下，当 $Y>25.00$mm 时，根据 $V_{daf}$ 的大小可划分为肥煤或气肥煤；当 $Y \leqslant 25.0$mm 时，则根据 $V_{daf}$ 的大小可划分为焦煤、1/3 焦煤或气煤。

② 当 $G>85$ 时，用 $Y$ 和 $b$ 并列作为分类指标。当 $V_{daf} \leqslant 28.0\%$ 时，$b>150\%$ 的为肥煤；当 $V_{daf}>28.0\%$ 时，$b>220\%$ 的为肥煤或气肥煤。如按 $b$ 值和 $Y$ 值划分的类别有矛盾时，以 $Y$ 值划分的类别为准。

④ 褐煤亚类的划分，见表2.5。

**表2.5 褐煤亚类的划分**

| 类别 | 代号 | 编码 | 分类指标 | |
|---|---|---|---|---|
| | | | $P_M$/% | $Q_{gr,maf}$/(MJ/kg)① |
| 褐煤一号 | HM1 | 51 | ≤30 | — |
| 褐煤二号 | HM2 | 52 | >30～50 | ≤24 |

① 凡$V_{daf}$>37.0%，$P_M$>30%～50%的煤，如恒湿无灰基高位发热量$Q_{gr,maf}$>24MJ/kg，则划为长焰煤。

⑤ 中国煤炭分类简表，见表2.6。

**表2.6 中国煤炭分类简表**

| 类别 | 代号 | 编码 | 分类指标 | | | | | |
|---|---|---|---|---|---|---|---|---|
| | | | $V_{daf}$/% | $G$ | $Y$/mm | $b$/% | $P_M$/%② | $Q_{gr,maf}$③/(MJ/kg) |
| 无烟煤 | WY | 01,02,03 | ≤10.0 | | | | | |
| 贫煤 | PM | 11 | >10.0～20.0 | ≤5 | | | | |
| 贫瘦煤 | PS | 12 | >10.0～20.0 | >5～20 | | | | |
| 瘦煤 | SM | 13,14 | >10.0～20.0 | >20～65 | | | | |
| 焦煤 | JM | 24<br>15,25 | >20.0～28.0<br>>10.0～28.0 | >50～65<br>>65① | ≤25.0 | ≤150 | | |
| 肥煤 | FM | 16,26,36 | >10.0～37.0 | (>85)① | >25.0 | | | |
| 1/3焦煤 | 1/3JM | 35 | >28.0～37.0 | >65① | ≤25.0 | ≤220 | | |
| 气肥煤 | QF | 46 | >37.0 | (>85)① | >25.0 | >220 | | |
| 气煤 | QM | 34<br>43,44,45 | >28.0～37.0<br>>37.0 | >50～65<br>>35 | ≤25.0 | ≤220 | | |
| 1/2中黏煤 | 1/2ZN | 23,33 | >20.0～37.0 | >30～50 | | | | |
| 弱黏煤 | RN | 22,32 | >20.0～37.0 | >5～30 | | | | |
| 不黏煤 | BN | 21,31 | >20.0～37.0 | ≤5 | | | | |
| 长焰煤 | CY | 41,42 | >37.0 | ≤35 | | | >50 | |
| 褐煤 | HM | 51<br>52 | >37.0<br>>37.0 | | | | ≤30<br>>30～50 | ≤24 |

① 在$G$>85的情况下，用$Y$值或$b$值来区分肥煤、气肥煤与其他煤类，当$Y$>25.00mm时，根据$V_{daf}$的大小可划分为肥煤或气肥煤；当$Y$≤25.0mm时，则根据$V_{daf}$的大小可划分为焦煤、1/3焦煤或气煤。

按$b$值划分类别时，当$V_{daf}$≤28.0%时，$b$>150%的为肥煤；当$V_{daf}$>28.0%时，$b$>220%的为肥煤或气肥煤。如按$b$值和$Y$值划分的类别有矛盾时，以$Y$值划分的类别为准。

② 对$V_{daf}$>37.0%，$G$≤5的煤，再以透光率$P_M$来区分其为长焰煤或褐煤。

③ 对$V_{daf}$>37.0%，$P_M$>30%～50%的煤，再测$Q_{gr,maf}$，如其值大于24MJ/kg，应划分为长焰煤，否则为褐煤。

## 2.3 煤的组成与结构特征

煤的主要组成元素为碳、氢、氧、氮、硫和磷，另外还有一些含量极少的元素，如砷、氯、锗、镓、铀、钒、钛等。其中，碳是煤中主要组分，其含量随煤化程度的加深而增高。以腐植煤为例，泥炭含碳量为50%～60%，褐煤含碳量为60%～70%，烟煤含碳量为74%～92%，无烟煤含碳量为90%～98%。

碳、氢、氧构成煤炭有机质的主体，含量可达到95%以上；随煤化程度变高，碳含量增高，而氢和氧的含量则降低。

另外，煤中的无机质也含有少量的碳、氢、氧、硫等元素。煤中的硫是最有害的化学成分，煤燃烧时生成$SO_2$，会腐蚀金属设备，污染环境。

煤中硫又可分为有机硫和无机硫两大类。依据含量多少，煤中的硫含量可分为5级：大于4%为高硫煤，2.5%～4%之间的为富硫煤，1.5%～2.5%的为中硫煤，1%～1.5%的为低硫煤，小于或等于1%的为特低硫煤。

煤由有机质和无机质构成，其中有机质是煤的主要成分，无机质含量少，主要有水分和矿物质。矿物质是煤炭的主要杂质，如硫化物、硫酸盐、碳酸盐等，其中大部分属于有害成分，它们的存在降低了煤的质量和利用价值。

煤中占比较大有机物又包含多种，大概分为两部分：一是具有芳香结构的环状化合物，是煤有机质的主体，一般占煤有机质的90%以上；二是含量较少的非芳香结构的化合物，主要存在于低煤化程度煤中。

**煤中伴生元素**

煤中已查明了80多种元素，划分为主体元素和伴生元素。伴生元素则是煤中除主体元素以外的其它所有元素，以有机或无机形态富集于煤层及其围岩中。

有些伴生元素的富集程度很高，可以形成工业性矿床，如富锗煤、富铀煤、富钒石煤等，其价值远高于煤本身。

煤中芳香族化合物以大分子结构形态存在，类似于高分子聚合物的结构，前者的特征是没有统一的聚合单体。这也就是说，煤的大分子是由多个类似的“基本结构单元”通过桥键连接而成的。与聚合物的聚合单体不同，这种基本结构单元之间有一定的差别，因此呈现出煤结构异常复杂的特性。煤大分子的“基本结构单元”可分为规则和不规则两部分，规则部分由几十或十几个苯环、脂环、氢化芳香环及含氮、氧、硫等元素的杂环缩合而成，称为基本结构单元的核或芳香核；不规则部分则是连接在核周围的侧链和各种官能团。一般地，随着煤化程度的提高，构成核的环数增多，连接在核周围的侧链和官能团数量则不断变短变少。

硫、氮主要以杂原子环的形式存在，氧以酚和醚的形式存在。

芳香核是煤大分子结构单元的核心，随煤化程度的提高，芳核缩聚环数增加。煤化程度较低时，基本结构单元以苯环、萘环和菲环为主；中等煤化程度的烟煤，基本结构单元以菲环、蒽环和吡环为主；煤化程度较高的无烟煤，基本结构单元的芳香环数急剧增大，逐渐向石墨结构转变。随着煤化程度的增大，煤中碳含量逐渐增多，芳核缩聚平均环数增加。张双全主编的《煤化学》中指出，碳含量70%～83%时平均环数为2；碳含量83%～90%时平均环数为3～5；碳含量大于90%的平均环数急剧增加；碳含量大于95%的平均环数大于40。

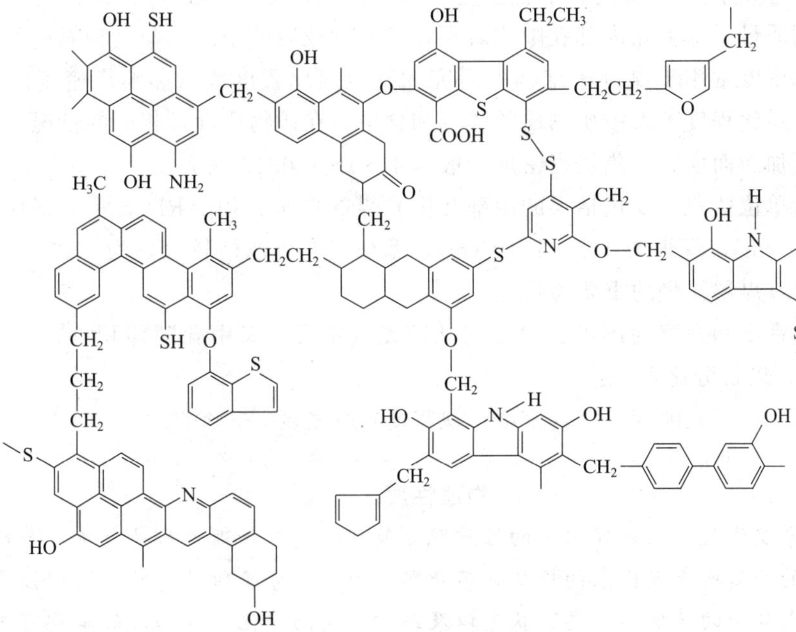

煤的结构模型

## 2.4 煤的物理化学性质

煤的物理化学性质是确定煤炭加工利用途径的重要依据。煤的物理化学性质主要指煤的润湿性、润湿热和孔隙率等。

煤的物理化学性质主要与下面几个主要因素有关：

① 煤的成因，即原始物料及其堆积条件；

② 煤化程度或变质程度；

③ 煤的某些物理性质还与灰分（数量、性质与分布）、水分和风化程度有关。

煤热性质是煤的热传导性、导温系数和比热容的总称。

煤的物理性质包括颜色、光泽、状态、密度、硬度、导热性、延展性及导电性等。煤物理性质取决于元素组成和分子结构，因此随着成煤过程条件的不同而有较大变化。正是基于这些事实，反过来可以用来推测不同煤的成因和演变机理的差异。另外，煤的物理性质也可对煤质进行初步评价。

① 颜色是煤对不同波长光波吸收的反映，随煤化程度的提高，从褐色到黑色逐渐加深。通常新鲜煤暴露于空气中后，其表面的自然色彩会随着煤质和环境的不同，发生一定的变化。

② 光泽是指煤的表面对普通光的反光能力，呈沥青、玻璃和金刚光泽。通常煤化程度越高，光泽越亮；矿物质含量越多，光泽越暗；风化、氧化程度越高，光泽越暗，直到完全消失。

③ 粉色指将煤研成粉末的颜色或煤在抹上釉的瓷板上刻画时留下痕迹的颜色，所以又称为条痕色。一般呈浅棕色至黑色，煤化程度越高，粉色越深。

④ 密度分为真密度、视密度和堆积密度。真密度（true density）是在绝对密实的状态下单位体积煤的质量，即去除内部孔隙或者颗粒间的空隙后的密度。与之相对应的有视密度和堆积密度。真密度常用于煤分子结构的研究和确定煤化程度等。影响煤密度的主要因素有：煤岩组成、煤化程度、煤中矿物质的成分和含量。在矿物质含量相同的情况下，煤的密度随煤化程度的加深而增大。焦炭真密度一般为 1.80～1.95g/cm³。

视密度是指单位体积（仅包括煤的内部孔隙）煤的质量，用 ARD 表示。褐煤视密度一般为 1.05～1.2g/cm³，烟煤为 1.2～1.4g/cm³，无烟煤变化范围较大，为 1.35～1.8g/cm³。煤的视密度是计算煤层储量的重要参数之一。

根据煤的真密度和视密度还可算出煤的孔隙度（定义：煤中孔隙体积（$V_p$）与其外表体积（$V$）之比，以百分比表示：

孔隙度=[(真密度－视密度)/真密度]×100%

**物理性质**

不通过化学变化就可以表现出来的性质就是物理性质。物理性质是大量原子或分子以特定结构组成的物质所表现出来的性质，不是单个原子或分子所具有的。物理性质会随着组成物质原子或分子的多少和种类、状态以及结构不同而变化，例如，碳单质有多个同素异形体：金刚石、石墨、富勒烯、碳纳米管、石墨烯和石墨炔，它们的物理性质有明显的差异。煤是由多种元素组成的混合物，不同来源的煤表现出相异的物理性质。

**煤风化作用**

处于地表或地表附近的煤层，在大气、水和生物等环境因素的长期作用下，物理性质、化学性质及工艺性质发生的一系列破坏性变化称煤风化作用。其强度由地表向下逐渐减弱。煤风化作用是一个长期、缓慢和逐步加深的复杂过程。

**煤炭自燃**

煤炭自燃（spontaneous combustion of coal），简称煤自燃，是自然界存在了数百万年的一种自动发生燃烧的现象。煤炭自燃是煤长期与空气中的氧接触，发生物理、化学作用的结果。

煤的堆积密度是指单位体积（包括煤的内外孔隙和煤粒间的空隙）煤的质量，用 BRD 表示。堆积密度的大小除了与煤真密度有关外，主要决定于煤的粒度组成和堆积的密实度。堆积密度应用于煤炭生产和加工利用过程中的矿车和煤仓设计以及估算炼焦炉炭化室和气化炉的装煤量等方面。

⑤ 硬度是指煤抵抗外来机械作用的能力。根据外来机械力作用方式的不同，可进一步将煤的硬度分为刻画硬度（莫氏硬度）、压痕硬度和抗磨硬度三类。根据莫氏硬度的划分，煤的硬度一般为 1～4。煤的硬度与煤化程度有关，中等煤化程度的褐煤和焦煤的硬度约为 2～2.5；煤化程度较高的无烟煤硬度最大，接近 4。

⑥ 导热性是煤加工利用时重要的物理性质。煤作为燃料或者进行干馏、气化、液化都需要考虑到煤的导热性。煤的导热性与煤的孔隙率及孔隙中的气体有关，还与煤级及煤中无机矿物质有关。随煤化程度的增高，煤的导热性增强。

煤的比热容是指没有相变和化学变化时 1kg 质量的煤，温度变化 1K 所需的热量，其国际单位制中的单位是焦耳每千克开尔文 [J/(kg·K)] 或焦耳每千克摄氏度 [J/(kg·℃)]，有时热量单位也用千卡替换焦耳，千卡每千克开尔文［kcal/(kg·K)］或千卡每千克摄氏度［kcal/(kg·℃)］。煤的比热容在一定范围波动，这是因为煤中含复杂的有机高分子物质，并含有无机矿物质和水。煤的比热容除受煤的煤化程度影响外，还受非煤物质及其含量的影响。随煤中水分的增加煤的比热容呈直线增大，这是因为水的比热容比煤大得多。无机矿物质的比热容较小，故煤的灰分增高，煤的比热容下降。一些物质的比热容如表2.7所示。

表2.7 一些物质的比热容

| 物质 | 分子式 | 状态 | 比热容(25℃)/[J/(kg·K)] |
| --- | --- | --- | --- |
| 氢气 | $H_2$ | 气 | 14300 |
| 乙醇 | $C_2H_5OH$ | 液 | 2440 |
| 汽油 | 混合物 | 液 | 2220 |
| 石蜡 | $C_nH_{2n+2}$ | 固 | 2500 |
| 甲烷 | $CH_4$ | 气 | 2156 |
| 空气(室温) | 混合物 | 气 | 1012 |
| 氧气 | $O_2$ | 气 | 918 |
| 二氧化碳 | $CO_2$ | 气 | 839 |
| 一氧化碳 | CO | 气 | 1042 |
| 陶瓷 | 混合物 | 固 | 837 |
| 石墨 | C | 固 | 710 |
| 水蒸气(水) | $H_2O$ | 气 | 1850 |
| 水 | $H_2O$ | 液 | 4186 |
| 冰(固态水) | $H_2O$ | 固 | 2050(−10℃) |
| 煤 | 混合物 | 固 | 1000～1260(室温) |

⑦ 导电性指煤传导电流的能力，通常以电阻率表示。煤的导电性与煤化程度密切相关。褐煤由于孔隙度大而电阻率低；烟煤是不良导体，由褐煤向烟煤过渡时，电阻率剧增；但瘦煤阶段电阻率又开始降低，无烟煤阶段急剧降低，因而无烟煤具有良好的导电性。一般烟煤的电阻率随灰分的增高而降低，而无烟煤则相反，随灰分增高而增高，若煤层中含有大量黄铁矿时，也会使无烟煤电阻率降低。各种煤岩组分中，镜煤的电阻率比丝煤高。氧化煤的电阻率明显下降。

## 2.5 煤的质量指标和煤质分析

### 2.5.1 煤的质量指标

煤的质量是指煤炭的物理、化学特性及其适用性，其主要指标有灰分、水分、硫分、发热量、挥发分、块煤限率、含矸率以及结焦性、黏结性等。

(1) 水分

一般来讲，煤的水分含量与煤化程度有关，煤化程度越大，水分越低。褐煤、长焰煤内在水分普遍较高，贫煤、无烟煤内在水分较低。

水分对煤的利用极其不利，表现为以下几个方面：在运输中浪费资源，在燃烧中水分会成为蒸汽而消耗热量，对炼焦也产生一定的影响。当煤作为燃料时，水分每增加 2%，发热量降低 418.4kJ/kg；冶炼精煤中水分每增加 1%，结焦时间延长 5～10min。

(2) 灰分

煤灰分是指煤充分燃烧后剩下的不能燃烧的残渣，这些残渣来自煤中的矿物质：一是原生矿物质，即成煤植物中所含的无机元素；二是次生矿物质，指煤形成过程中混入或与煤伴生的矿物质；三是外来矿物质，包括煤炭开采和加工处理中混入的矿物质。通常，以不含水分的干燥煤样为基准计算灰分，并以符号 $A_{ad}$ 表示。

煤的灰分是一项表征煤质特性的重要指标，它与煤的其他特性如元素组成、发热量、结渣性、活性及可磨性等有程度不同的依赖关系。一般来说，灰分越高，煤中有效碳含量就越低，其利用价值也越低。灰分是有害物质，煤中灰分增加发热量降低，一般灰分每增加 2%，发热量降低 418.4kJ/kg 左右。伴随着排渣量的增加，冶炼高炉利用系数降低，产品焦炭强度下降。

(3) 挥发分

挥发分（volatile component）指将煤在隔绝空气的条件下加热至高温（850℃±10℃）保持一定时间（7min），煤中的部分有机质和矿物质就会分解成气体，其余的不挥发物则以固体形式残留下来。逸出的气体产物（主要是 $H_2$、$CH_4$、CO、$CO_2$ 及硫氮化合物等）称为煤的挥发分；除去水后挥发物占煤样的百分数称为挥发分产率。

挥发分是主要的煤质指标，是表征煤燃烧特性和对煤进行分类的重要依据。通常，煤化程度低的煤，挥发分较多；随着煤炭变质程度的增加，煤炭挥发分降低。褐煤、气煤挥发分较高，瘦煤、无烟煤挥发分较低。对于高挥发分煤的燃烧，如果条件选择不当则易产生未燃尽的碳粒，俗称“黑烟”，同时也产生更多的一氧化碳、多环芳烃类、醛类等污染物，并使得热效率降低。因此，根据煤的挥发分指标，选择适当的燃烧条件和设备至关重要。

(4) 固定碳含量

煤在隔绝空气的条件下高温加热处理，去除水分和挥发分后，残留下的固体残渣称为焦渣，从焦渣中扣除灰分后的有机质就是固定碳。简单地讲，固定碳是指除去水分、灰分和挥发分的残留物。固定碳含量一般以占煤样质量的百分数来表示，根据使用的计算挥发分的基准，可以计算出干基、干燥无灰基等不同基准的固定碳含量。

固定碳的含量是煤的分类以及煤和焦炭等的质量指标之一，常用于煤炭用途的确定。一般挥发物愈少，固定碳就愈多。不同煤种，固定碳含量不同。固定碳是参与气化反应的基本成分。

(5) 发热量（$Q$）

发热量是热值的另外一种称呼，两者是一回事。

发热量是指单位质量的煤完全燃烧所产生的热量，分为高位发热量和低位发热量。煤的高位发热量减去水的汽化热即是低位发热量。发热量国际单位为百万焦耳/千克（MJ/kg），习惯上人们常用千卡/千克。两者换算关系为：1MJ/kg=239.14kcal/kg。

为了便于比较不同煤的品质，以及各种能源相互对比研究，我国把每千克发热量 29.28MJ（7000 千卡）的定为标准煤（standard coal），也称标煤。通常把实际使用的不同发热量的煤炭换算成标准煤，以衡量煤炭优劣。另外，人们还经常将各种能源折合成标准煤的质量来表示，如 1t 秸秆相当于 0.5t 标准煤，1$m^3$ 沼气相当于 0.7kg 标准煤，1t 原煤相当于0.7143t标准煤，1t焦炭相当于0.9714t标准煤，1t原油相当于1.428t标准煤。

（6）胶质层最大厚度（Y）

苏联人萨保什尼何夫和瓦西列维奇于1932年提出用胶质层指数评价煤质的方法。胶质层指数（plastometric indes）是指用胶质层最大厚度（Y/mm）、最终收缩度（X/mm）和体积曲线等特性表征煤的塑性的一种指标。这些参数可依据现行国标《烟煤胶质层指数测定方法》（GB/T 479—2016）进行测定。

Y值是指测出的胶质体上、下层面差的最大值，即胶质层最大厚度，主要表征塑性阶段胶质体的数量，与胶质体的流动性、热稳定性、不透气性和塑性温度区间有关。Y值对中等黏结性和较强黏结性有较好的区分能力，但对黏结性差或黏结性特强的煤缺乏鉴别能力。另外，Y值具有一定的可加性，可用于选择经济合理的配煤方案。

X值是指体积曲线的最终位置与起始位置之间的距离，它与煤的挥发分和熔融、固化后的收缩等性质有关。体积曲线是指加热过程中体积随温度的变化曲线。利用Y、X和体积曲线这三个主要参数，可描述焦块特征。

（7）黏结指数（Caking index）

在规定条件下烟煤在加热后黏结专用无烟煤的能力称为黏结指数，它是判别煤的黏结性、结焦性的一个关键指标，是冶炼精煤的重要指标。黏结指数越高，结焦性越强。

烟煤的黏结指数测定是将一定质量的试验煤样和专用无烟煤样（我国以宁夏汝其沟矿生产的专用无烟煤为标准煤样），在规定的条件下混合，快速加热成焦，所得焦块在一定规格的转鼓内进行强度检验，以焦块的耐磨强度即抗破坏力的大小，来表示煤样的黏结能力。

（8）煤灰熔融性温度（灰熔点）

煤灰熔融性（coal ash fusibility）是指在规定条件下，随加热温度的变化，煤的灰分的变形、软化和流动特征的物理状态。煤灰在一定温度下开始变形，开始变形的温度称为变形温度，进而软化和流动，故软化和流动时的温度称为软化温度和流动温度。煤灰软化温度实际上是开始熔融的温度，习惯称其为灰熔点。煤灰分的主要成分有$SiO_2$、$Al_2O_3$、CaO、MgO、$Fe_2O_3$等，没有固定的熔点，当其加热到一定温度时开始局部熔化，随着温度升高，熔化部分增加，到某一温度时全部熔化。这种逐渐熔化的过程，使煤灰试样产生变形、软化和流动。所以人们就以与变形、软化和流动这三态相应的温度来表征煤的熔融性。煤灰熔融性是评价煤灰是否容易结渣的一个指标，煤灰熔融性温度低，煤灰容易结渣，增加了排渣的难度。一般用软化温度作为煤灰熔融性的主要指标：小于或等于1100℃为易熔灰分，大于1100～1250℃为低熔灰分，大于1250～1500℃为高熔灰分，大于1500℃为难熔灰分。

煤灰熔融性温度的高低，直接关系到煤作为燃料和气化原料时的性能，工业上对煤灰熔融性的要求各有不同。如固态排渣锅炉和固定床气化炉中一般使用高灰熔融性煤，液态排渣的锅炉和气化炉使用低灰熔融性煤，以免排渣困难。

（9）哈氏可磨指数

哈氏可磨指数是反映煤的可磨性的重要指标。煤的可磨性是指一定量的煤在消耗相同的能量下，磨碎成粉的难易程度。可磨指数越大，煤越容易磨碎成粉。对于发电煤粉锅炉和高炉喷吹用煤，可磨指数是质量评价的一个重要指标。

（10）吉氏流动度

煤的流动度表征煤在干馏时形成的胶质体的黏度，是煤的塑性指标之一。流动度是研究煤的流变性和热分解力学的有效手段，又能表征煤的塑性，可以指导配煤和焦炭强度预测。吉氏流动度是以固定力矩在煤受热形成的胶质体中转动的最大转速表示的流动度指标，用每分钟转动的角度来表示。

（11）坩埚膨胀序数

坩埚膨胀序数是在规定条件下以煤在坩埚中加热所得焦块膨胀程度的序号表征煤的膨胀性和塑性指标。坩埚膨胀序数的大小取决于煤灰熔融性、胶质体生成期间析气情况和胶质体的不透气性。

（12）焦渣特征（CRC）

根据煤炭热分解以后剩余物质的形状分为 8 个序号，其序号即为焦渣特征代号。

1——粉状。全部是粉末，没有相互黏着的颗粒。

2——黏着。用手指轻碰即为粉末或基本上是粉末，其中较大的团块轻轻一碰即成粉末。

3——弱黏性。用手指轻压即成块。

4——不熔融黏结。用手指用力压才裂成小块，焦渣上表面无光泽，下表面稍有银白色光泽。

5——不膨胀熔融黏结。焦渣形成扁平的块，煤粒的界限不易分清，焦渣上表面有明显的银白色金属光泽，下表面银白色光泽更明显。

6——微膨胀熔融黏结。用手指压不碎，焦渣的上、下表面均有银白色金属光泽，但焦渣表面具有较小的膨胀泡。

7——膨胀熔融黏结。焦渣的上、下表面均有银白色金属光泽，明显膨胀，但高度不超过 15mm。

8——强膨胀熔融黏结。焦渣的上、下表面有银白色金属光泽，焦渣高度大于 15mm。

**知识扩展**

灰分（ash）是指某种物质经过高温处理后的固体残留物，这些残留物主要是无机盐和氧化物。除了煤炭外，该概念在多个领域如植物、纸张、食品和油品也有应用，甚至有的也制定了相应的测定标准。

煤灰（coal ash and slag）是煤燃烧后形成的固体粉末，主要成分为 $SiO_2$、$Al_2O_3$、$Fe_3O_4$、FeO、CaO、MgO、$K_2O$、$Na_2O$ 及少量的重金属氧化物等，可以对其进行资源综合利用。

煤作为能源的燃烧利用过程中，夹带在烟气中颗粒非常小的灰分，常称为粉煤灰（fly ash）。它会产生扬尘造成大气污染，甚至其中的有毒化学物质还会对人体和环境造成危害。粉煤灰的组成波动范围大，其物理、化学性质的差异也很大，这就决定了其综合利用技术的开发必须具有针对性，增大了粉煤灰资源化利用的难度。

煤的灰分是煤的有害成分，它降低煤的发热量，增加运输负荷，影响加工产品焦炭的质量。我国煤中的灰分普遍较高，且变化也很大。灰分小于 10% 的特低灰煤全国仅约占探明储量的 17%。

灰分中含有多种品位相当高的稀有和放射性元素时，具有提炼上述元素的价值。煤灰的资源化利用是构成煤炭综合利用的重要内容之一，在一定程度上反映了一个国家的现代科学技术水平。

### 2.5.2 煤质分析

煤的组成随煤化程度变化较大，从而影响其物理化学性质。正因为如此，煤炭加工利用的开展就离不开煤质分析。

煤质分析，也称煤炭化验，是指用物理和化学的方法对煤样进行的化验和测试，以获得煤的质量和燃烧特性的指标。煤质分析按国家技术标准或专项试验工艺方法进行，根据测定项目的不同，可以分为常规分析和特种分析两大类。

常规分析通常是指按照国家技术标准测定煤炭的基本物理、化学特性的分析项目，主要有工业分析、元素分析、灰成分分析，煤、煤粉和灰分性质的测定等。其中，煤的工业分析通常指煤的水分（$M$）、灰分（$A$）、挥发分（$V$）和固定碳含量（FC）四个分析项目指标的测定，有时还包括硫分和发热量等项数据。通常煤的水分、灰分、挥发分是直接测出的，而固定碳含量是用差减法计算出来的。煤的工业分析数据是了解煤质特性的主要指标，也是评价煤质的基本依据。

特种分析，又称非常规分析，是指表征煤着火、燃尽、结渣和积灰等特性的专项分析，主要测定项目有煤粉着火指数、热（重）分析、比表面积测定、热解化学动力学常数的测定、焦燃烧速率系数的测定、结渣倾向判别、沾污特性的判别。可能是由于受试验条件限制及数据应用目的的不同，国际上获取特种分析数据的试验工艺参数条件并不完全相同，测定的指标数据变化较大，需要形成统一的技术标准来完善。

## 2.6 煤炭清洁利用技术概述

中国是煤炭资源比较丰富的国家，从能源消耗结构来看，煤炭依然在中国能源消耗总量中占主导地位。中国国情是少油多煤，煤炭作为主要能源，到2022年在我国能源结构中仍然占据57%。以煤炭为主的能源结构，使得环境问题日趋严重。这是因为煤炭污染不仅在终端存在，而且在煤的前期开发和加工过程中也存在。中国85%的煤炭是通过直接燃烧使用的，主要包括火力发电和工业锅（窑）炉，以及家庭炉灶和民用取暖等。煤炭燃烧除了向空气中排放$CO_2$外，还排放一定量的$NO_x$、$SO_x$和微小的固体烟尘，其排放量取决于煤炭质量和燃烧技术水平。近年来，中国在不同范围不同地区实施严格环保要求，对污染极其严重、高能耗的燃煤锅炉，要么治理改造要么取缔，使得以煤烟型为主的大气污染得到了有效控制。除了煤炭燃烧外，煤的开采和加工同样造成环境污染。据估计，每开采1吨煤就会破坏2.5吨地下水，这对水资源严重短缺的国家来说，形势十分严峻。煤炭开采后还会造成地表塌陷，废水、废气和废渣排放以及肺尘埃沉着病等。煤炭加工利用（煤的气化、液化和焦化）过程中，产生与燃烧类似的污染，都需要付出一定的代价进行治理。

**重要概念**

煤化工是以煤为原料，经过化学加工使煤转化为气体、液体、固体燃料以及化学品的过程。煤化工包括煤的一次化学加工、二次化学加工和深度化学加工。煤的焦化、气化、液化，煤的合成气化工、焦油化工和电石乙炔化工等，都属于煤化工的范围。

煤炭气化：分为常压气化和加压气化两种，它是在常压或加压条件下，保持一定温度，通过气化剂（空气、氧气和蒸汽）与煤炭反应生成煤气，煤气中主要成分是一氧化碳、氢气、甲烷等可燃气体。用空气和蒸汽做气化剂，煤气热值低；用氧气做气化剂，煤气热值高。煤气是洁净燃料，也可作为化工原料。另外，煤气经分离提纯后得到的氢气，是最清洁的能源。

煤炭液化：分为间接液化和直接液化两种。间接液化是先将煤气化，然后再把煤气液化，生产甲醇、液体燃料和其它产品。煤直接液化即煤高压加氢液化，可以生产人造石油和化学产品。我国煤炭液化技术已经进入世界先进水平行列。

在中国能源安全战略体系框架下，针对煤炭能源利用存在的碳排放高和环境污染治理难等问题，需开展两方面的工作。一是煤炭能源清洁利用技术革命，带动煤炭产业升级。二是强化能源结构优化，大力发展风电、太阳能、地热能等可再生能源。

煤炭能源清洁利用技术，即洁净煤技术（clean coal technology）是指从煤炭开发到利用的全过程中旨在减少污染排放与提高利用效率的加工、燃烧、转化及污染控制等新技术。洁净煤技术包括多个方面，如直接燃煤洁净技术、煤转化为净洁燃料技术、煤电化一体化技术以及与新能源利用结合的新技术等。

## 思考题

1. 煤是由什么物质形成的？什么是成煤作用？什么是煤化程度？
2. 煤炭分为几类？分类主要依据是什么？
3. 煤的组成元素主要有哪几种？什么是煤的有机质、挥发分和灰分？
4. 煤的物理性质和化学性质有哪些？你认为哪几种比较重要。
5. 什么是煤层气？煤层气的主要成分是什么？
6. 煤大分子结构单元主要特征是什么？随煤化程度的变化，煤分子结构的变化有何规律？
7. 什么是煤的工业分析？目的是什么？
8. 煤的风化与煤的自燃是一回事吗？
9. 什么是煤的发热量？
10. 试分析煤作为一次能源的消费特点。
11. 什么是洁净煤技术？
12. 煤直接液化与间接液化有何不同，$CO_2$排放量如何？

## 参考文献

[1] 张双全，等．煤化学［M］．徐州：中国矿业大学出版社，2015.
[2] 陈军，等．21世纪化学丛书：能源化学［M］．2版．北京：化学工业出版社，2014.
[3] 袁权，等．能源化学进展［M］．北京：化学工业出版社，2005.
[4] 贺永德．现代煤化工技术手册［M］．北京：化学工业出版社，2003.
[5] 全国煤炭化标准技术委员会．中国煤炭分类：GB/T 5751—2009［S］．北京：中国标准出版社，2009.

# 第3章 煤制焦炭与合成气

煤炭是由多种元素组成的混合物，其中含有不发热的矿物质和一些有害成分，作为能源直接使用时，存在很多问题，如燃烧不充分、能量密度低和污染环境等。因此煤炭转化为焦炭、合成气等，就成为现代煤化工的重要组成部分。

## 3.1 煤制焦炭

### 3.1.1 煤炭焦化

煤炭焦化又称煤炭高温干馏，是指以煤为原料，在隔绝空气条件下加热到高温干馏生产焦炭，同时获得煤气、煤焦油及其它化工产品的过程。根据温度有高温炼焦（950～1050℃）、中温炼焦、低温炼焦等三种方法。通常条件下，焦炭产量约占焦化产品的75%，煤焦油约占装炉煤的3%～4%。焦炭产品可作高炉冶炼的燃料，也可用于生产煤气/合成气，进一步转化为甲醇、合成氨及合成燃料油等。

焦炭呈银灰色，具金属光泽，质硬而多孔。主要成分为固定碳，其次为灰分，所含挥发分甚少。焦炭发热量为26380～31400kJ/kg，燃烧时发出很短的蓝色火焰，并释放大量热量。

**干馏与焦化的概念有区别吗?**

干馏（dry distillation）是固体有机物在隔绝空气条件下加热处理的过程。干馏过程中，大分子有机物发生分解反应生成小分子产物（气体和液体）以及固体残留物。在能源领域，干馏用于很多资源的加工利用过程，如煤制焦炭、木材制木炭，以及重质油制石油焦等。

焦化（coking）指有机物质炭化变焦的过程。如煤的高温干馏。

从定义来看，两者都是指物质转变的过程，其差别体现在对过程产物的限定，干馏更强调这一过程，焦化则明确了过程产物为焦。

**煤气、水煤气、发生炉煤气、焦炉煤气、合成气**

煤气是以煤为原料加工制得的含有可燃组分的混合气体。煤气有毒，易与空气形成爆炸性混合物，使用时应引起高度注意。根据加工方法分为水煤气、半水煤气、空气煤气（或称发生炉煤气）；煤干馏法中焦化得到的气体称为焦炉煤气、高炉煤气。

以水蒸气为气化剂，与高温焦炭反应而生成的气体，称为水煤气，主要成分是一氧化碳和氢气，及少量$CO_2$，微量的烃类、硫化物（$H_2S$）和氮化物（$NH_3$）。

以空气和水蒸气为气化剂，连续通入煤气发生炉（气化炉），在高温下进行煤气化反应，制得的煤气称为发生炉煤气。调节空气与水蒸气的比例，气化炉可以自热运行。

焦炉煤气是指炼焦过程所得到的可燃气体，与焦油一起都是炼焦产品的副产品。焦炉煤气主要由氢气和甲烷构成，分别占50%～60%和20%～30%，并有少量一氧化碳、二氧化碳、氮气、氧气和其他烃类；主要作燃料和化工原料。

合成气是指以一氧化碳和氢气为主要组分，用作化工生产的一种原料气。由合成气可以生产一系列的化学品，如合成氨及其衍生品、甲醇、乙二醇、乙醇、1,4-丁二醇、合成燃料油（FT合成）和氢甲酰化产品。

评价焦炭品质的物性特征指标包括：真相对密度、视相对密度、气孔率、比热容、导热性和电阻率等。焦炭真密度，一般为1.80～1.95t/$m^3$；焦炭视密度，一般为0.6～1.4t/$m^3$；焦炭的气孔率为35%～55%；焦炭的平均比热容为0.808kJ/(kg·℃)（100℃），或1.465kJ/(kg·℃)（1000℃）；焦炭热导率为2.64kJ/(m·h·℃)（常温25℃），或691kJ/(m·h·℃)（900℃）。

### 3.1.2 焦化产品

煤炭焦化可以得到多个产品，包括焦炭、焦炉煤气、煤焦油和化学品。

① 焦炭是炼焦过程最重要的目标产品，焦炭90%以上用于高炉炼铁，其次用于铸造与有色冶金行业，少量用于制取碳化物，如碳化钙、碳化硅、二硫化碳等，也可作为原料制备煤气。

② 焦炉煤气（coke oven gas），又称焦炉气，炼焦过程的主要副产品之一。焦炉气产率和组成受炼焦煤品质和焦化反应条件的影响，一般每吨干煤可生产焦炉气300～350$m^3$，主要成分为氢气（50%～60%）和甲烷（20%～30%），还含有一氧化碳（5%～8%）、$C_2$以上不饱和烃（2%～4%）、二氧化碳（1.5%～3%）、氧气（0.3%～0.8%）、氮气（3%～7%）。焦炉煤气可燃组分含量可达90%以上，属于高热值煤气（16720～18810kJ/$m^3$）。

③ 煤焦油（coal tar）是焦化工业的重要副产品，根据焦化温度可分为高温煤焦油和低温煤焦油，其产量约占装炉煤的3%～4%。煤焦油在常温常压下呈黑色或褐色黏稠液状，气味与芳香烃相似。组成极为复杂，是酚类、芳香烃和杂环化合物的混合物，可分离出多达230种产品。

④ 焦化过程副产多种化学品，其中氨产率约占装炉煤量的0.2%～0.4%，常以硫酸铵、磷酸铵或浓氨水等形式作为最终产品；粗苯产率约占煤的1%，其产品称为焦化苯。其它重要副产品包括萘、酚、蒽、醌等多环芳烃，以及硫化物及硫氰化合物等。焦化副产品回收不但为了经济效益，更是环境保护要求所需。

### 3.1.3 焦炭质量指标

用于高炉炼铁、铸造和有色金属冶炼的焦炭统称为冶金焦，其中高炉炼铁用量可达90%以上。中国制定的冶金焦质量标准[《冶金焦炭》(GB/T 1996—2017)]，适用于供高炉冶炼用的焦炭。

① 水分：高炉冶炼过程是铁矿石的高温还原过程，焦炭不仅是还原剂，还是热量来源，因此要求焦炭水分含量越低越好。实际生产中，水分波动会使焦炭计量不准，从而引起炉况波动。

② 灰分：高炉炼铁生产中，焦炭中的灰分和矿石中的杂质需要用熔剂转化成炉渣排出，因此焦炭的组成和含量对高炉冶炼的影响十分显著。焦炭灰分含量高，造成高炉熔剂（石灰）消耗量增加，导致炉渣生成量和焦炭消耗量增加，相应地生铁产量降低，因此灰分是焦炭质量的重要指标，它直接决定了能耗水平。

③ 挥发分：焦炭的挥发分含量是判断焦炭成熟度的指标。现行《冶金焦炭》（GB/T 1996—2017）规定挥发分应小于等于 1.8%。挥发分可用于表示焦化成熟度差：挥发分小则焦化过度，工业上称为过火，但没有统一的认定标准。

④ 硫分：硫是生铁冶炼的有害杂质之一，会造成生铁质量降低。炼钢生铁的硫含量一般不大于 0.07%，大于此值即为废品。

⑤ 磷分：磷也是有害元素，炼铁用的冶金焦含磷量应低于 0.03%，小于 0.02%更好。

⑥ 筛分组成：在高炉冶炼中焦炭的粒度也是很重要的，焦炭粒度在 40～25mm 为好。

为保证焦炭质量，炼焦用煤对原煤的挥发分、黏结性和结焦性有一定的要求，通常需要通过配煤来保证。

## 3.2 煤制合成气

合成气是以氢气和一氧化碳为主要组分的化工合成原料气。从理论上讲，采用适当的工艺过程，合成气可以合成任何碳、氢元素组成的有机化学品。煤气化制合成气是煤基化工合成和能源转化产业的核心和龙头技术，图 3.1 描述了煤气化制合成气生产替代石化产品和清

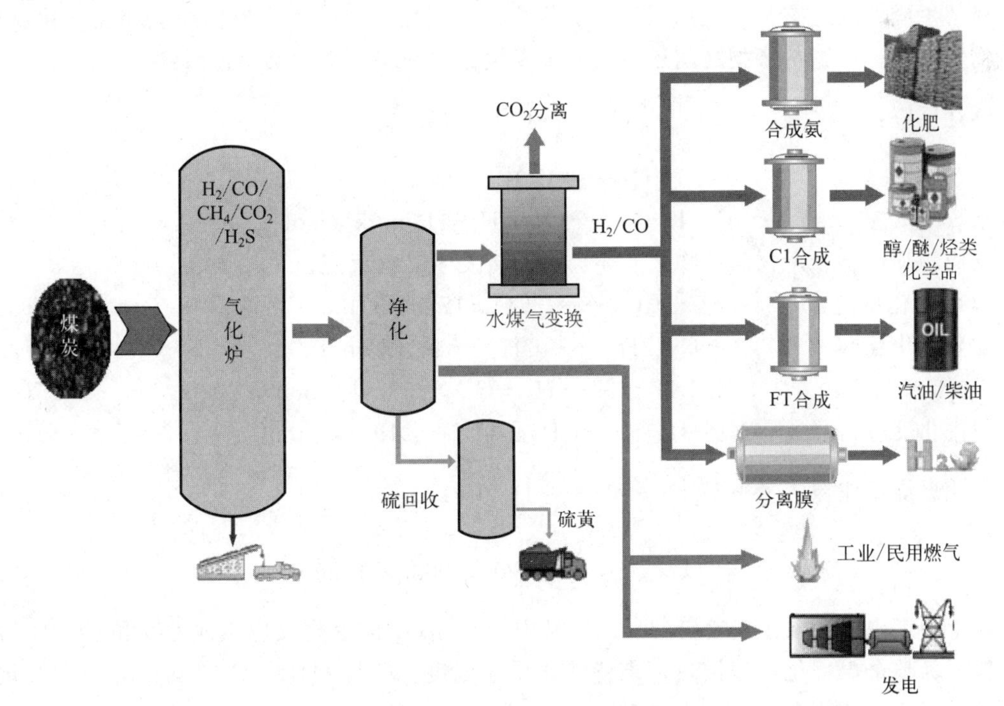


图 3.1 煤气化制合成气产业链

洁燃料的产业链。目前，我国煤气化相关产业用煤已达 4 亿吨/年，而且在国家能源安全战略和巨大的市场需求驱动下，未来还会持续增长。

煤气化过程的化学本质是通过固体煤炭与气化剂（$O_2/H_2O/CO_2/H_2$）的高温化学反应，将煤中包含的有效元素（C/H/O/N/S）转化为气体，并同时将化学能转移到气体中的过程。煤气组成和气化效率取决于煤质、气化剂组成和气化反应的热力学和动力学条件。

### 3.2.1 煤气化的基本化学反应

煤包含碳、氢、氧、氮、硫等多种元素，灰分中还含有硅、铝、钙等。煤在气化炉内的反应过程包括煤的热分解、固体颗粒与气化剂之间的反应、气体组分之间的反应、煤灰组分之间的反应，涵盖固-气反应、气-气反应、固-固反应的复杂热化学反应体系。对于基本的气化反应过程，主要考虑煤中碳元素的反应。

煤在气化炉内首先受热分解，生成固体半焦、焦油、气态烃、甲烷、氢气、一氧化碳、二氧化碳等产物，其宏观形式为：

$$\text{煤} \longrightarrow \text{半焦} + \text{焦油} + \text{气态烃} + \text{甲烷} + H_2 + CO + CO_2 + H_2O$$

高温下，焦油和气态烃会进一步分解或缩合生成气、固产物。

$$\text{煤} \longrightarrow C + CH_4 + H_2 + CO + CO_2 + H_2O$$

根据煤的分子结构组成，热解反应可以表示为：

$$C_1H_xO_y \longrightarrow (1-y)C + yCO + \frac{x}{2}H_2 + 17.4\text{kJ/mol} \tag{3.1}$$

$$C_1H_xO_y \longrightarrow \left(1-y-\frac{x}{8}\right)C + yCO + \frac{x}{4}H_2 + \frac{x}{8}CH_4 + 8.1\text{kJ/mol} \tag{3.2}$$

对于活性好的低阶烟煤，$x=0.847$；$y=0.0794$。

热解生成的固定碳与气化剂氧气、水蒸气、二氧化碳之间发生燃烧反应和煤气化反应，反应物和产物、产物与产物之间还会进一步发生二次反应，主要反应包括：

燃烧反应：
$$C + \frac{1}{2}O_2 \longrightarrow CO - 110.4\text{kJ/mol} \tag{3.3}$$

$$C + O_2 \longrightarrow CO_2 - 394.1\text{kJ/mol} \tag{3.4}$$

水煤气反应：
$$C + H_2O \longrightarrow CO + H_2 + 135.0\text{kJ/mol} \tag{3.5}$$

反应物和产物、产物与产物之间还会进一步发生二次反应。

$CO_2$ 气化反应：
$$C + CO_2 \longrightarrow 2CO + 173.3\text{kJ/mol} \tag{3.6}$$

加氢气化反应：
$$C + 2H_2 \longrightarrow CH_4 - 84.3\text{kJ/mol} \tag{3.7}$$

CO 变换反应：
$$CO + H_2O \longrightarrow H_2 + CO_2 - 38.4\text{kJ/mol} \tag{3.8}$$

甲烷化反应：
$$CO + 3H_2 \longrightarrow CH_4 + H_2O - 219.3\text{kJ/mol} \tag{3.9}$$

气相燃烧反应：
$$H_2 + \frac{1}{2}O_2 \longrightarrow H_2O - 245.3\text{kJ/mol} \tag{3.10}$$

$$CO + \frac{1}{2}O_2 \longrightarrow CO_2 - 283.7\text{kJ/mol} \tag{3.11}$$

以上为煤中碳元素主要参与的反应，其中，C 与 $O_2$ 的燃烧反应生成 CO 和 $CO_2$，为放热反应，为整个煤气化过程供热，维持气化反应温度。C 与 $H_2O$、$CO_2$ 的反应是煤气化过程的基础反应，生成合成气 CO 和 $H_2$，为吸热反应。CO 与 $H_2O$ 反应生成 $H_2$ 和 $CO_2$，称为变换反应，可以调节煤气中 CO 和 $H_2$ 的比例。C、CO 与 $H_2$ 反应生成甲烷是由煤制天然气（SNG）的主要反应。

煤的气化反应还包含着煤中的硫元素和氮元素的反应，高温条件下，煤中的硫、氮元素也可以转移到气相中，可能的反应如下：

$$S+O_2 \longrightarrow SO_2 \tag{3.12}$$

$$SO_2+3H_2 \longrightarrow H_2S+2H_2O \tag{3.13}$$

$$SO_2+2CO \longrightarrow S+2CO_2 \tag{3.14}$$

$$SO_2+2H_2S \longrightarrow 3S+2H_2O \tag{3.15}$$

$$S+CO \longrightarrow COS \tag{3.16}$$

$$2S+C \longrightarrow CS_2 \tag{3.17}$$

$$2N+3H_2 \longrightarrow 2NH_3 \tag{3.18}$$

$$4N+2H_2O+4CO \longrightarrow 4HCN+3O_2 \tag{3.19}$$

$$2N+xO_2 \longrightarrow 2NO_x \tag{3.20}$$

煤气中硫元素主要以 $H_2S$ 和 COS 的形式存在，二者的比例与煤气组成有关。此外，还存在微量的其它硫化物，如二硫化碳、硫醇、硫醚等。煤气中的氮元素主要以 $NH_3$ 和微量 HCN 的形式存在。这些污染物会造成后续合成工段的催化剂中毒，而且腐蚀设备和管道、污染环境，必须经净化工段脱除，满足生产和环保要求。

### 3.2.2 热力学平衡分析

煤气化工艺多种多样，气化炉运行方式和操作参数千差万别，但是从化学反应热力学角度看，上述的煤气化基本反应只与初始和最终的条件相关。化学热力学分析可以为工艺技术开发和操作运行提供参考。

（1）化学当量分析

上述所列的气化基本反应在气化过程中以并行或串联方式进行，但并非是热力学上的独立反应，通过化学当量分析，确定合理的独立反应，可以初步分析气化炉内反应的状态，操作条件是否合理优化。

对上述反应式(3.3)～式(3.11)进行矢量分析，并归结为原料 C 和气化剂 $O_2$、$H_2O$，可得到如下反应方程：

R1： $$C+\frac{1}{2}O_2 \longrightarrow CO-110.4kJ/mol$$

R2： $$C+O_2 \longrightarrow CO_2-394.1kJ/mol$$

R3： $$C+H_2O \longrightarrow CO+H_2+135.0kJ/mol$$

R4： $$C+2H_2O \longrightarrow CO_2+2H_2+96.6kJ/mol \tag{3.21}$$

R5： $$3C+2H_2O \longrightarrow 2CO+CH_4+185.6kJ/mol \tag{3.22}$$

R6： $$2C+2H_2O \longrightarrow CO_2+CH_4+12.2kJ/mol \tag{3.23}$$

任何的煤气化系统可由以上反应非负线性组合而成。当不考虑甲烷生成时，只有前四个反应。对于不同的进料比例，上述反应的位置可由图 3.2 表示。R1-R2-R4-R3 围成的四边形表示没有甲烷生成时的 $C/O_2/H_2O$ 比例和反应情况；当有甲烷生成时，$C/O_2/H_2O$ 比例和反应情况范围扩大为 R1-R5-R4-R2。上述范围的上部表示碳过量，下部表示 $O_2$ 和 $H_2O$ 过量。

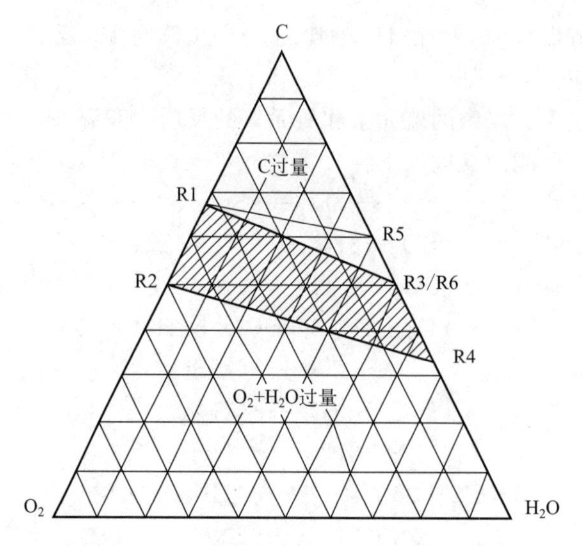


图 3.2 C-$O_2$-$H_2O$ 气化体系的独立反应及组成分析

(2) 反应焓分析

工业煤气化过程是在自热条件下运行，一部分煤炭燃烧放热供给气化过程所需的热量。气化过程的焓变 $\Delta H_R$ 反映了气化系统的热效应，决定了气化系统的反应温度和煤气组成。

气化反应焓只与初始的进料量、气化剂配比、反应条件（温度、压力）、最终的产物组成有关。根据克希霍夫（Kirchhoff）定律，气化过程的反应焓可根据反应物和产物的标准生成焓或燃烧焓及其比热容计算。

$$\Delta H_{R,T}=\Delta H_{R,298}+\int_{298}^{T}\sum_{i=1}^{n}v_iC_{p,i(T)}\mathrm{d}T$$

$$\Delta H_{R,298}=\sum_{i=1}^{n}v_iH_{i,298}$$

式中，$\Delta H_{R,T}$ 为气化反应温度为 $T$ 时的反应焓，kJ/mol；$\Delta H_{R,298}$ 为气化反应温度为 298K 时的反应焓，kJ/mol；$H_{i,298}$ 为反应物或产物的标准生成焓，kJ/mol；$v_i$ 为化学反应的计量系数；$C_{p,i(T)}$ 为反应物或产物等压摩尔热容，kJ/(mol・K)。

如果测得在气化温度范围内的平均摩尔热容，上式可简化为：

$$\Delta H_{R,T}=\Delta H_{R,298}+\sum_{i=1}^{n}v_i\overline{C}_{p,1}(T-298)$$

式中，$\overline{C}_{p,1}$ 为气化反应温度范围内的平均摩尔热容，kJ/(mol・K)。

除煤以外，上述各种物质的标准生成焓、比热容等热力学数据都可以从相关的物理化学数据手册查到。由于煤的组成和结构的复杂性，其热力学性质包括比热容（$C_p$）、生成焓（$\Delta H$）和标准熵（$S^{\ominus}$）还缺乏系统数据和计算方法。为简化计算，一般可参照 β-石墨处理。基洛夫（Kirov）提出基于煤组成的等压热容 $C_p$ 的计算关联式，可在 0～1100℃温度范围使用。

$$C_p=WC_W+V_1C_{V_1}+V_2C_{V_2}+FC_F+AC_A$$

式中，$C_p$ 为煤的比热容 [kJ/(kg・K)]；$W$、$V_1$、$V_2$、$F$、$A$ 为煤的水分、一次挥发分、二次挥发分、固定碳和灰分的重量分率；$C_W$、$C_{V_1}$、$C_{V_2}$、$C_F$、$C_A$ 为水分、一次挥发分、二次挥发分、固定碳和灰分的比热容 [kJ/(kg・K)]。

式中，各组分的比热容可用下列公式计算：

$$C_{V_1}=0.728+3.391\times10^{-3}T$$

$$C_{V_2}=2.273+2.554\times10^{-3}T$$

$$C_F=-0.218+3.807\times10^{-3}T-1.758\times10^{-6}T^2$$

$$C_A=0.594+5.86\times10^{-4}T$$

式中，$T$ 为反应温度，K。

(3) 气化反应平衡分析

对于煤-氧气-水蒸气的气化反应系统，一般认为，碳与氧的燃烧反应速率快，进行完全，气相中氧含量可以忽略不计，主要气体成分为 CO、$CO_2$、$H_2$、$H_2O$、$CH_4$，系统的标准平衡常数是温度、压力、氢氧原子比的函数。

表 3.1 列出了煤气化过程主要反应的标准平衡常数计算式。实际的平衡组成计算中，反应方程的选择可能对计算过程有一定的影响。随着热力学计算软件的普及，吉布斯最小自由能法成为热力学平衡组成的主要计算方法。另外，文献中给出的气化反应的热力学数据通常以 β-石墨为基础，而煤或煤焦的反应活性远高于石墨，因此引入了碳的活度系数来修正煤的气化反应数据。表 3.2 列出了煤气化反应的平衡组成随温度、压力、H/O 摩尔比增加的变化趋势。

**表 3.1 煤气化基本化学反应的标准平衡常数计算式**

| 反应 | 标准平衡常数，$K_p^\ominus$ | 标准平衡常数计算式 |
|---|---|---|
| $C+O_2 = CO_2$ | $\frac{CO_2}{O_2}$ | $\lg K_p^\ominus=\frac{20582.8}{T}-0.302\lg T+0.03143T-0.0724T^2+0.622$ |
| $2C+O_2 = 2CO$ | $\frac{(CO_2)^2}{O_2}$ | $\lg K_p^\ominus=\frac{11635.1}{T}+2.1656\lg T-0.0394T+0.06876T^2+3.394$ |
| $2CO+O_2 = 2CO_2$ | $\frac{(CO_2)^2}{(O_2)(CO)^2}$ | $\lg K_p^\ominus=\frac{29530.5}{T}-2.7691\lg T-0.111225T+0.061356T^2-2.15$ |
| $2H_2+O_2 = 2H_2O$ | $\frac{(H_2O)^2}{(O_2)(H_2)^2}$ | $\lg K_p^\ominus=\frac{25116.1}{T}-0.9466\lg T-0.037216T+0.041618T^2-1.714$ |
| $C+CO_2 = 2CO$ | $\frac{(CO)^2}{CO_2}$ | $\lg K_p^\ominus=\frac{-8947.4}{T}+2.4675\lg T-0.0010824T+0.04116T^2+2.772$ |
| $C+H_2O = CO+H_2$ | $\frac{(CO)(H_2)}{H_2O}$ | $\lg K_p^\ominus=\frac{-6740.5}{T}+1.5561\lg T-0.031092T-0.06317T^2+2.554$ |
| $C+2H_2O = 2H_2+CO_2$ | $\frac{(CO_2)(H_2)^2}{(H_2O)^2}$ | $\lg K_p^\ominus=\frac{-4533.3}{T}+0.6446\lg T+0.033646T-0.061858T^2+2.336$ |
| $CO+H_2O = H_2+CO_2$ | $\frac{(CO_2)(H_2)}{(CO)(H_2O)}$ | $\lg K_p^\ominus=\frac{2207.2}{T}+0.91151\lg T-0.09738T+0.06148T^2+0.098$ |
| $C+2H_2 = CH_4$ | $\frac{CH_4}{(H_2)^2}$ | $\lg K_p^\ominus=\frac{3348}{T}-5.9571\lg T+0.00186T-0.061095T^2+11.79$ |

**表 3.2 $C$-$O_2$-$H_2O$ 系统的反应平衡组成的变化趋势**

| 摩尔分数，$x_i$ | 温度↑ | 压力↑ | H/O 物质的量比↑ |
|---|---|---|---|
| $x_{CO}$ | ↑ | ↓ | ↓ |
| $x_{H_2}$ | ↑ | ↓ | ↑ |
| $x_{CO_2}$ | ↗↘ | ↑ | ↓ |
| $x_{H_2O}$ | ↓ | ↑ | ↗↘ |
| $x_{CH_4}$ | ↗↘ | ↑ | ↑ |

### 3.2.3 煤气化反应动力学及其机理

在实际的煤气化反应体系中，反应很难达到热力学平衡状态。因此，煤气化反应动力学的研究对工艺开发具有重大意义，是煤气化领域研究的重点。但由于煤的特殊性，其气化反应动力学完全取决于煤质特性，即使同一地区的煤种，反应性也存在很大的差异。

煤在气化炉内首先受热分解生成热解气体、热解焦油和固体半焦。然后，生成物与气化剂再进一步反应生成 $H_2$、CO 等气态产物。煤在气化炉内的反应过程如图 3.3 所示。

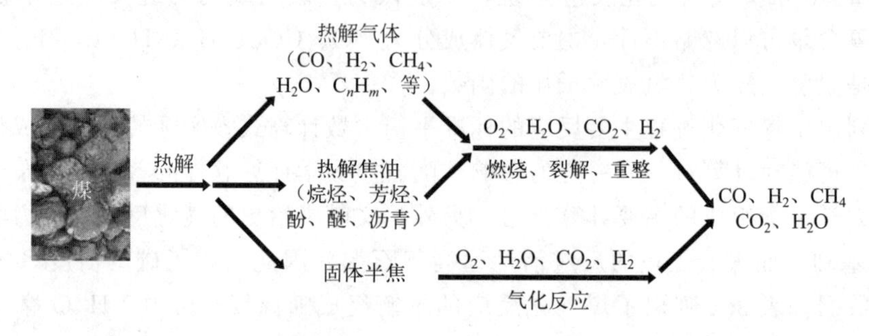


图 3.3 煤在气化炉内的反应过程

(1) 煤热解反应动力学模型

煤的热解是煤气化的第一阶段，是固体反应物受热发生化学分解的复杂反应过程，产物为组成复杂的气体、焦油和固体半焦。煤热解反应的速率和产物受反应温度、压力、升温速率、粒径大小和气氛环境的影响。

Badzioch 提出了以下的热解动力学方程：

$$\frac{\mathrm{d}V}{\mathrm{d}t}=k(V_\infty-V)$$

$$V_\infty=Q(1-V_c)V_p$$

$$k=A\exp\left(-\frac{E}{RT}\right)$$

式中，$V$ 为反应时间 $t$ 内释放的挥发分百分数；$V_\infty$ 为反应条件下挥发分释放的最大百分数；$V_p$ 为原煤工业分析的挥发分百分数；$V_c$ 为产物煤焦的挥发分百分数；$Q$ 为反应常数；$k$ 为反应速率常数；$A$ 为反应指前因子；$E$ 为反应活化能，kJ/mol；$R$ 为气体常数，8.314J/(mol·K)；$T$ 为反应温度，K。

常数 $Q$ 和 $V_c$ 是由实验确定。对于不膨胀煤 $V_c=0.15$。该方程运用一个简单的形式描述热解反应过程，适用于碳含量 79%～92%的烟煤和无烟煤。

为了化学机理上更准确地描述煤的热解过程，Anthony 提出了假定热分解是通过多个平行反应进行，活化能大小是满足高斯分布的数学函数，频率因子是一个常数。

$$V=V^*\left\{1-\int_0^\infty \exp\left(-\int_0^t k\,\mathrm{d}t\right)f(E)\mathrm{d}E\right\}$$

$$k=k_0\exp(-E/RT)$$

$$V^*=V_{nr}^*+V_r^{**}/(1+k_c p)$$

$$f(E)=[\sigma(2\pi)^{\frac{1}{2}}]^{-t}\exp\left[-\frac{(E-E_0)^2}{2\sigma^2}\right]$$

式中，$V$ 为反应时间 $t$ 内释放的挥发分；$V_r^{**}$ 为 $t=\infty$ 条件下生成的具有活性的挥发分；$V_{nr}^{*}$ 为 $t=\infty$ 条件下生成的非活性的挥发分；$V^{*}$ 为 $t=\infty$ 条件下释放的总挥发分；$k_1$、$k_0$ 为反应速率常数，$s^{-1}$；$k_c$ 为煤颗粒内部挥发分总传质系数，$s^{-1}$；$E$、$E_0$ 为热解反应活化能和平均活化能，kJ/mol；$p$ 为热解反应压力，MPa；$\sigma$ 为活化能分布的标准差，kJ/mol。

此方程式适用范围广泛，可应用于不同升温速率的慢速、中速和快速热解反应，最高温度 1000℃，压力 0.0001～10MPa。但由于方程包含多个参数，可用于热解反应机理分析，但其涉及复杂的数学处理，实用性受到限制。

(2) 煤焦气化反应动力学及其机理

煤的热解是快速反应过程，在高温条件下，反应在数秒内完成，对气化反应整体反应速率影响不大。热解半焦与氧气、水蒸气、二氧化碳以及氢气的反应是煤气化反应的关键。

煤焦的气化反应过程是典型的非均相气固反应，不仅取决于化学反应速率，还受扩散和传热的影响，其反应过程包括以下步骤：

① 反应气体从气相主体扩散到煤焦固体表面，即反应物的外扩散过程；

② 反应气体从固体表面通过颗粒内的孔道扩散到达反应表面，即反应物的内扩散过程；

③ 反应物在固体表面的吸附，形成配合物中间体，即反应物的吸附过程；

④ 吸附的配合物中间体在固体表面反应，即表面反应过程；

⑤ 反应生成的产物从固体表面脱附，即产物的脱附过程；

⑥ 产物分子从固体颗粒内的孔道向固体外表面扩散，即产物内扩散过程；

⑦ 产物分子从固体外表面扩散至气相主体，即产物外扩散过程。

以上步骤中，外扩散和内扩散为物理过程，不涉及物质的变化；而吸附、反应和脱附为化学过程，涉及化学键的变化。由于各步骤的阻力不同，反应过程的总包速率取决于反应阻力最大的步骤，即反应速率最慢的步骤为速控步。由此，反应动力学可分为外扩散控制、内扩散控制和反应过程控制。为了强化反应过程，对于不同的控制步骤，需采取不同的调控手段。对于外扩散控制过程，需增大气速或增大搅拌速度，强化气流湍动，提高气相传质条件；对于内扩散控制过程，一般可采用减小颗粒粒径的方法；对于吸附或反应过程，可采用调节温度、压力和反应物浓度的方法提升反应速率。

反应温度对控制步骤的影响最为显著。图 3.4 描述了一般情况下反应速率控制区间随温度的变化。在低温区间（Ⅰ区），化学反应速率是速控步，气体反应物在颗粒内浓度近似相等，实验得到的活化能是真实化学反应的活化能；在中温区间（Ⅱ区），气体反应物在固体颗粒孔道的内扩散速率是速控步，气体反应物在颗粒内的渗入深度小于颗粒半径，实验得到

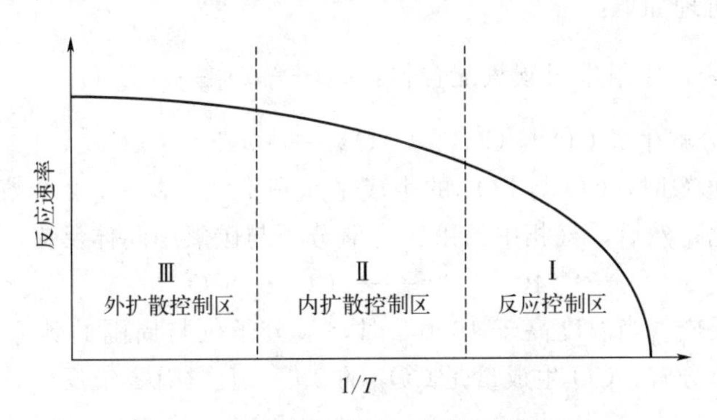


图 3.4 反应速率控制区间随温度的变化

的表观活化能是真实活化能的1/2；在高温区间（Ⅲ区），气体分子的外扩散速率是速控步，整体反应速率受制于反应物分子通过滞流边界层向颗粒表面扩散的速率，实验测得的活化能一般很小。

煤焦颗粒与气体的反应模型一般采用表面反应模型（反应发生在颗粒外表面）和整体反应模型（反应在颗粒内均匀进行）。一般来说，对于速率很高的反应，如燃烧反应，气体扩散速率决定反应速率，可采用表面反应模型处理；而整体反应模型适用于多孔固体或者慢反应的情况。

（1）煤焦与氧的反应

煤焦与氧的反应在煤焦气化过程中是进行最快的反应。一般情况下，反应在煤焦颗粒的外表面进行，并受灰层扩散控制，在高温条件下转变为气膜扩散控制。煤焦-氧的反应速率方程可表示为：

$$\frac{\mathrm{d}x}{\mathrm{d}t}=\frac{p_{O_2}}{\frac{1}{K_{\mathrm{diff}}}+\frac{1}{K_{\mathrm{s}}}}$$

式中，$\frac{\mathrm{d}x}{\mathrm{d}t}$为单位表面上的反应速率；$p_{O_2}$为氧气分压；$K_{\mathrm{diff}}$为扩散速率常数；$K_{\mathrm{s}}$为表面反应速率常数。

对于小颗粒或气固相速率相差不大的系统，$K_{\mathrm{diff}}$可用下式估算：

$$K_{\mathrm{diff}}=\frac{0.292\varphi D_{O_2}}{d_{\mathrm{p}}T_{\mathrm{m}}}$$

式中，$\varphi$为反应机理因子；$D_{O_2}$为氧气的扩散系数，$\mathrm{cm^2/s}$；$d_{\mathrm{p}}$为颗粒粒径，cm；$T_{\mathrm{m}}$为固体颗粒与气相主体之间边界层的平均温度，K。

$$D_{O_2}=0.426\times\left(\frac{T}{1800}\right)^{1.75}\frac{1}{p}$$

式中，$p$为气体总压，MPa。

$$T_{\mathrm{m}}=\frac{T_{\mathrm{s}}+T}{2}$$

式中，$T_{\mathrm{s}}$为固体颗粒温度，K；$T$为气相主体温度，K。

因为该反应为强放热反应，所以颗粒表面温度比气相主体温度高400～600℃。

实验证明，碳与氧的反应随着温度、压力、粒径的变化，生成的CO与$CO_2$的比例有很大的差别。关于二者的反应机理，目前一般认为，C与$O_2$生成中间配合物，而后分解生成CO与$CO_2$。其机理如下：

① 氧气在煤焦表面吸附生成碳氧配合物：$x\mathrm{C}+\frac{y}{2}\mathrm{O_2}\longrightarrow \mathrm{C}_x\mathrm{O}_y$

② 碳氧配合物分解生成CO与$CO_2$：$\mathrm{C}_x\mathrm{O}_y\longrightarrow m\mathrm{CO_2}+n\mathrm{CO}$

当温度低于1200℃时，CO与$CO_2$的生成量差别不大。首先，2个溶解的氧分子渗入石墨晶格中并使之活化；然后，气相中的第三个氧分子与碳氧中间体反应：

$$4\mathrm{C}+3\mathrm{O_2}\longrightarrow 2\mathrm{CO_2}+2\mathrm{CO}$$

该反应为一级反应。当温度高于1600℃时，氧分子仅与周围的碳原子反应，生成的碳氧配合物直接高温热分解，CO生成量是$CO_2$的2倍，且具有零级反应特征，该反应方程式如下：

$$3C+2O_2 \longrightarrow CO_2+2CO$$

在多数情况下，实验测得的反应速率方程的形式为：

$$R=K_s p_{O_2}^n$$

式中，$p_{O_2}$ 为氧气分压；$K_s$ 为表面反应速率常数；$n$ 为反应级数。

反应速率常数 $K_s$ 与温度的关系可用阿伦尼乌斯方程表示。

$$K_s=AT^m \exp(-E/RT)$$

式中，$A$ 为指前因子；$T$ 为反应温度，K；$m$ 为温度校正指数，一般取 0；$E$ 为反应活化能，J/mol；$R$ 为阿伏伽德罗常数，$6.022\times10^{23}$。

由于煤焦的结构和组成的复杂性，以上方程的参数需要通过具体的煤种实验确定。

（2）煤焦与二氧化碳的反应

煤焦与二氧化碳的反应是发生炉煤气的重要反应，该反应在一定程度上决定了煤气有效组成的含量。该反应的反应速率较低，一般认为 1000℃以下时，煤焦与二氧化碳的反应属于化学反应速率控制。大量的研究表明，其反应机理为：

$$C_f+CO_2 \longrightarrow CO+C(O)$$

$$C(O) \longrightarrow CO+C_f$$

$$CO+C_f \rightleftharpoons C(CO)$$

$$CO_2+C(CO) \longrightarrow 2CO+C(O)$$

$$CO+C(CO) \rightleftharpoons CO_2+2C_f$$

式中，$C_f$ 为煤焦表面上的碳活性中心。

该反应的速率方程一般采用朗格缪尔（Langmuir）吸附方程式的形式表示：

$$R=\frac{k_1 p_{CO_2}}{1+k_2 p_{CO}+k_3 p_{CO_2}}$$

式中，$k_1$，$k_2$，$k_3$ 分别为表面氧化物的生成、分解及 CO 生成、解吸等过程各个阶段的速率常数；$p_{CO_2}$，$p_{CO}$ 为 $CO_2$ 和 CO 气体的分压。

（3）煤焦与水蒸气的反应

煤焦与水蒸气的反应是煤气化反应制合成气的基础反应，该反应进行程度是控制煤气化效率的关键。大量研究表明，一般情况下，煤焦与水蒸气反应的活化能小于煤焦与二氧化碳反应的活化能。在 1000℃以下，煤焦与水蒸气的反应速率高于二氧化碳，但进一步提高反应温度，特别是在 1200℃以上，煤焦与二氧化碳的反应速率可能高于煤焦与水的反应速率。

煤焦与水蒸气的反应包括以下多个反应：

$$C+H_2O \longrightarrow CO+H_2$$

$$C+2H_2O \longrightarrow CO_2+2H_2$$

其产物还可能有进一步的二次反应。

二氧化碳还原反应：$C+CO_2 \longrightarrow 2CO+H_2$

一氧化碳变换反应：$CO+H_2O \longrightarrow CO_2+H_2$

由于二次反应的存在，其反应过程非常复杂，与前述的煤焦与氧、煤焦与二氧化碳的反应类似，煤焦与水蒸气反应也形成表面碳氧配合物中间体。其机理如下：

① 水蒸气在煤焦表面的碳活性中心吸附：$C_f+H_2O \rightleftharpoons C(H_2O)$

② 生成碳氧配合物活性中间体，并解离出氢气：$C(H_2O) \rightleftharpoons C(O)+H_2$

③ 碳氧配合物高温分解，也可与 $H_2O$ 反应生成 CO：

$$C(O) \rightleftharpoons C_f + CO$$

$$C(O) + H_2O \rightleftharpoons H_2 + CO$$

和煤焦与二氧化碳的反应类似，煤焦与水蒸气的反应的速率方程也可采用朗格缪尔（Langmuir）吸附方程式的形式，表示为：

$$R = \frac{k_1 p_{H_2O}}{1 + k_2 p_{H_2} + k_3 p_{H_2O}}$$

式中，$k_1$，$k_2$，$k_3$ 分别为煤焦表面上 $H_2O$ 的吸附速率常数、$H_2$ 的吸附平衡常数、C 与 $H_2O$ 分子的反应速率常数；$p_{H_2O}$，$p_{H_2}$ 分别为 $H_2O$ 和 $H_2$ 的分压。

在此反应中，氢气对反应具有抑制作用。研究表明，$H_2$ 比 CO 能更快地被煤焦表面吸附，从而阻碍水蒸气分解反应的进行。

（4）煤焦与氢气的反应

煤焦与氢气的甲烷化反应是加氢气化反应的基础，对煤制甲烷过程具有重要意义。煤焦与氢气的反应分为三个阶段。第一阶段为煤热解加氢，热解产生的挥发分进行加氢反应，生成甲烷和烃类产物；第二阶段为氢与热解产生的半焦上的活性碳位点进行反应；第三阶段为氢与半焦的惰性碳的反应。前两个阶段是在煤热解的同时进行的快速反应，第三阶段则为慢速加氢反应。

煤焦与氢气的反应机理如下：

$$C_f + H_2 \rightleftharpoons C(H_2)$$

$$C(H_2) + H_2 \rightleftharpoons CH_4 + C_f$$

其反应速率方程可表示为：

$$R = \frac{k_1 p_{H_2}^2}{1 + k_2 p_{H_2}}$$

式中，$k_1$，$k_2$ 分别为煤焦表面 $H_2$ 吸附和反应速率常数；$p_{H_2}$ 为 $H_2$ 分压。

$k_1$，$k_2$ 是与煤焦性质和反应温度相关的动力学参数。

由于煤焦的加氢反应在高压下才能显著进行，上式可简写为：

$$R = k_1 p_{H_2}$$

在气化炉中的反应体系非常复杂，煤热解，煤焦与氧气、水蒸气、二氧化碳、氢气的反应是同时发生的，相互之间存在非常复杂的作用。尽管科研工作者做了大量的工作，但对煤气化反应的认识仍有待深入，如何从化学反应机理的角度认识煤气化反应过程，指导工程实践，是煤化工领域长期的研究课题。

### 3.2.4 气化用煤的煤质特性

煤气化制合成气的反应过程与煤的性质密切相关，不同的气化工艺对煤质有不同的要求。工业生产中，必须坚持“因煤而异”的原则进行气化工艺选择、设计和操作。气化用煤的性质包括煤的组成、颗粒粒径、反应活性、机械强度、高温黏结性、热稳定性、煤灰的熔融性和黏温特性等。

（1）反应活性

煤的反应活性是指煤与气化剂，包括氧气、二氧化碳、水蒸气、氢气之间反应的速率和程度。气化反应活性高的煤种在气化过程中反应速率快，气化温度低，碳转化率高。反应活性的高低直接影响煤气化工艺的技术指标。无论何种气化工艺，反应活性高的煤种对气化过程有利。煤的反应活性与煤阶、热解煤焦孔径、比表面积、无机矿物组成有关。煤阶低、煤焦的孔径大、比表面积大、灰分中碱金属和碱土金属含量高的煤种一般具有较高的反应活性。

表征煤焦反应活性的方法很多，如测定着火点、活化能、气化剂直接转化率、反应速率等。最常用的方法是采用固定床反应器测定 $CO_2$ 的还原率，作为煤焦对二氧化碳的反应性指标。不同煤种采取标准实验方法，可评价煤的反应性。该方法在工业生产中较为常用。科研工作中，一般采用热重分析法测定煤焦在不同气氛中的失重曲线，计算煤焦的气化反应速率。由于煤焦的气化反应速率与转化率有关，常用初始气化反应速率、一定转化率的气化反应速率（如转化率为 50%时的反应速率）、平均气化反应速率进行比较。

（2）黏结性

煤在受热过程中会形成熔融的胶质层，颗粒之间受膨胀压力作用而相互黏结在一起。煤黏结性的评价方法可分为几类：①在规定条件下加热煤样品，测定焦块的性质，如自由膨胀序数、葛金焦型、焦渣转鼓指数等；②测定胶质体的性质，如胶质层厚度、基氏塑性、奥亚膨胀度等；③测定煤黏结惰性物质的能力，如混砂法，测定罗加指数、黏结指数等。

气化炉内煤炭的黏结会造成料层气体分布不均，不能正常排料，导致气化炉停车。对于固定床气化炉，一般只能使用不黏煤、弱黏结性煤种。加压条件会造成煤颗粒黏结性的增强。与固定床气化炉相比，流化床气化炉内颗粒处于流化状态，故在煤种黏结性方面可以适当放宽，可使用自由膨胀序数小于 4 的煤种。气流床气化炉采用气流输送，气化炉内颗粒之间几乎不接触，反应速率快，故可以使用黏结性煤种，但对于强黏结性煤种也应谨慎使用。

（3）热稳定性

煤的热稳定性是指煤在高温燃烧或气化过程中受热破碎的程度。高温气化过程中，热稳定性好的煤能保持其固有的粒度直至反应完成；而热稳定性差的煤会破碎成小块和煤粉。对于固定床气化炉，热稳定性差的煤，会增大气化炉内的阻力，增加带出量，降低碳转化率，而且容易造成管道堵塞。

煤的热稳定性与煤的变质程度、煤中的矿物组成和加热条件有关，可采用加热至指定温度并筛分的方法测定。一般烟煤的热稳定性最好，无烟煤的热稳定性次之，褐煤的热稳定性最差。无烟煤的结构致密，受热后内外温差大，膨胀不均产生压力，使颗粒破碎。褐煤中水分和挥发分含量高，受热产生大量气体，使颗粒破碎。

（4）机械强度

煤的机械强度包括煤的耐磨性、抗破碎能力、抗压强度等。实验测试方法包括下落法、转鼓法、抗压实验等。固定床气化炉中，煤颗粒必须具备一定的机械强度，防止在加料和床层内破碎，影响气流分布，增加粉尘带出。流化床气化炉中，煤颗粒具备一定的机械强度可保证较好的流化状态。气流床气化炉对煤的机械强度没有特别的要求。然而，机械强度低、可磨指数高的煤种易于研磨制粉，可降低磨煤成本。

（5）煤颗粒粒径

各种气化工艺对煤的粒度均有特殊的要求。固定床气化炉要求加入 10～100mm 的块煤；流化床气化炉要求加入＜8mm 的小颗粒煤；气流床气化炉要求加入＜0.1mm 的粉煤，且 70%～90%的煤粉小于 200 目；水煤浆气化炉还要求不同煤粉粒度的级配，以提高煤浆浓度。

不论何种气化工艺，原料煤的粒度分布对气化反应有很大的影响。固定床气化时，细煤粉会影响床层的透气性，且容易带出，而煤粒径过大，又容易造成反应不充分，碳转化率低，气化炉生产能力低。原料煤块度的下限取决于机械强度。机械强度低的褐煤为15～25mm，中等强度的烟煤为10～12mm。最大粒径与最小粒径比要适宜，一般为4～5，但低生产负荷下可放宽到8左右。流化床气化时，颗粒分布过宽，细粉量大，会造成飞灰量大、碳含量高，而大颗粒则容易造成失流化，床内结渣。研究表明，流化床气化炉的煤颗粒最大粒径与最小粒径比为5～6时，床层的流化状态最好，粉尘带出少，气化反应效果好。

(6) 结渣性和灰熔融特性

煤的结渣性是指煤中矿物质灰分的高温软化、熔融、黏结而形成炉渣的能力。在固定床气化炉中，形成大块炉渣会影响床层的透气性，造成气体偏流，严重时造成排渣不畅，最终导致生产事故。此外，还会造成排渣含碳量高，碳转化率降低。流化床气化炉，煤气的结渣影响更为显著，即使局部微量的结渣，也会导致流化状态恶化，影响正常生产。

实验测定结渣率的方法可以判断气化用煤结渣的难易程度。结渣率小于5%的煤为难结渣煤，结渣率5%～25%的为中等结渣煤，结渣率大于25%的为强结渣煤。煤灰熔点（软化温度）是判断煤中结渣难易程度的重要指标。高灰熔点的煤种具有较强的抗结渣能力。固态排渣的气化炉，气化用煤的软化温度一般要求大于1250℃。由于灰渣的物理状态和化学组成不同于煤的灰分，因此以灰熔点判断结渣性存在不可靠性，仅可作为参考指标。

煤灰的熔融黏温特性对液态排渣气化炉尤为重要。为保证正常排渣，液态排渣气化炉的操作温度一般高于原料煤的灰熔点150～200℃，而且熔融灰渣的黏度为2.5～25Pa·s。因此，对于液态排渣的气化炉，煤灰熔点（流动温度）一般不超过1350℃，对于高灰熔点煤（煤灰流动温度大于1350℃）必须添加助溶剂，降低灰熔点，改善煤灰的黏温特性，才能保证气化炉正常操作。

(7) 水分、灰分和硫分

煤中较低的水分和灰分含量有助于气化炉的稳定操作和提高气化效率。含水量过高的煤种，在快速加热条件下，会造成煤颗粒破碎，煤气中的尘含量增加。控制煤中的水分和灰分是为了维持气化炉的稳定操作和取得较好的气化效率。而且，水分含量太高还会造成煤气冷却产生大量废液，增加废水处理的难度。对于以小颗粒和煤粉为原料的流化床气化炉和干粉气流床气化炉，为了保持原料煤的稳定输送，必须降低煤中水含量至一定值。流化床气化炉要求入炉煤的水分小于8%，干粉气流床气化炉要求煤粉的水分小于5%，以便维持稳定进料。

从气化效率考虑，煤中的灰分越低越好。但对于现代大型水冷壁气化炉，由于采用“以渣抗渣”技术，要求煤中灰分含量不小于8%，以防止水冷壁烧蚀。

煤中的硫包括有机硫、黄铁矿硫和硫酸盐硫。高温气化过程中，煤中的硫主要以$H_2S$、COS、$CS_2$的形式转移至气相中。这些含硫气体是煤气中的主要污染物，会造成环境污染、设备腐蚀、催化剂中毒，必须通过煤气净化工艺脱除。选用低硫煤有利于降低硫化物的脱除成本，减小环境污染。

### 3.2.5 煤气化工艺

(1) 煤气化工艺简介

煤气化工艺的目的在于针对具体煤质条件，采用适当的方法，将煤有效气化，满足具体工业应用要求。气化工艺的分类很多，按照生产方式可分为连续气化、间歇气化；按照供热方式可分为自热式和外热式；按照煤气热值可分为制取高热值煤气、中热值煤气、低热值煤气的气化方法；按照气化剂种类可分为空气气化、富氧气化、纯氧气化、加氢气化，等等。从化学反应工程的角度出发，根据气固两相的接触和运动方式，煤气化工艺可分为固定床（移动床）气化工艺、流化床气化工艺和气流床气化工艺。

图 3.5 是气体穿过颗粒床时，床层压降随着过床气速的变化。当气体以较低的气速通过颗粒床层时，气体只是穿过颗粒之间的空隙，颗粒没有相对运动，称为固定床，床层压降随着气体的流速逐渐增大。随着气速增加，气体对颗粒的曳力逐渐增大，颗粒层开始膨胀而变得不稳定。当流速增加使全部颗粒刚好悬浮在气流中时，颗粒受到的曳力与重量几乎相等，也就是床层的压降基本等于该截面上颗粒和流体的重量。此时，颗粒层具有类似流体的性质，床层开始流化，称为流化床，该气速为最小流化气速或临界流化气速 $u_{mf}$。图中，A-B 段表示固定床阶段，床层压降随过床气速增加而增大。压降大小可按厄根（Ergun）方程计算。继续增大气速，颗粒开始扰动，直至 C 点，颗粒形成疏散的接触状态，达到初始流化状态，C 点称为流化点。继续增大气速至 D 点，颗粒层压降逐渐稳定，达到完全流化状态。需要指出的是：由于升速过程中，床层压降变化受颗粒层堆积状态的影响，颗粒床最小流化速度一般采用降速的方法测量，即在颗粒层完全流化后，逐渐降低气速，通过测量压降变化，判断颗粒失流态化的气速拐点。颗粒达到流化状态后，床层压降趋于稳定，如图中 D-E 段。增大气速至 E 点，气体的流速大于颗粒在气流中的自由沉降速度，固体颗粒被气体夹带，称为气流床，如图中的 E-F 段。E 点的气速 $u_t$ 称为颗粒的终端速度或临界夹带速度。

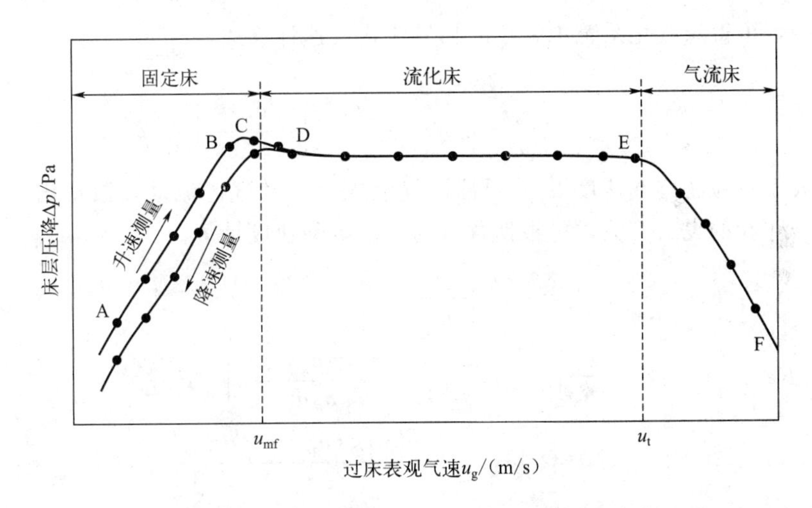


图 3.5 气体穿过颗粒床层的压降变化

Ergun 方程：$\dfrac{\Delta p}{L}=150\dfrac{(1-\varepsilon)^2}{\varepsilon^3}\times\dfrac{\mu u_g}{(\Phi_s d_p)^2}+1.75\dfrac{(1-\varepsilon)}{\varepsilon^3}\times\dfrac{\rho_g u_g^2}{\Phi_s d_p}$

式中，$\Delta p$ 为颗粒床层压降，Pa；$L$ 为颗粒层厚度，m；$u_g$ 为表观气速，m/s；$d_p$ 为颗粒平均粒径，m；$\Phi_s$ 为颗粒形状因子；$\varepsilon$ 为颗粒床层的空隙率；$\mu$ 为气体的黏度，Pa·s；$\rho_g$ 为气体的密度，kg/m³。

颗粒的临界流化速度 $u_{mf}$：

对于小颗粒：$u_{mf}=\dfrac{(\Phi_s d_p)^2}{150}\times\dfrac{(\rho_p-\rho_g)}{\mu_g}\times g\times\dfrac{\varepsilon_{mf}^3}{1-\varepsilon_{mf}}(Re<20)$

对于大颗粒：$u_{mf}^2=\frac{\Phi_s d_p}{1.75}\times\frac{(\rho_p-\rho_g)}{\rho_g}\times g\times\varepsilon_{mf}^3(Re>1000)$

颗粒层处于临界流化状态时：$\Delta p=\frac{W}{A}=L_{mf}(1-\varepsilon_{mf})(\rho_p-\rho_g)g$

式中，$\Delta p$ 为颗粒床层压降，Pa；$W$ 为床层的重量，N；$A$ 为床层截面积，$m^2$；$L_{mf}$为开始流化时的床层高度，m；$\varepsilon_{mf}$为开始流化时的床层空隙率；$\rho_p$ 为颗粒表观密度，$kg/m^3$。

与 Ergun 方程结合，可计算临界流化速度。

Ergun 方程中颗粒的形状因子 $\Phi_s$，是相同体积的球形颗粒的外表面积与实际颗粒外表面积的比值，不同形状的颗粒的球形度介于 0 至 1 之间。对于低挥发分的无烟煤和烟煤，$\Phi_s$ 约为 0.62～0.64。对于大多数颗粒系统，空隙率与形状因子的关系可表示为：$\frac{1}{\Phi_s\varepsilon_{mf}^3}\cong14$，$\frac{1-\varepsilon_{mf}}{\Phi_s^2\varepsilon_{mf}^3}\cong11$。

临界流化气速可由下式计算：

$$\frac{d_p u_{mf}\rho_g}{\mu}=\left[33.7^2+0.0408\frac{d_p^3\rho_g(\rho_p-\rho_g)g}{\mu^2}\right]^{\frac{1}{2}}-33.7$$

对于煤颗粒系统，美国煤气工艺研究院在大量实验基础上，提出：$\frac{1}{\Phi_s\varepsilon_{mf}^3}\cong8.81$；$\frac{1-\varepsilon_{mf}}{\Phi_s^2\varepsilon_{mf}^3}\cong5.19$，可得煤气化系统中颗粒的临界流化气速计算式：

$$\frac{d_p u_{mf}\rho_g}{\mu}=\left[25.25^2+0.0651\frac{d_p^3\rho_g(\rho_p-\rho_g)g}{\mu^2}\right]^{\frac{1}{2}}-25.25$$

当气速大于颗粒的终端速度 $u_t$，颗粒被气流携带，随气体流动，被带出反应器。颗粒的终端速度与颗粒的曳力有关，可根据颗粒的自由沉降速度计算。

当 $Re_p<0.4$：$C_d=\frac{24}{Re_p}$，$u_t=\frac{g(\rho_p-\rho_g)d_p^2}{18\mu}$；

当 $0.4<Re_p<500$：$C_d=\frac{10}{Re_p^{1/2}}$，$u_t=\left[\frac{4}{225}\frac{(\rho_p-\rho_g)^2g^2}{\rho_g\mu}\right]^{1/3}d_p$；

当 $500<Re_p<200000$；$C_d=0.43$，$u_t=\left[\frac{3.1g(\rho_p-\rho_g)d_p}{\rho_g}\right]^{1/2}$。

以上方程适用于计算球形颗粒的终端速度。对于不规则形状的颗粒，需根据颗粒形状因子进行校正。

基于以上气固流动状态，固定床、流化床和气流床气化炉处于不同的操作状态，图 3.6 是不同气化炉内的气固运动方式和温度分布状态的示意图，以下将分别详细介绍。

（2）固定床（移动床）气化

固定床气化是目前世界上使用最多的一种煤气化生产工艺，包括常压的煤气发生炉、两段炉、水煤气发生炉，加压的鲁奇炉、BGL 气化炉，各种气化炉主要的参数见表 3.3。气化反应过程中，块煤（6～50mm）缓慢向下移动，空气/$O_2$/$H_2O$ 作为气化剂自下而上与煤颗粒逆流接触，煤灰由底部灰盘排出，煤气则从顶部出气口排出。固定床气化过程中气固逆流接触，气体与灰渣换热充分，气化效率较高，可达 90%以上。

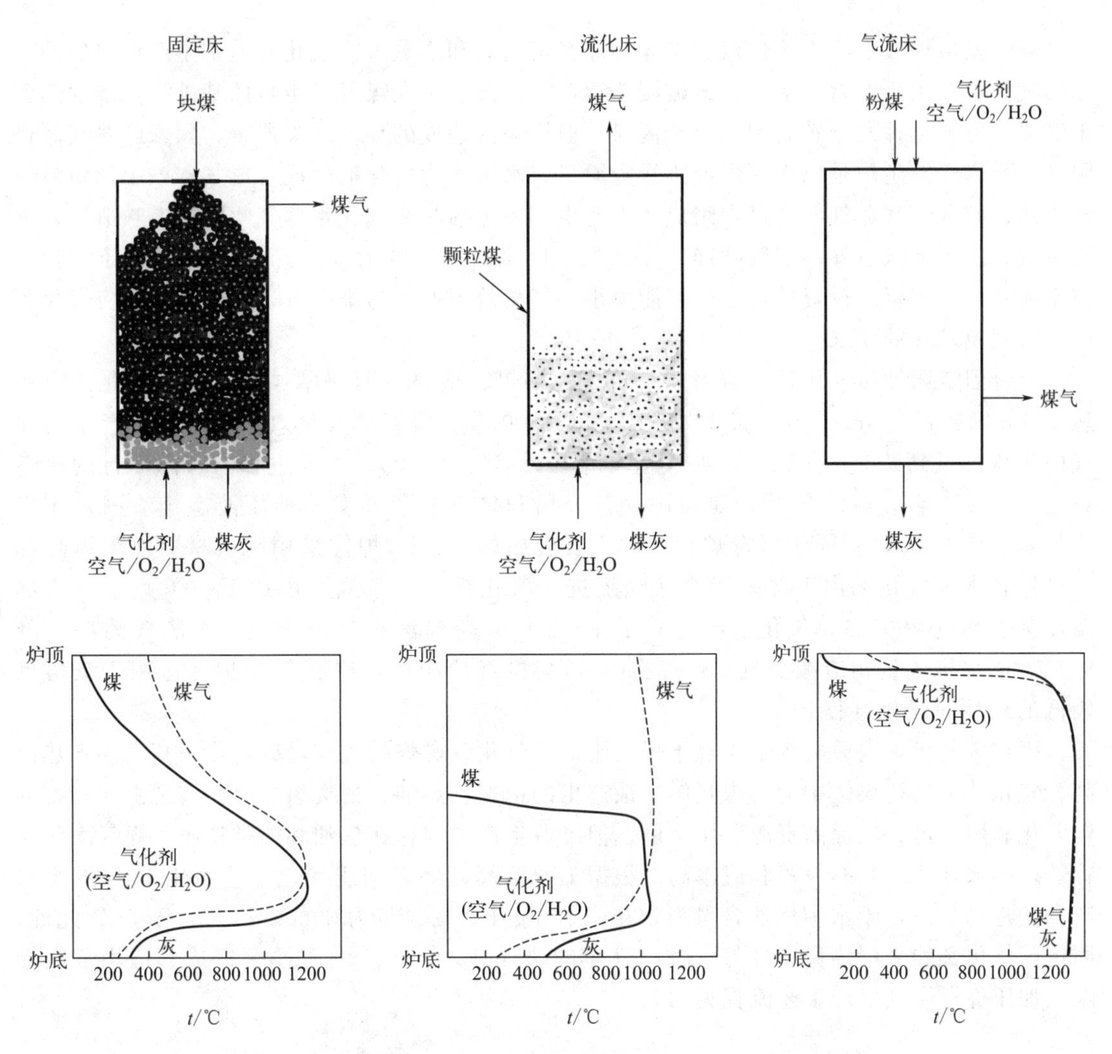


图 3.6 固定床/流化床/气流床气化炉内气固运动方式及温度分布

**表 3.3 固定床(移动床)气化炉主要技术参数比较**

| 技术参数 | 发生炉 | 两段炉 | 水煤气发生炉 | 鲁奇炉 | BGL 气化炉 |
|---|---|---|---|---|---|
| 直径/m | 1.5～3.0 | 1.5～3.0 | 1.5～3.6 | 2.6～5.0 | 2.8～3.6 |
| 高度/m | 9～14 | 15～18 | 8～12 | 12～17 | 12～17 |
| 气化压力/MPa | 常压 | 常压 | 常压 | 3.0～6.0 | 2.5～6.5 |
| 气化温度/℃ | 900～1000 | 900～1000 | 900～1000 | 900～1000 | 1300～1500 |
| 适用煤种 | 无烟煤、焦炭、烟煤 | 烟煤、褐煤 | 无烟煤、焦炭 | 无烟煤、烟煤、褐煤 | 无烟煤、烟煤、褐煤 |
| 生产能力/(t/d) | 50～200 | 100～200 | 50～200 | 500～1500 | 500～1500 |
| 气化剂 | 空气、蒸汽 | 空气、蒸汽 | 空气、蒸汽 | 氧气、蒸汽 | 氧气、蒸汽 |
| 氧气消耗/($m^3$/kg) | — | — | — | 0.35～0.45 | 0.40～0.50 |
| 蒸汽消耗/(kg/kg) | 0.28～0.45 | — | 1.15～1.65 | 0.75～1.50 | 0.30～0.40 |
| 有效气体积分数/% | 40～48 | 45～55 | 80～90 | 65～75 | 78～92 |
| 气化效率/% | 65～73 | 68～78 | 60～66 | 75～85 | 85～91 |

煤气发生炉以无烟煤、焦炭、烟煤为原料，空气和水蒸气为气化介质，生产低热值的工业燃气，主要用于建材、冶金、机械制造行业。两段炉则在煤气发生炉的基础上，增加热解干馏段，可气化挥发分较高的烟煤和褐煤，但煤焦油造成的环境污染严重，国家已对其严格限制。水煤气发生炉是以无烟煤或焦炭为原料，水蒸气为气化剂生成合成气。该工艺由鼓空气蓄热、鼓水蒸气造气两个过程组成，工业生产中包括吹空气、水蒸气吹净、上吹造气、下吹造气、二次上吹造气、空气吹净六个阶段，间隔时间大约为 5～10min。上述常压气化炉技术成熟、固定资产投资低，但生产能力小、气化效率低、污染严重，已远不能适应煤化工产业大规模发展的要求。

鲁奇固定床加压气化炉（鲁奇炉）可气化褐煤、烟煤、无烟煤（图 3.7），气化炉直径从 2.6m 发展到 3.8m、5m，最大处理煤量达 1500t/d。鲁奇炉气化效率高，而且产生的煤气中甲烷含量高达 8%～12%，尤其适合煤制天然气（SNG）生产过程，国内运行的鲁奇炉已超过 150 台。BGL 气化炉是英国煤气公司和鲁奇公司开发的加压液态排渣固定床气化技术（图 3.8），不同于鲁奇炉炉体的水夹套结构，BGL 炉体采用耐火材料保温隔热和水冷壁技术，气化剂由下部采用高速喷嘴进入气化炉，熔渣温度可达 1400℃以上，局部温度甚至超过 2000℃，气化强度提高了 1～2 倍。高温液态排渣方式，水蒸气消耗下降 85%，废水排放量相应减少近 80%。而且，与鲁奇炉相比，BGL 气化炉更适用于灰熔点较低的煤种的气化过程。

固定床气化炉内原料煤依次经干燥、干馏、气化、燃烧的过程，碳转化率高、煤气热值高、气化效率高，煤气中含有煤热解干馏产生的甲烷、焦油、酚类组分，如实现上述产物的资源化利用，可大幅提高资源利用价值。但工业生产中因存在焦油和酚类物质，煤气净化流程长，污水处理工艺的投资和成本高。根据工业测算，鲁奇加压气化工艺气化 1t 煤的废水产量接近 $0.7m^3$，废水中焦油含量为 300～600mg/L，酚含量为 35000～10000mg/L。此外，固定床气化必须采用热稳定性好、黏结性差的块煤（>6mm）为原料，造成其适用范围受限。加压鲁奇煤气生产工艺流程见图 3.9。

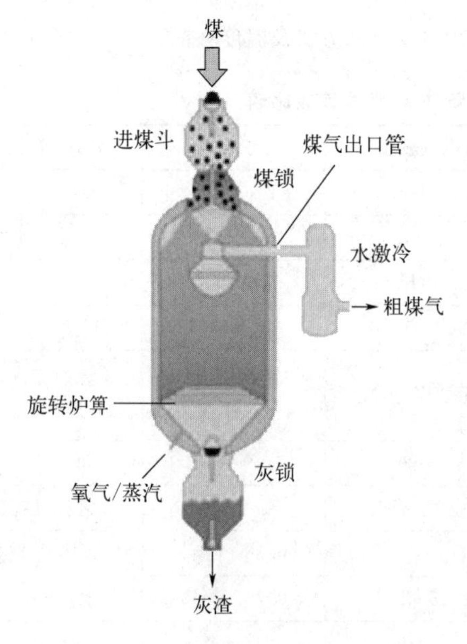


图 3.7 加压鲁奇气化炉

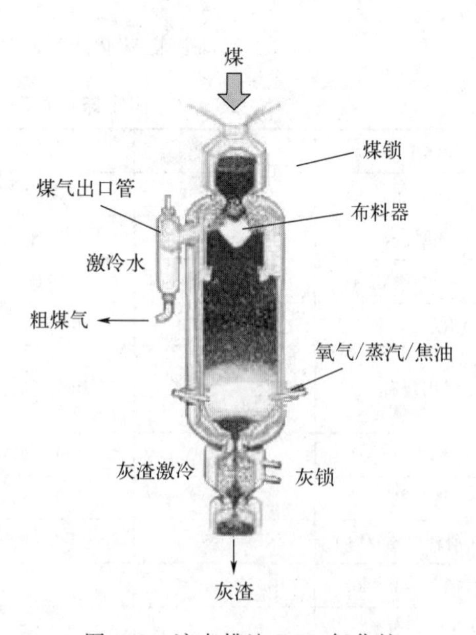


图 3.8 液态排渣 BGL 气化炉

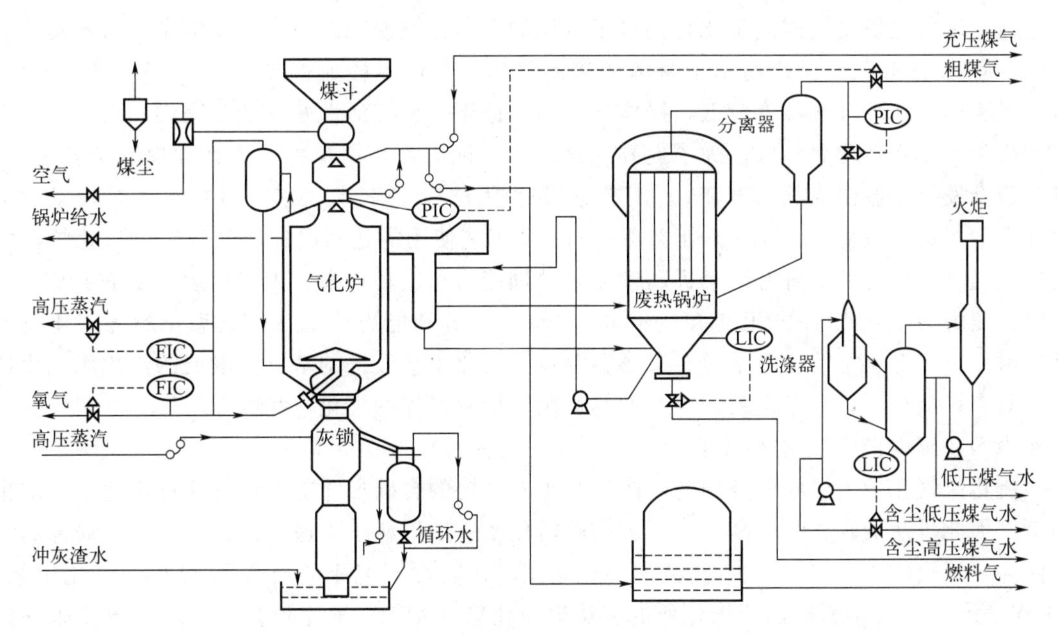


图 3.9 加压鲁奇煤气生产工艺流程

（3）流化床气化

流化床气化炉的特点在于气化炉内的固体床层处于流化状态，气体的过床气速介于颗粒的最小流化速度和夹带速度之间。流化床气化炉的原料煤为粒径<8mm 的粉煤，气化剂以高于颗粒最小流化速度数倍的流速穿过颗粒层，气体对颗粒曳力作用导致床层剧烈搅动，因此气化炉的传热、传质速率高，炉内温度均匀，气化强度较高。流化床气化炉的床层操作温度要求低于灰熔点，一般在 850～1050℃范围内，以防止结渣。煤气组成以 CO、$H_2$、$CO_2$ 为主，含有少量 $CH_4$，焦油和酚类物质含量几乎为零。不同流化床气化工艺的粗煤气产量、有效组成含量、气化效率、碳转化率差别较大，相关的技术参数见表 3.4。流化床气化炉的气化效率比固定床气化炉低，但其优势在于可利用小颗粒粉煤，而且煤气中不含焦油，煤气净化系统简单，污染物排放低。

**表 3.4 流化床气化炉主要技术参数比较**

| 气化炉型 | 德国温克勒(HTW) | 美国 KBR | 美国 U-Gas | 朝鲜恩德炉 | 灰熔聚流化床(AFB) |
|---|---|---|---|---|---|
| 直径/m | 2.0～5.5 | 2.5～3.5 | 2.4～4.0 | 2.5～5.0 | 2.4～3.0 |
| 高度/m | 16～23 | 11～18 | 15.3～18.5 | 23～28 | 15～18 |
| 气化压力/MPa | 常压～1.0 | 常压～3.0 | 常压～1.0 | 常压 | 常压～3.0 |
| 气化温度/℃ | 900～1100 | 900～1050 | 950～1000 | 850～1000 | 950～1100 |
| 适用煤种 | 褐煤 | 烟煤、褐煤 | 烟煤、褐煤 | 烟煤、褐煤 | 无烟煤、烟煤、褐煤 |
| 生产能力/(t/d) | 500～1000 | 500～1000 | 400～1000 | 250～600 | 120～500 |
| 气化剂 | 空气、氧气、蒸汽 | 空气、氧气、蒸汽 | 空气、氧气、蒸汽 | 空气、氧气、蒸汽 | 空气、氧气、蒸汽 |
| 氧气消耗/($m^3$/kg) | 0.45～0.55 | 0.40～0.60 | 0.40～0.60 | 0.35～0.50 | 0.35～0.65 |
| 蒸汽消耗/(kg/kg) | 0.35～0.50 | 0.30～0.50 | 0.60～0.90 | 0.45～0.75 | 0.65～0.95 |
| 有效气体积分数/% | 72～75 | 72～80 | 70～80 | 70～75 | 72～82 |
| 气化效率/% | 65～75 | 67～78 | 65～75 | 65～75 | 65～80 |

流化床气化炉是气固流态化理论最早应用的工业化系统，20 世纪 30 年代德国开发的温克勒（Winkler）气化炉成功用于莱茵褐煤的气化，在世界各地曾先后有 70 余台气化炉运行。温克勒气化炉气化温度较低，操作气速高，适用于反应活性好的低阶褐煤和次烟煤，飞灰带出量大，碳转化率较低。为了提高气化炉生产能力，拓展煤种适应性，提高碳转化率，进一步开发了高温温克勒（HTW）工艺、恩德炉工艺、KRW 工艺、U-Gas 工艺，以及国内开发的灰熔聚流化床（AFB）工艺等。HTW 工艺使用的是高温加压的温克勒气化炉，气化反应温度和压力的提升有助于提高气化炉处理能力和碳转化率。工业化运行的 HTW 气化炉操作压力为 1.0MPa，气化温度为 950～1050℃，处理能力达 720t/d。恩德粉煤气化技术是朝鲜恩德“七・七”联合企业在对德国温克勒气化工艺改进的基础上发展的流化床气化技术，具有投资少、运行稳定的特点，尤其适用于低阶褐煤的气化，我国 20 世纪 90 年代引进该技术，在国内推广应用 20 余台。

流化床气化炉内颗粒混合均匀，床层必须有一定的含碳量才能保证气化反应速率和防止结渣，因此排灰的碳含量较高。为了提高碳转化率，法国科学家最早提出流化床内局部高温促使煤灰熔聚的工艺概念，并实现了工业应用。代表性工艺主要有美国 U-Gas 气化工艺、KRW 气化工艺和中科院山西煤化所的灰熔聚流化床（AFB）气化工艺。灰熔聚流化床气化炉内采取中心射流的气体分布形式，形成中心射流高温区，温度达 1200℃以上，煤中碳元素充分转化，同时煤灰熔融团聚成大颗粒，通过选择性分离从排渣口排出。

U-Gas 流化床气化工艺是由美国气体研究所 IGT（Institute of Gas Technology）开发，我国上海焦化厂于 20 世纪 90 年代引进，建造了 8 台直径 2.6m 产气量 20000$m^3$/h 的气化炉。义马煤业集团建立了煤炭处理量 1200t/d、操作压力 1.0MPa 的加压气化装置。KRW 流化床气化技术由美国西屋电力公司开发，以生产低热值燃气为目标，用于高效的煤气化联合循环（IGCC）发电，但并未工业化推广应用。

灰熔聚流化床（AFB）气化技术是我国中科院山西煤化所（ICC）开发的先进流化床气化技术，已用于合成气和燃料气生产。该气化炉底部气体分布器设有中心射流管和环管，中心射流管以 30～60m/s 的气速通入高浓度氧气，形成高温中心区，提高气化反应速率和碳转化率，并且煤灰高温熔聚团聚形成粒径大、比重高的灰球。环管以 5～10m/s 的气速通入以蒸汽为主的气化剂。由于颗粒终端速度的差异，灰球从床层中选择性分离排出气化炉。由于局部高温区的存在，不仅可气化高活性的褐煤、烟煤、生物质，也可气化反应活性差的石油焦、无烟煤等劣质燃料。晋煤天溪 10 万吨/年 MTG 煤制油项目曾建立 7 台直径 2.4m 气化炉，日处理高灰、高灰熔点、高硫无烟煤 2000t。干煤气中 CO 含量 30%～40%，$H_2$ 含量 35%～45%，$CO_2$ 含量 15%～20%，$N_2$ 含量 5%～10%，$CH_4$ 含量 13%。云南文山铝业燃料气项目采用 3 台低压 AFB 气化炉气化云南褐煤生产低热值燃料气，操作压力 0.4MPa，单炉产气量 35000$m^3$/h，碳转化率达 95%以上。

循环流化床气化（CFBG）技术，最早由鲁奇公司开发，但由于碳转化率低、带出量大，未进一步发展。中国科学院工程热物理研究所、科达公司等开发了用于生产低热值燃料气的循环流化床气化技术。该类技术均采用空气和水蒸气常压气化，气化剂与热煤气高温换热至 600～700℃，生产热值不高于 1300kcal/$m^3$ 的工业燃料气，生产能力 1 万～5 万 $m^3$/h，主要用于氧化铝焙烧、陶瓷烧结等领域。

输运床气化（KBR）技术由美国 Kelllogg 和南方电力公司联合开发。气化用煤粒径＜400$\mu$m，操作气速约 10m/s，固体颗粒在流化床内的循环倍率 10～50，碳转化率可达 98%。

流化床气化技术对原料要求低，煤种适应性广，尤其适合高活性、高灰熔点、高水分劣质煤的气化，也可气化生物质和垃圾废物，具有应用领域广泛的特点。但是处理能力有限，尤其对于低活性煤种的气化效率低、碳转化率低，一般应用于中等规模的生产系统。

温克勒流化床气化炉见图 3.10。U-Gas 流化床气化炉见图 3.11。KRW 流化床气化炉见图 3.12。灰熔聚流化床气化炉见图 3.13。

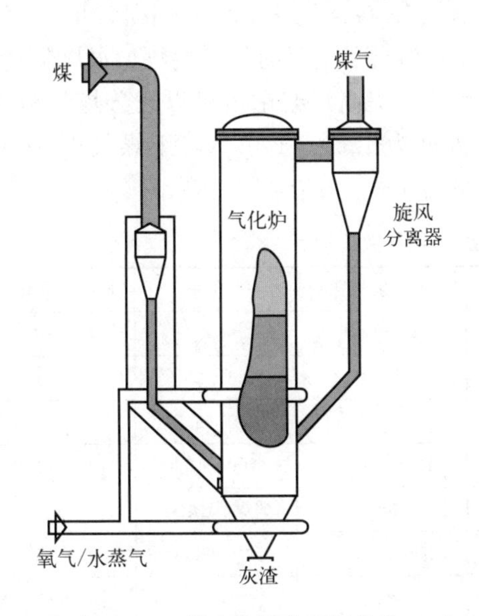


图 3.10 温克勒流化床气化炉

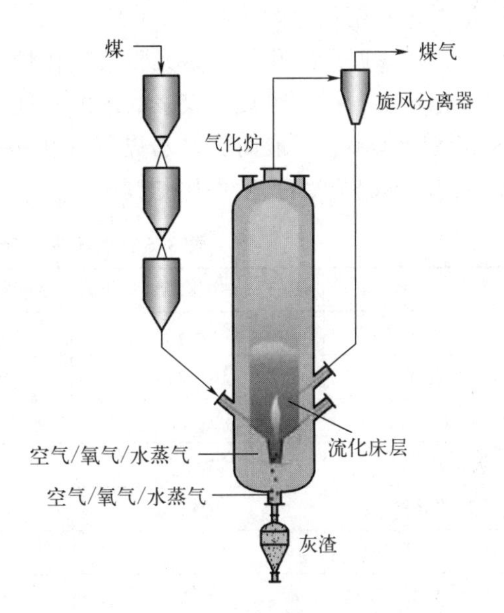


图 3.11 U-Gas 流化床气化炉

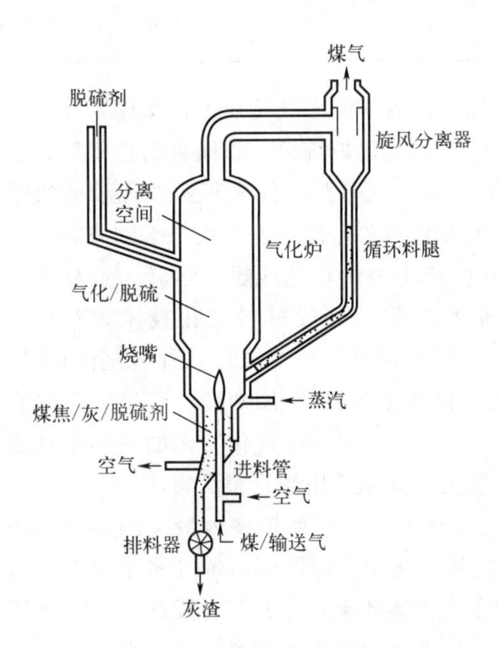


图 3.12 KRW 流化床气化炉

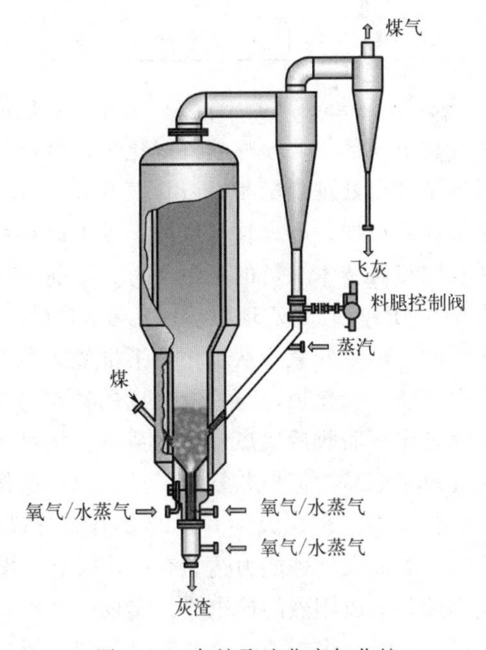


图 3.13 灰熔聚流化床气化炉

(4) 气流床气化

气流床煤气化工艺采用喷嘴高速射流将粒径小于 100μm 的煤粉或煤浆与气化剂喷入气

化炉，气化炉内气固并流运动同时发生高温燃烧和气化反应（1200～1700℃），生成以 CO 和 $H_2$ 为主的粗煤气，煤灰以液态熔融的方式排出气化炉。气化炉内的高温、高压、剧烈混合可大幅提升反应和传递速率，因此具有气化强度高、生产能力大、碳转化率高、煤气有效组成高的特点，可满足煤化工装置大型化发展的要求。

按照煤粉的状态，气流床气化工艺可分为水煤浆气化工艺和干煤粉干法气化工艺。水煤浆气化工艺所用气化炉主要有：GE（Texaco）气化炉、E-Gas 气化炉、我国研发的多喷嘴气化炉、晋华两段气化炉、多元料浆气化炉等，表 3.5 列出了主要的技术参数。水煤浆气化炉的气化效率、煤气组成与煤浆的浓度和性质密切相关，提高煤浆浓度可以改善煤气组成，并提高气化效率。一般而言，水煤浆气化炉的操作温度为 1250～1400℃，干煤气中 CO 含量为 40%～50%，$H_2$ 含量为 35%～40%，$CO_2$ 含量为 15%～25%。

**表 3.5 水煤浆气流床气化炉主要参数比较**

| 主要参数 | GE(Texaco)水煤浆气化炉 | 多喷嘴气化炉 | 多元料浆气化炉 | 晋华炉 | E-Gas 气化炉 |
|---|---|---|---|---|---|
| 直径/m | 2.8～3.8 | 2.8～3.9 | 3.0～3.8 | 2.6～3.6 | 1.8～2.8 |
| 高度/m | 16～23 | 11～18 | 15.3～18.5 | 23～28 | 15～18 |
| 气化压力/MPa | 4.0～6.5 | 4.0～6.5 | 4.0～6.5 | 4.0～6.5 | 4.0～6.5 |
| 气化温度/℃ | 1200～1400 | 1200～1400 | 1200～1400 | 1200～1600 | 1200～1600 |
| 适用煤种 | 烟煤 | 烟煤 | 烟煤 | 烟煤、无烟煤 | 烟煤 |
| 生产能力/(t/d) | 500～3000 | 1000～3500 | 1000～2500 | 500～2000 | 1000～2500 |
| 气化剂 | 氧气 | 氧气 | 氧气 | 氧气 | 氧气 |
| 氧气消耗/($m^3$/kg) | 0.80～0.95 | 0.80～1.00 | 0.80～1.00 | 0.80～1.00 | 0.75～0.95 |
| 有效气体积分数/% | 75～85 | 80～86 | 78～85 | 80～85 | 80～87 |
| 气化效率/% | 68～75 | 70～76 | 68～76 | 68～77 | 72～80 |

GE［Texaco（德士古）］气化工艺是最早商业化运作的气流床气化技术，水煤浆和氧气从气化炉顶部中心喷嘴喷入气化炉，合成气水洗激冷后从气化炉排出。我国鲁南化工厂最早引进了 2 台处理煤量 400t/d、气化压力 3.0MPa 的 Texaco 气化炉，经多年实践逐步解决了煤浆烧嘴烧损、耐火材料烧蚀、黑水循环系统堵塞等工艺问题。德士古气化技术的成熟离不开我国科研技术人员的不懈努力，目前国内约有 60 台德士古炉在建或投入运转，最高压力达 6.5MPa，最大处理量 3000t/d。E-Gas 气化炉是水煤浆的分段进料气化技术，80%～85%的水煤浆和氧气从气化炉下部喷入气化炉，气化反应温度 1300～1500℃；剩余的煤浆从中部喷入气化炉，与一段生成的高温合成气换热，操作温度约为 1000℃，产生的高温合成气经废热回收后送煤气净化系统。相对于德士古气化技术，E-Gas 气化工艺的热效率和冷煤气效率更高，但工艺复杂、投资大、操作运行难度大，实际应用受到很大影响。

我国华东理工大学开发的多喷嘴对置水煤浆气化技术是目前处理能力最大的煤气化技术，单炉最大处理能力达 3000t/d 以上。煤浆和氧气从气化炉上部侧面对置的多个喷嘴喷入气化炉，形成剧烈的撞击流，实现煤浆雾化，同时强化传递效果，提升气化反应速率，在国内煤制甲醇、煤制油、合成氨等领域广泛应用，占大型煤气化近 1/3 市场份额。晋华炉采用两段分级给氧和水冷壁技术，有利于降低喷嘴射流区温度，改善喷嘴使用环境，提高使用寿命，水冷壁技术可以克服耐火材料易烧蚀的缺点。多元料浆气化炉是西北化工设计院基于德士古工艺开发的气化技术，在国内合成氨产业中广泛应用。

水煤浆加压气化工艺的优点主要表现在：①煤浆进料稳定，容易实现高压操作，工艺流程相对简单且配套设备成熟；②气化强度高，生产能力大，碳转化率高达98%以上；③煤气洗涤水中不含焦油、酚类污染物，水处理工艺简单，环境效益好；④粗煤气中氢含量高，适用于化工合成过程。但该工艺也存在一定的缺点：①一般适用于灰熔点低、成浆性好的煤种，若原料煤的灰熔点高于1400℃，需添加大量助溶剂；②煤浆的含水量高达40%，冷煤气效率和有效气体成分（$CO+H_2$）含量偏低，单位合成气生产的氧耗、煤耗均大幅高于干法气流床气化工艺；③气化炉耐火材料烧蚀和冲刷侵蚀严重，炉顶和炉底砖使用周期才半年左右；④煤浆和氧气的喷嘴存在严重的高温烧蚀和磨损，材质要求严格，检修周期3～4个月。

德士古水煤浆气化炉见图3.14。多喷嘴水煤浆气化炉见图3.15。

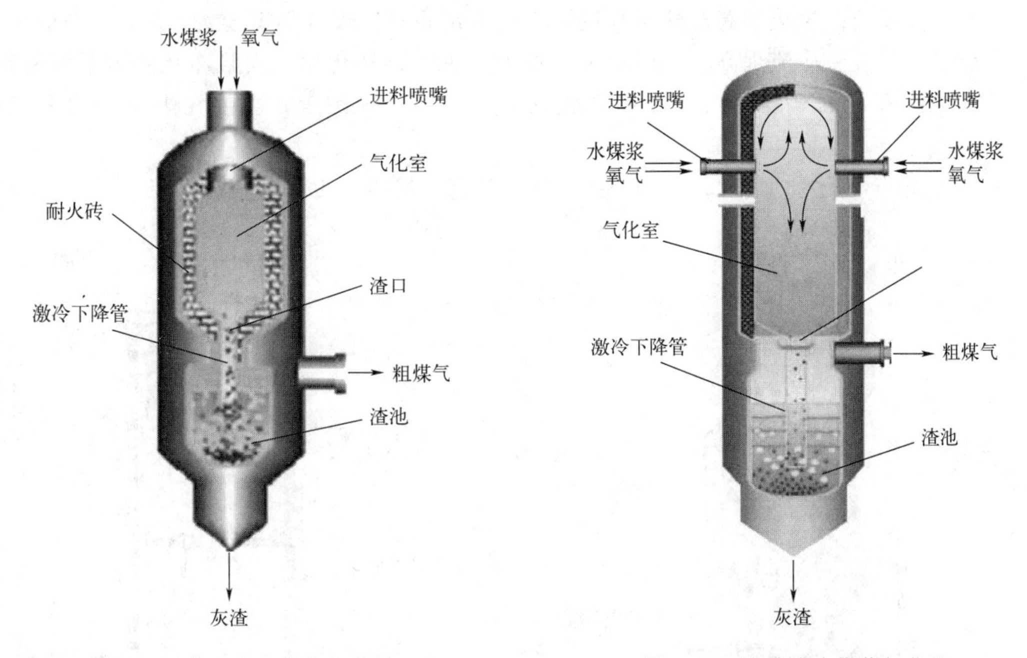


图3.14 德士古水煤浆气化炉

图3.15 多喷嘴水煤浆气化炉

与水煤浆气化炉相比，干法进料气流床气化采用干煤粉输送技术，气化炉炉壳采用水冷壁结构，可以实现1500℃以上的操作温度，而且蒸汽用量低，可降低15%～20%的氧气消耗，有效气（$CO+H_2$）含量高达90%～93%，冷煤气效率大于80%，碳转化率≥99%。主要的气化炉炉型有：国外的K-T炉、Shell（壳牌）炉、Prenflo炉和GSP炉等，国内的航天炉、TPRI炉以及东方炉等，其主要的技术参数见表3.6。一般而言，干粉气流床气化炉的干煤气中CO含量60%～65%，$H_2$含量20%～28%，$CO_2$含量2%～5%，$N_2$含量3%～7%。

K-T炉是最早实现工业化的常压气流床气化技术，生产能力约500t/d，由于气速高，颗粒停留时间短，其碳转化率和冷煤气效率均较低，氧耗和煤耗相对较高。Shell加压气化技术相当于加压的K-T炉，采用高压粉煤浓相输送和水冷壁技术，气化温度1400～1700℃，气化压力2～4MPa，气化熔融液态灰渣经激冷从气化炉底部排出。Shell气化技术最早目标是生产燃气用于IGCC发电系统，采用废锅流程回收煤气显热以提高系统热效率，但实际生产中锅炉易积灰堵塞，影响设备稳定运行，而且投资大，对于合成气生产过程不具优势。对于煤化工合成气生产，以GSP炉、HT-L航天炉为代表的顶喷进料和激冷流程已成为主流技术。GSP气化技术是由德国黑水泵煤气公司开发，由组合烧嘴、水冷壁组成的气化反应室、循环水激冷室组成。不同于Shell膜式水冷壁，GSP水冷壁采用螺旋盘管结构形式，加工安装相对简便。高温煤气采用水激冷方式，尽管系统热效率有所降低，但可降低设备投资，简化操作方式，利于系统稳定运行。

HT-L炉煤气化工艺是我国航天十一所综合传统气流床气化技术的优缺点，开发的结构简单、有效实用的煤气化工艺。其主要操作参数与GSP炉相似，热效率约95%，碳转化率>99%，达到国际先进水平。已建成处理量750～3000t/d、操作压力4.0～6.5MPa的大型气化装置。TPRI炉气化技术是国电热工研究院开发的两段式干粉气流床气化技术，下部一段反应区喷入80%～85%的煤粉和氧气，气化温度1400～1800℃；剩余的煤粉喷入二段反应区，与一段反应区生成的高温热煤气进一步反应，并降低煤气温度至约900℃，系统热效率、冷煤气效率较激冷流程高，但细粉带出量大，影响碳转化率，而且净化处理系统复杂。国内其它单位开发的干煤粉气化技术还包括东方炉、五环炉等，主要在炉体结构上有所变化。

Shell气流床气化炉见图3.16。GSP气流床气化炉见图3.17。

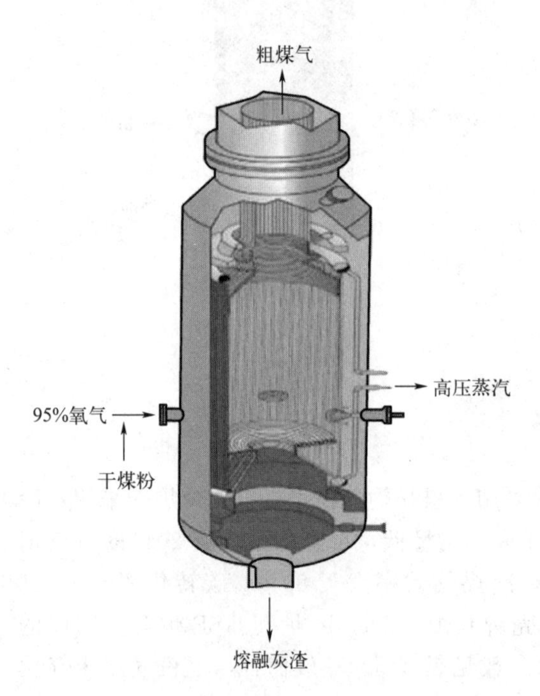


图3.16 Shell气流床气化炉

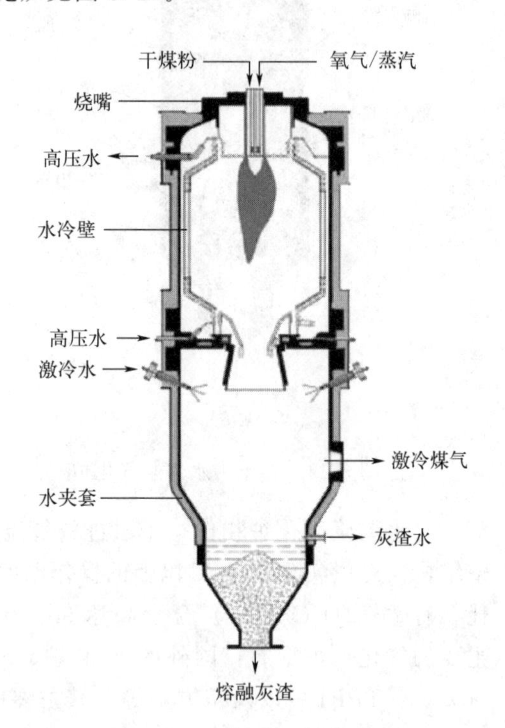


图3.17 GSP气流床气化炉

煤气化技术的发展方向是原料适应性强、高产能、高碳转化率、高运行稳定性、低投资。美国能源部资助普惠公司开发的Pratt & Whitney Rocketdyne（PWR/R-Gas）气化技术，火焰温度达到2760℃，压力达10MPa，原料适应性更强，气化炉体积更小，气化效率大于80%。而且采用先进固体泵技术，设备投资降低约10%～20%，生产成本降低15%～25%。

干法气流床气化炉主要参数比较见表3.6。

表 3.6 干法气流床气化炉主要参数比较

| 气化炉型 | HT-L 炉 | 壳牌炉 | 西门子 GSP 炉 | 两段炉(TPRI 炉) | 科林炉(CCG 炉) |
|---|---|---|---|---|---|
| 直径/m | 3.2～3.8 | 3.0～3.8 | 2.5～2.8 | 3.2～3.8 | 2.5～3.2 |
| 高度/m | 16.2～18.5 | 21～25 | 16～18 | 16.5～19 | 15～18 |
| 气化压力/MPa | 3.0～6.5 | 2.0～4.0 | 2.5～4.2 | 3.0～3.5 | 3.0～4.0 |
| 气化温度/℃ | 1350～1700 | 1350～1800 | 1350～1750 | 1350～1800 | 1350～1700 |
| 适用煤种 | 烟煤、无烟煤 | 烟煤、褐煤 | 烟煤 | 烟煤 | 烟煤 |
| 生产能力/(t/d) | 750～3000 | 1000～3000 | 750～3000 | 1500～2000 | 750～2000 |
| 气化剂 | 氧气、蒸汽 | 氧气、蒸汽 | 氧气、蒸汽 | 氧气、蒸汽 | 氧气、蒸汽 |
| 氧气消耗/($m^3$/kg) | 0.50～0.75 | 0.50～0.80 | 0.50～0.80 | 0.50～0.70 | 0.50～0.75 |
| 蒸汽消耗/(kg/kg) | 0.1～0.2 | 0.1～0.2 | 0.1～0.2 | 0.1～0.2 | 0.1～0.2 |
| 有效气体积分数/% | 88～94 | 87～93 | 90～92 | 90～92 | 90～92 |
| 气化效率/% | 79～83 | 78～85 | 80～85 | 78～85 | 78～83 |

(5) 其它煤气化工艺

除了上述目前已大规模工业化应用的煤气化技术，为了能实现煤更为高效和洁净的转化利用，科研人员还开发了一系列更为高效的煤炭气化技术。

① 催化气化技术。煤催化气化是煤在催化剂作用下，与气化介质（水蒸气、氢气、一氧化碳）反应，生成含有高浓度甲烷煤气的过程。催化气化所用的催化剂一般为碱金属、碱土金属的碱性化合物，反应温度为700～800℃，反应压力为3.0～4.5MPa，反应器内同时发生煤气化、变换和甲烷化三个反应，煤气中甲烷含量可达24%以上。该技术将煤的气化吸热反应与煤加氢的甲烷化放热反应耦合在一起，可以大幅减少燃烧反应供热量，并提高甲烷产率和系统效率，是煤转化制天然气最有效的工艺路线之一。

煤催化气化技术最早源自美国埃克森（Exxon）公司开发的以 $K_2CO_3$ 为催化剂的煤加压流化床催化气化工艺。建成的1t/d PDU 试验装置，采用 $K_2CO_3$ 作为催化剂，煤气化反应速率可提高大约4倍，反应温度700℃、压力3.5MPa条件下，气化炉内煤的气化、变换、甲烷化反应同时进行，可以得到纯甲烷产品。

美国巨点能源公司（GPE）在埃克森技术的基础上，进行了改进优化。在新型催化剂开发、催化剂回收、工艺优化和系统效率、原料多样化方面开展了积极的探索，提出了在加压流化气化炉中一步合成煤基天然气的技术。美国巨点能源公司催化气化工艺概念图见图3.18。我国新奥公司也开展了这方面的研究工作，建成了处理量千吨级的工业示范装置。

② 加氢气化技术。加氢气化是在中温（800～1000℃）、高压（5～10MPa）和富氢条件下，元素与氢气反应生成甲烷，同时副产轻质焦油以及BTX（苯、甲苯、二甲苯）、PCX（苯酚、甲酚、二甲酚）和优质半焦的过程。这一过程包括煤快速受热后挥发分快速析出的加氢热解过程以及残余的焦炭与氢气发生反应生成甲烷的煤焦加氢气化过程。产品气中甲烷含量、油品收率和组成、碳转化率等与反应条件有很大关系。加氢气化反应是放热反应，可以不需要纯氧燃烧供热，因此理论热效率可达80%。其工艺原理如下所示。

加氢气化：$C+2H_2 \longrightarrow CH_4 \qquad \Delta H_{298}=-78kJ/mol$

煤与氢气的反应不添加催化剂时，反应速率非常低，气化温度需要800～1000℃，气化压力也达5～10MPa。添加催化剂后，可提高加氢气化碳转化率和反应速率，催化剂活性组

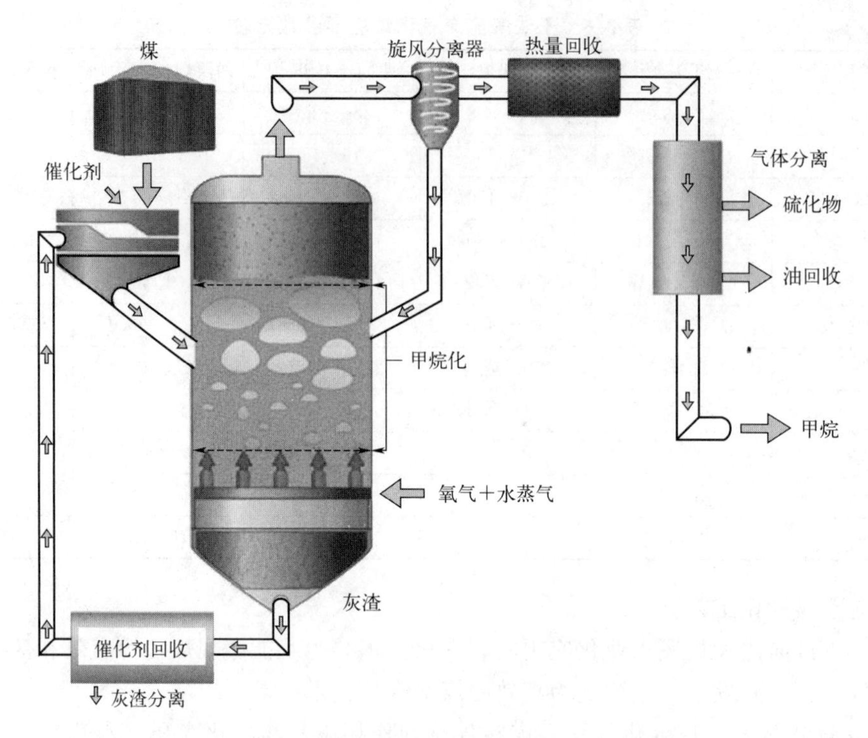


图 3.18 美国巨点能源公司（GPE）催化气化工艺概念图

分为碱金属、碱土金属和过渡金属（Fe、Co、Ni）化合物的混合物。理论上非催化加氢气化和催化加氢气化工艺均可以实现自热进行，但实际运行中均需外供热或通入纯氧燃烧以保证反应正常进行。

煤加氢气化工艺路线示意图见图 3.19。

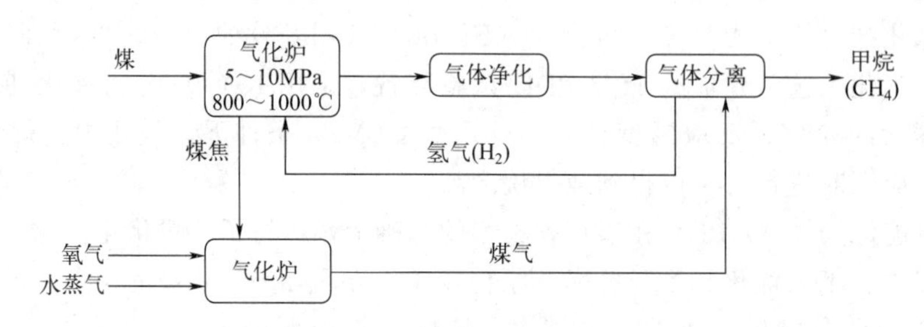


图 3.19 煤加氢气化工艺路线示意图

③ 地下气化技术。煤炭地下气化是将气化剂（空气/氧气/水蒸气/二氧化碳）高压注入地下煤层中进行可控的煤气化反应，生产低热值燃气的方法。俄罗斯著名化学家门捷列夫最早提出地下煤炭气化的技术构想，他认为，采煤的目的应当说是提取煤中含能的成分，而不是采煤本身。煤炭地下气化可省去复杂的挖掘、开采、长距离运输等工序，而且用于开采井矿工难以开采或经济性、安全性差的薄煤层、深煤层。美国、德国、南非等很多国家进行了大量的研究工作。中国矿业大学（北京）煤炭工业地下气化工程研究中心进行了大量煤炭地下气化技术的基础研究和技术研发工作。新奥气化采煤有限公司于 2009 年在乌兰察布建立了煤气生产能力为 15 万 $m^3/d$ 的生成试验系统，进行“无井式煤炭地下气化技术”示范试验。

煤地下气化示意图见图 3.20。

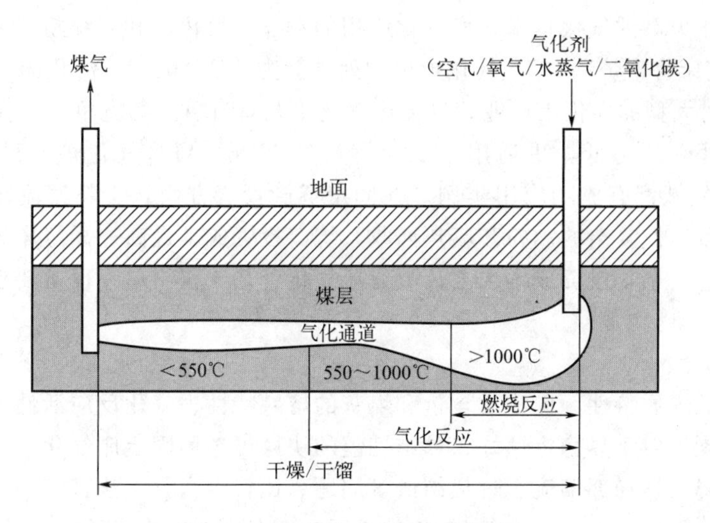


图 3.20 煤地下气化示意图

但必须指出，由于煤层地质结构复杂，气化反应条件难以控制，煤气的质量无法保证，还无法进行大规模工业化生产。尤其是地下气化过程可能对地下环境造成污染和破坏，其影响还有待深入研究。未来，随着地下钻探技术的进步，地下气化技术将有望逐渐成熟，并实现工业化应用。

**煤气化技术发展历程**

煤炭气化的核心气化反应的炉型，经历了从固定床到流化床，再到气流床的发展过程。气化原料也从焦炭、无烟煤逐步扩展到烟煤和褐煤等不同煤种。气化剂由空气到纯氧；反应温度从低温（800～900℃）到高温（1300～1500℃）；反应压力从常压到高压。可见，提高气化效率、增大生产能力、改善原料适应性、降低污染物排放，是煤气化技术追求的目标，贯穿了整个煤气化技术的发展历程。

在国家能源战略安全和市场巨大需求的驱动下，我国煤炭气化技术引进、消化国外先进技术，走出了一条飞速发展之路，固定（移动）床、流化床、气流床气化工艺的设计和工业应用已达到国际先进水平。

### 3.2.6 煤气化工艺选择依据

煤化工过程理论上可生产任何有机化工产品，大宗煤化工产品主要有合成氨、煤制油、煤制天然气、甲醇及其后续产品甲醇制烯烃（MTO）、甲醇制丙烯（MTP）等，煤气化是煤化工产业发展的基础和核心技术，其固定资产投资占企业总投资的30%以上，气化操作运行的经济性、可靠性、安全性是影响煤化工企业的市场竞争能力的关键因素。

煤气化工艺经过多年的发展和应用已逐步成熟，但由于气化原料煤的煤质特性千差万别，目前还缺少普遍适用的气化技术。气化工艺的选择需要基于企业的产品规模、原料煤性质、技术可靠性、经济性、环保要求等方面全面考虑。

（1）煤化工设备、规模和投资

煤化工企业生产规模大，一般需要高压大规模的气化技术，气化工艺应优先选择单炉生产能力大、操作压力高的气化技术。商业化应用的水煤浆气化炉和干煤粉气化炉处理能力已达 3000t/d，固定床鲁奇炉和 BGL 气化炉单炉处理能力达 1500t/d，流化床气化炉处理能力 500～1000t/d。对大型的煤化工产业，气流床气化工艺具有更强的竞争力。流化床气化由于单炉生产能力较小，压力低，更适用于工业燃料气市场。AFB 气化炉、科达气化工艺在煤制工业燃料气领域都有成功应用实例。在固定资产投资方面，干粉气流床气化工艺由于设备要求高，而且涉及复杂的制粉和废热回收系统，投资成本最高；固定床气化工艺的煤气净化和水处理工艺复杂，投资成本次之；流化床气化工艺流程简单，设备要求低，投资成本最小。

（2）煤种适应性

气化原料煤的煤质特性、矿物质含量和煤灰的熔融特性、气化反应活性都是影响气化工艺选择的重要因素。对于热稳定性好、黏结性差的块煤可选用固定床气化炉，能有效防止气化炉内的床层压降大、局部偏流、过热结渣等问题。比较而言，干法排渣的鲁奇炉适用于灰熔点较高的煤种，而液态排渣的 BGL 气化炉更适用于低灰熔点的煤种。流化床气化炉为防止结渣失流化，气化温度受到限制，更适合气化灰熔点高、反应活性高的低阶褐煤和烟煤。灰熔聚流化床气化炉由于气化炉内存在局部高温区，可气化反应活性差的无烟煤和石油焦，但碳转化率仍相对较低。对于成浆性好、反应活性高、灰熔点较低的煤种，可优先选择水煤浆气化炉。干粉气流床气化炉可选择灰熔点不超过 1400℃、灰含量较低的煤种，以提高气化效率。另外，对于内水含量较高的低阶褐煤，存在干燥能耗高、气体输送难度大的问题，一般不推荐使用气流床气化工艺；对于高灰、高灰熔点的劣质煤种，气流床高温气化的能耗高、液态排灰难度大，较适用于流化床气化工艺。

（3）气化技术的成熟可靠性和先进性

煤气化技术的选择必须保证能够长周期、安全、稳定、满负荷运行。现有的煤气化技术各具特点，运行可靠性是选择气化工艺的重要条件，一般应优先选择有商业化运行业绩的技术。先进的工艺技术意味着更低的投资和运行成本，更强的市场经济竞争力。对于先进技术工艺的选择应基于中试和示范运行数据，预先评估可能的风险，并制定相应的应对措施。

气化工艺的污染物排放特性也是气化工艺选择的重要依据。煤炭气化过程会产生大量的废水、废渣、废气，如固定床气化排放的大量高浓度含酚有机废水，高温气化过程产生的汞、砷、铬等。不同工艺的污染物处理方式和难度差异很大，应根据环保法规和自然环境条件优先选择环境效益好的气化技术。

总之，固定床（移动床）、流化床、气流床煤气化工艺分别具有不同的技术特点和合理的应用范围。常规小型常压固定床煤气发生炉随着煤化工产业规模化发展和环境保护要求的提高，已满足不了合成气市场的要求，但只要污染控制好，对于小型的工业燃气制备仍有市场价值；加压固定床气化技术的气化效率高，氧耗低，技术成熟和工业应用广，尤其适用于 SNG 制备和油气联产，但需要降低污染物排放，尤其是废水处理的技术难度较大，成本高；水煤浆气化技术是目前单台处理规模最大的气化技术，而且清洁环保，但煤质限制严格，仅适用于成浆性好、灰熔点低、灰含量少的煤种；干法气流床气化技术处理能力大、气化效率高、煤气组成好，但投资成本高，对于高灰、高灰熔点煤种的操作运行经济性差；流化床气化工艺气化压力低，处理能力也较低，但对于高灰、高灰熔点、高水含量的劣质煤种气化适应性好，适用于处理劣质气化原料。

煤炭气化技术经过多年的发展和应用已逐步成熟，煤气化工艺的选择应根据企业的产品和生产规模，原料煤的煤质特性，技术工艺的可靠性、先进性和环境效益进行综合评定，实现煤化工生产过程的整体优化。

## 思考题

1. 什么是焦炭？焦化过程都有哪些副产品？

2. 焦炭的主要用途是什么？可否用其它产品来替换？

3. 什么是水煤气、发生炉煤气、焦炉煤气、合成气？煤制合成气的基本原理是什么？除了煤炭之外，还可以用其它原料来生产合成气吗？

4. 煤制合成气的主要工艺有哪些？如何进行气化工艺的选择？

5. 煤气化技术有可能与太阳能利用技术相结合吗？

6. 概述煤化工及其产品的特点。

7. 概述煤化工技术发展现状与方向。

8. 合成气可以进一步转化为哪些产品？

9. 简述以煤（或焦炭）为原料生产氢气的基本原理与工艺流程。

## 参考文献

[1] Christopher H，Maarten van der B. Gasification [M]. Amsterdam：Gulf Professional Publishing，2003.

[2] 沙兴中，杨南星．煤的气化与应用 [M]. 上海：华东理工大学出版社，1995.

[3] 贺永德．现代煤化工手册 [M]. 北京：化学工业出版社，2003.

[4] David A B，Brain F T. Gasification Coal Gasification and Its Applications [M]. Amsterdam：Elsevier，2010.

[5] 黄戒介，房倚天，王洋．现代煤气化技术的开发与进展 [J]. 燃料化学学报，2002，30（5）：385-391.

[6] 王辅臣，于广锁，龚欣，等．大型煤气化技术的研究与发展 [J]．化工进展，2009，28（2）：173-180.

[7] 于广锁．多喷嘴对置式煤气化技术研发进展及工业应用 [C]．2013 中国新型煤气化技术/经济（FELUWA）发展论坛论文集．西安，2013，30-38.

[8] 卢正滔．航天 HT-L 粉煤加压气化技术最新进展及运行分析 [C]．2013 中国新型煤气化技术/经济（FELUWA）发展论坛论文集．西安，2013，60-72.

[9] Fusselman S，Darby A，Widman F. Advanced gasifier pilot plant concept definition [R]. East-Hartford：Pratt & Whitney Rocketdyne，Inc，2005.

[10] 田基本．煤制天然气气化技术选择 [J]．煤化工，2009，144（5）：8-11.

# 第4章 煤基燃料油

能源按基本形态可分为一次能源和二次能源。一次能源是在自然界现成存在的天然能源，如煤炭、石油和天然气等。二次能源是通过一次能源加工转化而成的能源产品，以煤为例，包括焦炭、煤气、合成天然气、合成液体燃料以及电能等。

尽管在二次能源的生产过程中存在着能量的损失，但是与一次能源相比，二次能源的利用更加方便、清洁、有效。因此，二次能源是工业生产和人们日常生活中主要利用的方式。在众多的二次能源中，电能用途最广、使用最方便、最清洁，但在交通运输等领域液体燃料为首选，对国民经济的发展和人民生活水平的提高也起着不可替代的作用。

## 4.1 概述

中国是世界上最大的发展中国家，也是一个能源生产和消费大国。中国的自然资源禀赋特征是贫油、少气而煤炭资源较为丰富，所以以煤为主的能源结构在未来较长时期内难以改变。煤炭作为一次能源，其利用方式主要是直接燃烧供热或发电，不可避免地会对生态环境产生污染。进一步提升煤炭的清洁、高效利用，煤炭的清洁转化仍是重要的发展方向之一。

与石油和天然气一样，煤炭也含碳、氢，但严重缺氢。通过加氢，煤炭可以代替石油生产燃料油和化学品。煤制油是煤炭清洁高效利用的有效路径之一，也是我国破除石油对外依存度高的现实选择。煤制油技术途径主要有两条：一是煤炭直接液化，即煤在高温高压下加氢，增加氢碳比获得类似石油的初原油，然后再通过石油炼制，即石油化工的方法加氢精制生产柴油、汽油、石脑油及化学品等产品；二是煤炭间接液化，即煤首先经过气化制得合成气（$H_2$ 与 CO 的混合气），合成气经过分离提纯，然后在催化剂作用下反应生成液态烃、蜡、气态轻烃，该反应称为费托合成反应。合成得到的液态烃和蜡经加氢精制后可生产柴油、汽油、煤油、石脑油即石蜡等产品。

与煤炭直接液化相比，煤炭间接液化过程中的费托合成可在温和条件下（200～300℃、2.0～3.0MPa）进行，且经煤炭间接液化工艺可生产出无硫、无氮、低芳、高十六烷值（>70）的清洁油品。我国在费托合成的催化剂、反应器和工艺方面都取得了突破性进展，技术水平处于世界领先地位。煤炭间接液化是我国发展煤制油产业优先选择的技术路线。

本章主要介绍煤炭直接和间接液化，包括化学原理、技术工艺、催化剂、反应器及我国相关的研究开发进展。

# 4.2 煤炭直接液化

## 4.2.1 直接液化概念

煤炭直接液化是指把固体状态的煤炭在高压（10～20MPa）和一定温度（400～500℃）下，在供氢溶剂中催化加氢，使煤炭大分子解聚成小分子液态烃类燃料的工艺技术。直接液化过程包括高温、高压液化反应及提质加工过程，使固体煤炭直接转化为液体燃料，生产出优质的清洁油品，主要产品有煤基直接液化柴油、石脑油、汽油和液化气，副产品有煤基沥青、粗酚、液氧、液氮和液体二氧化碳等。

## 4.2.2 化学原理

自由基理论在煤炭直接液化中占主导地位。煤液化的自由基理论认为，煤在液化过程中首先热解生成大量的前沥青烯/沥青烯自由基，这些自由基继续裂解成较小分子量的自由基，然后这些自由基在活性氢的作用下稳定为油类物质，更小分子自由基与氢结合生成气体物质。煤直接液化反应过程如图 4.1 所示。

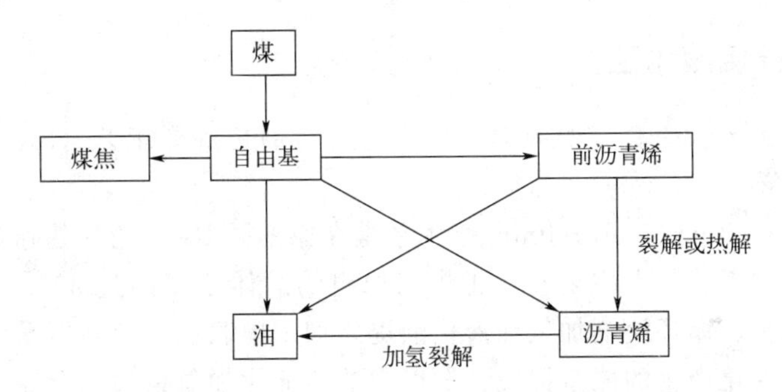


图 4.1 煤直接液化反应过程

煤液化过程可用以下化学反应式表示：

$$R{-}CH_2{-}CH_2{-}R' \longrightarrow R{-}CH_2\cdot + R'{-}CH_2\cdot$$

$$RCH_2\cdot + R'CH_2\cdot + 2H \longrightarrow RCH_3 + R'CH_3$$

$$R{-}CH_2\cdot + R'{-}CH_2\cdot \longrightarrow R{-}CH_2{-}CH_2{-}R'$$

$$2RCH_2\cdot \longrightarrow RCH_2{-}CH_2R$$

$$2R'CH_2\cdot \longrightarrow R'CH_2{-}CH_2R'$$

在反应初期，存在于煤中的挥发分组分以气体的形式逸出，同时一些较弱的桥键发生断裂，生成较大的自由基碎片，可归为沥青烯和前沥青烯。随着反应的进行，沥青烯和前沥青烯进一步发生键断裂生成新自由基。如有活性氢的存在，较大分子的自由基即与之结合生成稳定的油类，否则这些自由基将缩聚为更大分子量的焦炭。挥发性组分在析出过程中也会发生以热缩聚为主的二次热解反应，生成大分子焦炭和小分子气态产物。所以在整个液化过程中始终存在着裂解与缩聚反应的竞争，活性氢的供给利于裂解反应，生成液体产物。

液化过程中活性氢的供给是影响煤液化转化率、油产率提高的重要因素之一。虽然煤炭在液化过程中可以提供部分活性氢，但数量有限，因此需要采取其它措施来补充体系中所需的活性氢，一般可以有以下几种措施：①使用有优良供氢性能的溶剂；②提高反应氢气压力；③提高液化催化剂的加氢性能；④加入其它供氢物质等。

### 4.2.3 煤直接液化催化剂

煤炭在不添加催化剂的情况下，也可发生液化，如美国 SRC、SRC-Ⅱ、Exxon Donor Solvent 等工艺，被认为是煤中的铁系化合物促进了煤的液化。然而，煤中的金属矿物质含量低，所以在直接液化过程中，所得循环油的沥青烯含量高，黏度大，主要为沥青状产物。通过添加催化剂可降低沥青烯产率，增加液体油品收率，所以，廉价、高效、高选择性的煤直接液化催化剂开发一直是煤直接液化研究的热点。

煤直接液化催化剂的种类很多，主要是过渡金属的硫化物和氯化物两类。硫化物中应用最广的是各种形式的铁-硫化合物，其次是 Co-Mo 和 Ni-Mo 的硫化物；卤化物催化剂中，适合于煤液化的有 $ZnCl_2$、$SnCl_2$、$ZnBr_2$、$ZnI_2$、$PbI_2$ 和 $PbCl_2$ 等，但在煤液化条件下，此类催化剂处于熔融状态，腐蚀性强且不稳定，因而限制了它们的应用。所以煤直接液化最常使用的催化剂是各种形式的过渡金属硫化物，包括铁-硫催化体系和非铁-硫催化体系，其中铁-硫体系已成功用于煤直接加氢液化的工业化生产。而非铁-硫催化体系则以 Co-Mo 和 Ni-Mo 硫化物为主，广泛应用于石油的精炼。

### 4.2.4 煤直接液化工艺

煤直接液化的工艺主要有：德国 IGOR 工艺、溶剂精炼煤工艺（SRC 法）和国家能源集团煤直接液化工艺。

IGOR（integrated gross oil refining）工艺是在原德国 IG 工艺的基础上开发的新一代煤直接液化技术，它的工艺特点主要有：①煤浆原料的固体浓度超过 50%，处理能力有所提高；②将煤直接液化、循环溶剂加氢和液化油提质加工串联在一套高压系统内，降低了工艺流程中温度、压力变化产生的能量损失；③以中油与催化加氢重油混合油为循环溶剂，供氢能力增强；④液化工艺温度、压力等操作条件较为苛刻，装置建造成本和运营成本均较高。

溶剂精炼煤工艺（solvent refining of coal）简称 SRC 法，是由美国一家公司在原德国 Pott-Broche 工艺的基础上开发出的煤炭加氢抽提液化工艺，分为 SRC-1 和 SRC-2。SRC-1 工艺特点是加氢量少、不使用催化剂、氢化程度较浅，产品以固体燃料为主。SRC-2 以生产液体产品为主，主要工艺特点是加气量大，反应器操作条件苛刻，轻质产品的产率有所提高。

国家能源集团煤直接液化工艺是结合国内研究机构多年的研究成果和国家“863”高效合成煤直接液化催化剂的成功开发经验开发出的一种具有自主知识产权的煤炭直接液化工艺。国家能源集团煤直接液化工艺主要特点有：①采用超细水合氧化铁作为直接液化催化剂，该催化剂以原料煤为载体，粒径小、催化活性高；②采用预加氢的供氢溶剂作为循环溶剂，供氢能力强；③采用强制循环悬浮床反应器作为液化反应器，该反应器轴向温度分布均匀，利用率高，物料在反应器中有较高的流速，能有效避免固体物料沉积。

### 4.2.5 煤直接液化工业化

煤炭直接液化在第二次世界大战期间为德国提供了燃料的保障。国内煤炭直接液化研究始于 20 世纪 50 年代，当时中国科学院石油研究所开展了煤直接和间接液化的试验研究，在辽宁锦州建成了年产 5000t 的煤炭液化试验厂。后来由于大庆油田的发现与开采，中止了煤炭液化的研发。

20 世纪 70 年代末，由于受国际原油供应的影响，又开始煤炭直接液化的研究，用来生产汽油、柴油及芳香烃等化工原料。通过对上百个煤种进行液化试验，选择液化性能较好的 28 个煤种进行 0.1t/d 的小型连续试验，筛选出了 15 种适合液化的煤种，油收率可达 50%以上（干燥无灰基煤）；对其中的 4 个煤种进行了直接液化的工艺研究；开发了高活性催化剂。1997 年以来，积极参与国际合作，经过预可研及反复论证，选择在内蒙古神府东胜矿区建立煤直接液化示范厂，2002 年获准并开工。2003 年在上海建成一套 6t/d 煤直接液化开发装置。2005 年 5 月，国家能源集团煤直接液化百万吨级示范工程正式开工建设，2008 年 12 月第一期工程一次试车成功；该工程核心装置采用了具有自主知识产权的工艺技术和催化剂，标志着我国成为世界上唯一掌握百万吨级煤直接液化关键技术的国家。

## 4.3 煤炭间接液化

### 4.3.1 间接液化概念

煤炭间接液化是先把煤炭在高温下气化转化成合成气（$CO+H_2$），然后再在催化剂的作用下将合成气转化为烃类液体燃料的工艺技术，合成产物通过进一步加工可以生产汽油、柴油和液化石油气等产品。煤炭间接液化过程中可将煤炭中含有的硫等有害元素以及无机矿物质（气化后转化成灰分）完全脱除，硫以硫黄的形态回收利用，生成的液体产品较一般石油产品更加纯净、优质。煤炭间接液化中的合成技术是由德国科学家 Franz Fischer 和 Hans Tropsch 于 1923 首先发现并以他们名字的第一个字母即 F-T 命名，简称 F-T 合成或费托合成。依靠间接液化技术，不但可以从煤炭中提炼汽油、柴油、煤油等普通石油制品，而且还可以提炼出航空燃油、润滑油等高品质石油制品以及烯烃、石蜡等多种高附加值的产品。煤炭间接液化是石油替代技术，对我国的能源化工原料的安全供给意义重大。

**费托合成（Fischer-Tropsch synthesis）**

费托合成是煤间接液化技术之一，它是以合成气（CO 和 $H_2$）为原料在催化剂（主要是铁系）和适当反应条件下合成以石蜡烃为主的液体燃料的工艺过程。1923 年由就职于 Kaiser Wilhelm 研究院的德国化学家 Franz Fischer 和 Hans Tropsch 开发，第二次世界大战期间投入大规模生产。

Franz Fischer　　Hans Tropsch

### 4.3.2 化学原理

F-T 合成反应过程可以表示为：

$$nCO+2nH_2 \longrightarrow -[CH_2]_n-+nH_2O$$

副反应有水煤气变换反应 $H_2O+CO \longrightarrow H_2+CO_2$ 等。一般来说，烃类生成物满足 Anderson-Schulz-Flory 分布。

**Anderson-Schulz-Flory 分布（ASF 模型）**

基于 Anderson、Schulz 和 Flory 提出的链聚合动力学模型，描述煤间接液化 F-T 合成反应产物分布，可表达为以下公式：

$$W_n/n=(1-\alpha)^2\alpha^{n-1}$$

其中，$n$ 是产物含碳原子数；$W_n$ 是碳原子数为 $n$ 的产物的质量分数；$\alpha$ 是链增长概率。

对特定的催化体系，费托合成产物受 Anderson-Schulz-Flory 分布规律的限制，围绕提高选择性的催化剂及工艺的研究开发成为该技术应用的关键。

F-T 合成的主要化学反应有：

生成烷烃：$nCO+(2n+1)H_2 = C_nH_{2n+2}+nH_2O$

生成烯烃：$nCO+2nH_2 = C_nH_{2n}+nH_2O$

另外还有一些副反应，如：

生成甲烷：$CO+3H_2 = CH_4+H_2O$

生成甲醇：$CO+2H_2 = CH_3OH$

生成乙醇：$2CO+4H_2 = C_2H_5OH+H_2O$

结炭反应：$2CO = C+CO_2$

除了以上 6 个反应以外，还有生成更高碳数的醇以及醛、酮、酸、酯等含氧化合物的副反应。

### 4.3.3 F-T 合成催化剂

费托合成催化剂主要由 Fe、Co、Ni 等周期表第Ⅷ族金属元素组成。为了提高催化剂的稳定性和选择性，除主成分外大部分催化剂都包含载体，如氧化铝、二氧化硅、二氧化锆等。目前，世界上使用较成熟的催化剂主要有铁基和钴基两大类。在生产汽油、柴油时主要采用铁基催化剂，而钴基催化则主要用于生产高分子量石蜡烃。一般铁基催化剂的适宜使用温度为 200～350℃，而钴基催化剂的合适使用温度为 170～240℃。

### 4.3.4 煤间接液化工艺

煤间接液化总的工艺流程主要包括煤气化、气体净化、变换和重整、费托合成和产品精制改质等部分。费托合成采用的氢气与一氧化碳的物质的量比要求为 0.7～2.5。铁基 F-T 催化剂可用于宽范围的氢碳比，而钴基催化剂适用的氢碳比为 2。反应器有固定床、浆态床和流化床等形式。如以生产柴油为主，宜采用固定床或浆态床反应器；如以生产汽油为主，则采用流化床反应器。钴基催化剂可用于固定床和浆态床，铁基催化剂不能用于固定床，只能用于浆态床和流化床。此外，以铁基为催化剂的浆态反应器，可直接利用德士古煤气化炉或鲁奇熔渣气化炉生产的氢气与一氧化碳物质的量比为 0.58～0.7 的合成气。

李永旺团队在国际上首创高温浆态床费托合成工艺（图 4.2），该工艺将低温浆态床费托合成反应温区从 180～250℃提升到 260～290℃的高温反应温区，提高了催化剂的时空产率，并可副产高品位蒸汽（2.5～3.0MPa）。反应温度的提高可有效地平衡全系统的热量，克服低温浆态床合成工艺副产的低品位蒸汽（0.5～0.8MPa）难以利用的缺点，显著地提高了系统能量的利用效率。该工艺使用的铁基催化剂具有自主知识产权，处于国际领先地位，在高温浆态床反应环境中物相稳定、活性高、选择性高和抗磨损，实现了在高合成气原料空速（>10000$h^{-1}$）下 1g 催化剂 1h 可获得 1.0g $C_3^+$ 的时空收率；并且具有优良的选择性，$C_3^+$ 选择性>96%，甲烷低于 3.0%；高稳定性和高产油能力（1t 催化剂产油≥1000t）。

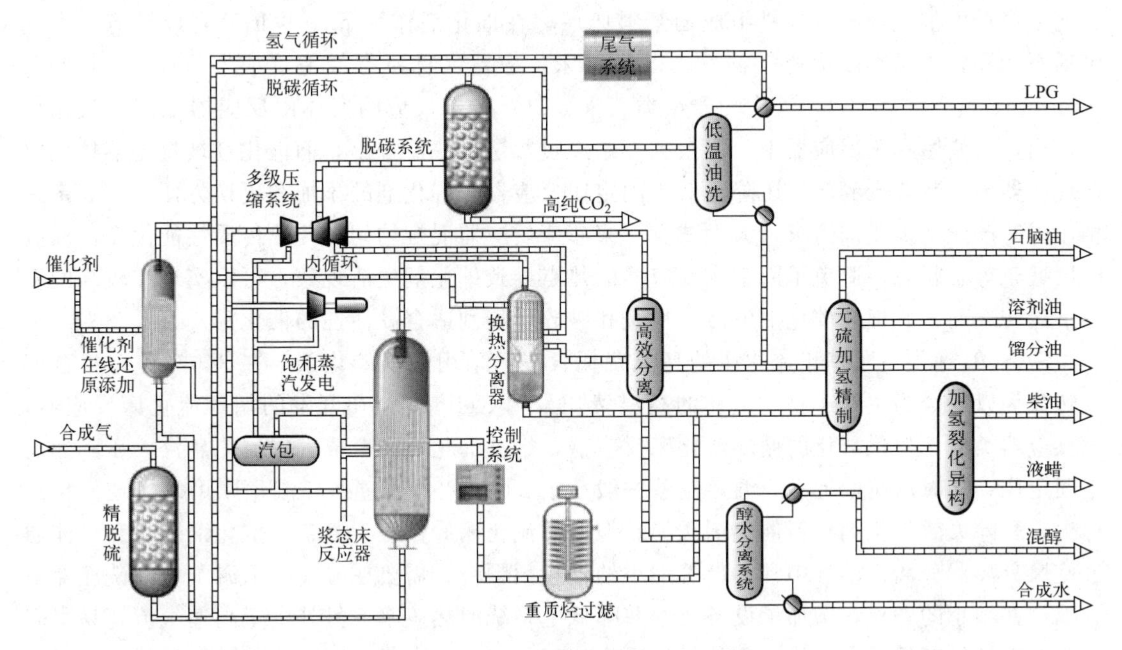


图 4.2 高温浆态床煤炭间接液化工艺流程

在发展高温浆态床费托合成工艺的同时，也开发了上游煤气化和下游烃加工技术，形成了高温浆态床煤间接液化成套工艺技术。该工艺技术已经成功应用于全球单体规模最大的国家能源集团宁煤 400 万吨/年以及内蒙古伊泰杭锦旗 120 万吨/年、山西潞安 100 万吨/年等三个百万吨级商业示范装置。宁煤 400 万吨/年装置稳定运行已超过 4 年，生产出柴油、石脑油、液化石油气（LPG）等产品，合成柴油具有超低硫（≤0.5μg/g）、低芳烃（<0.1%）、高十六烷值（≥70）的特点。其典型运行数据为：1t 油品原料煤耗 2.77t 标煤，综合煤耗 3.54t 标煤，水耗 5.72t，整体能效达到 43.57%。

## 4.3.5 F-T 合成反应器

费托合成的工业化始于二战时德国，二战后美国在德国技术的基础上进行了大量研发，但由于大量石油的发现该技术在美国没有商业化。南非 SASOL 公司在 1955 年首次使用固定床反应器实现了商业化运行，经过几十年持之以恒的研究和开发，迄今已有完整的固定床、循环流化床、固定流化床和浆态床商业化反应器的系列反应器技术。中科合成油李永旺团队打破了南非对费托合成催化剂和工艺的垄断，开发了高温浆态床 F-T 合成技术，极大地提升了产率和能效。

固定床反应器首先由鲁尔化学（Ruhrchemir）和鲁奇（Lurge）两家公司合作开发而成，于 1955 年成功在南非建成投产。固定床反应器中催化剂装填到反应管中，液体产物穿过催化剂床层向下移动，催化剂和液体产品容易分离，易于操作。合成气中的有害组分，如 $H_2S$ 等，通过催化剂床层时吸附在上层的部分催化剂上，而床层的其它部分不受影响。费托合成反应受扩散控制需要使用小粒径催化剂颗粒，这样会导致较高的床层压降，提高了运营成本。另外，固定床反应器更换催化剂困难，导致停车时间过长，也会影响工厂的正常运行。

SASOL 在 20 世纪 70 年代中期开始了对浆态床反应器的研究。在浆态床反应器内，催化剂悬浮在石蜡中，合成气经过下部的气体分配器在反应器截面上均匀分布，以微小气泡向上流动穿过由催化剂和合成蜡组成的浆料床层，在催化剂作用下发生 F-T 合成反应，生成包括石蜡和轻质烃类的费托产物，所以浆态床反应器又称浆态鼓泡反应器（slurry bubble column reactor，SBCR）。其中轻质烃类、水、$CO_2$ 和未反应的气体由反应器上部的气相出口排出，石蜡留存于反应器中。多余的石蜡经过数层过滤器排出，而催化剂被过滤器挡住留在反应器内。浆态床的床层压降远低于固定床反应器，催化剂的添加和更换方便，与固定床相比同等产能下催化剂需求量大大减少。浆态床反应器混合均匀，传热传质性能优良，反应床层处于等温状态，避免了固定床反应器的热点导致催化剂失活现象，可以实现在较高的温度下运转，而不必担心催化剂失活、积炭和破碎，特别适合高活性的催化剂。

SASOL 还发展了基于流化床的高温费托合成，采用熔铁催化剂，在 340℃左右将合成气转化为以烯烃为主的产物。最初的高温费托采用 Kellogg 公司开发的循环流化床反应器，该反应器类似于催化裂化的循环流化床反应器，熔铁催化剂在合成气中流化悬浮，压降远低于固定床，同时反应段近乎等温，温差一般小于 2℃。此外通过循环流化床可以实现催化剂再生，移除失效催化剂和新催化剂添加。但循环流化床操作较为复杂，催化剂颗粒和气体通过旋风分离器分离，尾气中常夹带着细小的催化剂颗粒，需要在分离器下游配备油洗涤器来脱除这些细小的颗粒，增加了设备成本并降低了系统的热效率。另外由于高速气流容易引起碳化铁颗粒的磨损，在高线速度的部位需要使用陶瓷衬里来保护反应器壁，从而提高了反应器的建造和使用成本。

鉴于循环流化床反应器的缺陷，SASOL 进一步开发了固定流化床反应器和与之相适应的催化剂。固定流化床中气体从反应器底部通过气体分布器进入流化床，但气速比循环流化床低，床层内催化剂颗粒处于湍流悬浮状态但整体床层保持不动，催化剂不随反应气流流出反应器。和固定床比固定流化床反应器中的压降较低，温度控制较好，固定流化床催化剂稳定性好，大大降低了更换的频次。固定流化床反应器的生产能力有了大幅提高，催化剂用量大约是循环流化床反应器的 50%。在相同的生产规模下，固定流化床比循环流化床制造成本更低。因为气体线速较低，固定流化床基本上消除了碳化铁颗粒磨蚀问题，从而降低了运营成本。

### 4.3.6 F-T 合成的工业化

（1）南非 SASOL

南非共和国地处南半球，位于非洲大陆的最南端，有“彩虹之国”之美誉。南非煤炭资源丰富，但是石油的蕴藏量非常稀少。20 世纪 40 年代，为了解决因石油禁运产生的能源紧张的问题，南非政府选择使用煤炭液化的方法生产石油和石油制品。1947 年，南非通过《液化燃料和石油法案》，以立法的形式明确提出开发煤炭液化技术是能源工业的重中之重。1950 年，专门从事煤炭液化研究和生产的单位——南非煤炭、石油和天然气股份有限公司（South African Coal，Oil and Gas Corp.），简称萨索尔（SASOL）公司成立。SASOL 先后于 1955 年、1974 年和 1979 年建设了由煤生产液体运输燃料的 SASOL-Ⅰ厂、SASOL-Ⅱ厂和 SASOL-Ⅲ厂。随着时代的变迁和技术的进步，SASOL 三个厂的生产设备、生产能力和产品结构都发生了很大的变化。目前，SASOL 不仅可以通过煤炭生产汽油、柴油、煤油等普通石油制品，而且还可以获得航空燃油和润滑油等高品质石油制品。主要合成产品是汽油、柴油、蜡、氨、烯烃、聚合物、醇、醛等，总产量达 760 万吨，其中油品大约占 60%。

（2）中科合成油技术有限公司

发展历程：

1978 年，中科院山西煤化所基于国家能源战略的考虑，开始酝酿煤制油。

1980 年，正式立项开始系统地开展煤制油技术攻关工作。

1989 年，完成固定床两段法合成汽油百吨级工业中试。

1993～1994 年，完成该技术的千吨级工业试验。

1997 年，山西煤化所研发团队整合，研发方向由固定床转向更为先进的浆态床费托合成。

1999 年，开发出高活性的浆态床铁基催化剂，同时解决了浆态床费托合成蜡催化剂分离的技术难题。

2001 年，在科技部“863”计划和中国科学院知识创新工程重大项目支持下，启动千吨级浆态床合成油中试装置建设。

2002～2004 年，打通浆态床合成油全部工艺流程，实现了中试装置上千小时的连续稳定运转，形成了成熟的低温浆态床合成工艺技术。

2005 年，在国际上首次提出高温浆态床费托合成工艺概念，并开始规划和设计 16 万～20 万吨/年合成油示范厂的建设。

2006 年，为加快煤制油技术产业化，在中国科学院支持下组建中科合成油技术有限公司。

2008 年，研制出性能优异的高温浆态床费托合成铁基催化剂，采用高温浆态床合成新工艺实现了中试装置 2000 多小时的连续运转，形成了成熟的高温浆态床合成油成套工艺技术。

2009 年，建成投产了内蒙古伊泰和山西潞安两个年产 16 万吨合成油示范厂，成功产出高品质的柴油和石脑油。

2011 年，开始建设世界单套最大规模的神华宁煤 400 万吨/年煤制油商业示范装置。

2016 年，400 万吨/年煤制油示范装置建成并实现了一次性开车成功（图 4.3）。

2017 年，内蒙古伊泰杭锦旗 120 万吨/年和山西潞安 100 万吨/年的两个百万吨煤制油装置建成投产。

目前三个百万吨级煤制油装置均实现了满负荷工业运行，生产出了优质的柴油、石脑油、费托蜡、液体石蜡等产品，其中合成柴油为无硫、无氮、低芳、高十六烷值（＞70）、低颗粒物排放的高清洁油品，为企业创造出良好的经济效益和社会效益。

中科合成油技术有限公司自主研发的煤制油技术与国外技术相比较，在过程总能效率、催化剂活性和产油能力、甲烷和油品选择性方面具有明显的技术优势（见表 4.1）。到目

图 4.3　神华宁煤 400 万吨/年煤炭间接液化商业装置

前为止，采用自主高温浆态床煤基合成油技术已经在我国形成了 650 万吨/年的产能规模（三套百万吨级商业装置和三套 16 万～18 万吨级示范装置），制约我国煤制油工业发展的关键技术瓶颈已经得到化解，这标志着我国已经完全自主掌握了成熟可靠的百万吨级煤制油工业技术，无论是从装置规模上，还是从技术的先进可靠性上来讲，均已处于国际领先地位。

**表 4.1　中科合成油技术与国外合成油技术的工艺指标对比**

| 主要工艺参数和技术指标 | Shell | Sasol | | 中科合成油技术 | |
|---|---|---|---|---|---|
| | 低温固定床 | 高温流化床 | 低温浆态床 | 高温浆态床 | |
| | | | | 示范厂 | 大规模 |
| 工艺参数 | | | | | |
| 催化剂 | 钴 | 铁 | 铁/钴 | 铁 | |
| 反应器 | 固定床 | 流化床 | 浆态床 | 浆态床 | |
| 操作温度/℃ | 190～220 | 300～340 | 200～250 | 260～290 | |
| 副产蒸汽压力/MPa | 0.5～0.8 | 3.5～5.0 | 0.5～0.8 | 2.5～3.0 | |
| 催化剂水平 | | | | | |
| 甲烷选择性/% | 5～7 | 10～12 | 5～6/8～10 | 2～3 | <3 |
| 时空产率/[g/(g·h)] | 0.20～0.25 | 0.30 | 0.20～0.30 | 1.0～1.5 | >1.0 |
| 产能/(t/t) | 1000～1500 | 200～250 | 250(1000) | 1500～1800 | |
| 单位油品催化剂成本/(元/t) | >300 | >300 | >300 | <100 | |
| 整体工艺指标 | | | | | |
| 产品加工催化剂体系 | 硫化态 | 硫化态 | 硫化态 | 非硫化态 | |
| 产品中硫含量/(μg/g) | <5 | <5 | <5 | <0.5 | |
| 合成气消耗/($m^3$/t) | 5800～5900 | 6000 | 5700 | 5400 | 5300 |
| 过程总能量转换效率/% | 37～38 | 38～39 | 37～38 | 40～41 | 44～47 |

来源：《煤炭间接液化技术发展报告》。

## 思考题

1. 什么是煤基燃料油？煤基燃料油与石油燃料油相比，有何区别？

2. 简述煤直接液化和间接液化的原理与工艺。

3. 我国煤间接液化工艺技术水平与世界相比有哪些优势？

4. 查找相关价格，评估计算煤基燃料油的合成成本。

5. 仅以洁净煤和水为原料，合理假定燃油组成前提下，计算合成1t燃油所排放的$CO_2$量。

6. 简要概述间接液化合成不同类型反应器的特点。

## 参考文献


[1] 张志英，鲁嘉华．新能源与节能技术［M］．北京：清华大学出版社，2013.

[2] 相宏伟，唐宏青，李永旺．煤化工工艺技术评述与展望 Ⅳ．煤间接液化技术［J］．燃料化学学报，2001.

[3] 舒歌平．煤炭液化技术［M］．北京：煤炭工业出版社，2003.

[4] Vasireddy S，Morreale B，Cugini A，et al. Clean liquid fuels from direct coal liquefaction：chemistry，catalysis，technological status and challenges［J］. Energy & Environmental Science，2011，4，311.

[5] Kaneko T，Derbyshire F，Makino E，et al. “Coal Liquefaction” in Ullmann's Encyclopedia of Industrial Chemistry［M］．Weinheim：Wiley-VCH，2001.

[6] 相宏伟，杨勇，李永旺．煤炭间接液化：从基础到工业化［J］．中国科学：化学，2014，44（12）：1876.

[7] 张兴刚．煤制油技术：能源替代殊途同归［J］．中国石油和化工，2013，10：16.

[8] 李永旺，杨勇，相宏伟．煤炭间接液化产业化新进展［R］．北京：科学出版社，2014. 222-228.

[9] 高晋生，张德祥．煤液化技术［M］．北京：化学工业出版社，2005.

[10] Steynberg A，Dry M. Fischer-Tropsch Technology［M］. Amsterdam：Elsevier，2004.

[11] 中科合成油技术有限公司．煤炭间接液化技术发展报告［R］．煤炭蓝皮书：中国煤炭工业发展报告（2014：188）．北京：社会科学文献出版社，2014.

# 第5章 煤基醇醚燃料

发展煤基合成燃料是煤化工发展的重要内容之一，对于保障我国能源供应安全具有十分重要的战略意义。除煤制油外，煤炭经合成气催化转化技术还可以制甲醇、二甲醚、低碳醇等醇醚燃料。这些醇醚产品既是较清洁的液体燃料，又是重要的化工原料。发展醇醚燃料及化学品是缓解我国石油紧张、弥补石油缺口的有效途径之一。合成气催化转化制醇醚燃料路径如图 5.1 所示。除煤制合成气外，醇醚产品的生产原料还有天然气、煤层气、焦炉气等，既可提高资源综合利用效率又可减少环境污染。醇醚燃料具有很好的经济性和环保性，在现代煤化工领域有着非常重要的意义。

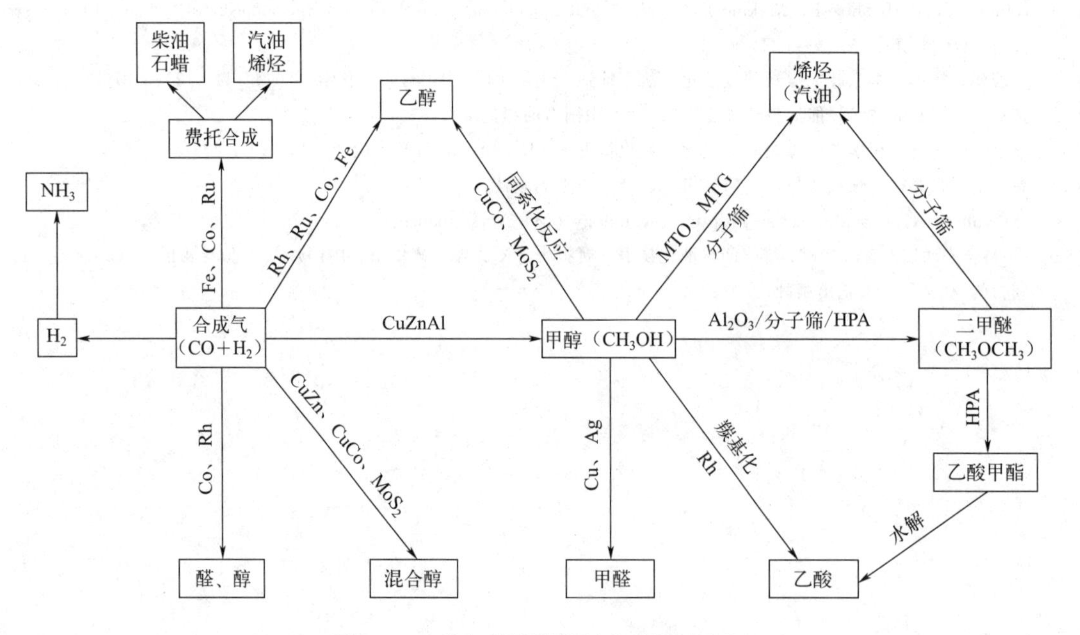


图 5.1　合成气催化转化制醇醚燃料路径

煤主要由碳、氢、氧三种元素组成，通过加氢（直接液化和间接液化）合成的烃类燃料化合物中，脱除了其中的氧元素，煤中的元素组成没有完全充分利用，因此原子经济性差。与此不同，加氢合成煤基含氧燃料的过程收率高，能量利用率也较高。本章从甲醇、二甲醚、低碳醇三方面对煤基醇醚燃料进行了介绍。

# 5.1 甲醇

## 5.1.1 概述

甲醇是一种潜在的可替代汽油的清洁燃料，同时也是一种重要的化工原料。常温下，甲醇是一种易挥发的无色透明液体。甲醇易燃，燃烧性能与汽柴油等液体燃料极为相近，具有辛烷值高、抗爆性能较好的性质。甲醇储运和使用与汽柴油也很相似，甲醇汽油、甲醇柴油应用早期主要是在山西省，近年来拓展到多个省份。有专家认为，山西省甲醇汽油、柴油低掺烧比技术（低于 M15）完全成熟，甲醇发动机技术处于世界领先水平。甲醇汽油显示出其良好的经济性，长达 20 多年的实际运行结果表明，甲醇燃料已经具备了进一步推广的基础。

根据使用目的，甲醇可以分为燃料甲醇和工业甲醇。燃料甲醇主要是指在工业甲醇的生产过程中，仅对其粗醇中的水分进行脱除，而对其中所含的其他含氧化合物（如乙醇、丙醇等高级醇）等副产物不加以分离，专门用作燃料使用的甲醇。甲醇燃料是最简单的可以大规模工业合成的液体燃料，也是少有的可以大规模替代车用燃料的清洁燃料之一，可以直接用于车用燃料、民用燃料和燃料电池燃料，还可以通过转化制备氢气、二甲醚、合成汽油等清洁燃料，以及烯烃、芳烃等其它化工产品。工业甲醇是对粗甲醇进行提纯分离，去除所有非甲醇的副产物得到的甲醇，它是重要性仅次于氨的化工原料，同时也是碳一化学的基础物质，主要用于有机合成、染料、医药、农药、涂料等，如图 5.2 所示。

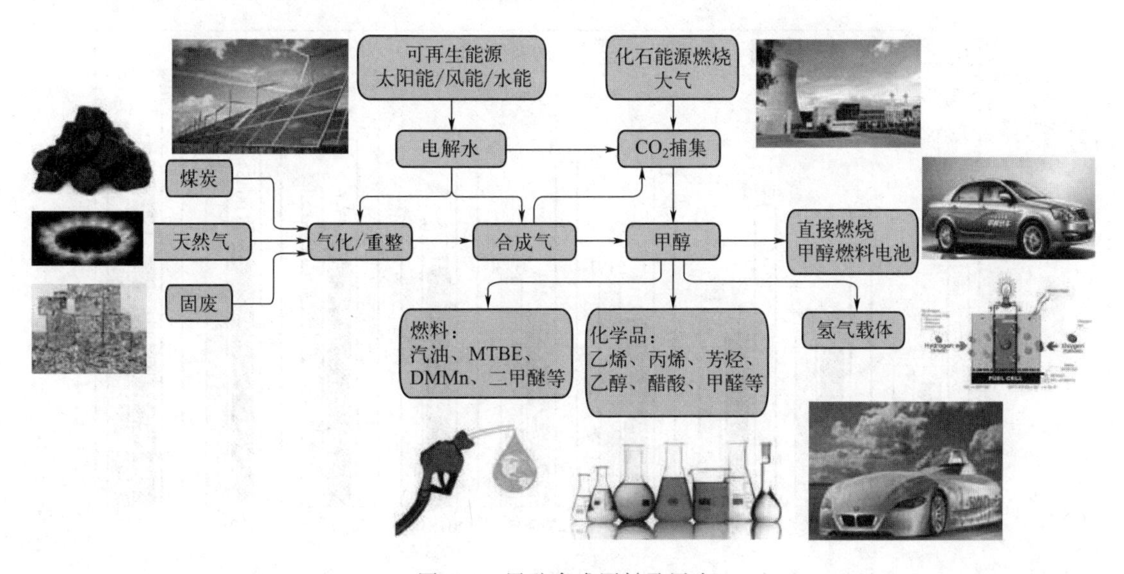


图 5.2 甲醇合成原料及用途

目前天然气和煤炭是甲醇生产原料的主要来源，但是从中长期来看生物技术是未来获得甲醇的主要途径。合成甲醇的原料合成气主要由 CO、$H_2$ 以及 $CO_2$ 等组成，$CO_2$ 来源广泛，而 CO 和 $H_2$ 可通过天然气转化和煤炭气化制得。考虑到生产工艺和环境保护，天然气转化被认为是大规模合成甲醇的最有前景的途径，被许多国家所采用，如智利、加拿大、伊朗和沙特阿拉伯等。目前国外主要采用天然气为原料制备甲醇，占比达95%以上。而国内由于“富煤贫油少气”的能源结构特征，天然气价格较高，导致天然气制甲醇成本高，所以国内主要以煤制甲醇为主。2021年国内煤制甲醇占比高达85.6%，此外，焦炉气制甲醇和天然气制甲醇占比分别为7.8%、6.6%，如图5.3所示。

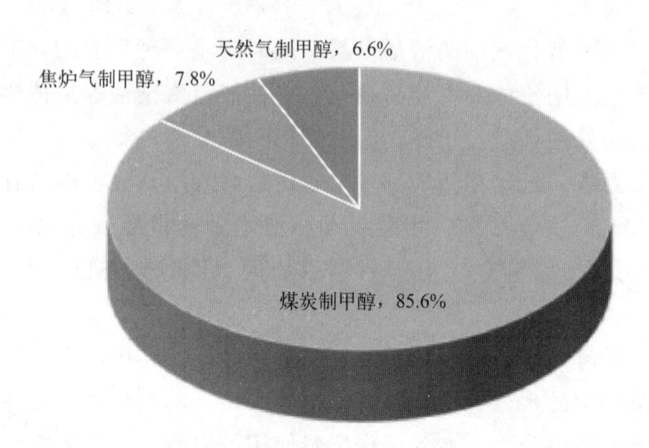


图5.3　2021年国内甲醇上游原料比例

近几年随着甲醇制烯烃、甲醇燃料等新兴下游产业的蓬勃发展，我国甲醇产能、产量和消费量持续增长。智研咨询的最新的数据显示，2021年我国甲醇产能约为9739万吨，比2020年增长约3.2%，产量约为7816万吨，比2020年增长17.7%。近年来国内甲醇产能、产量及表现消费量增长趋势如图5.4所示。

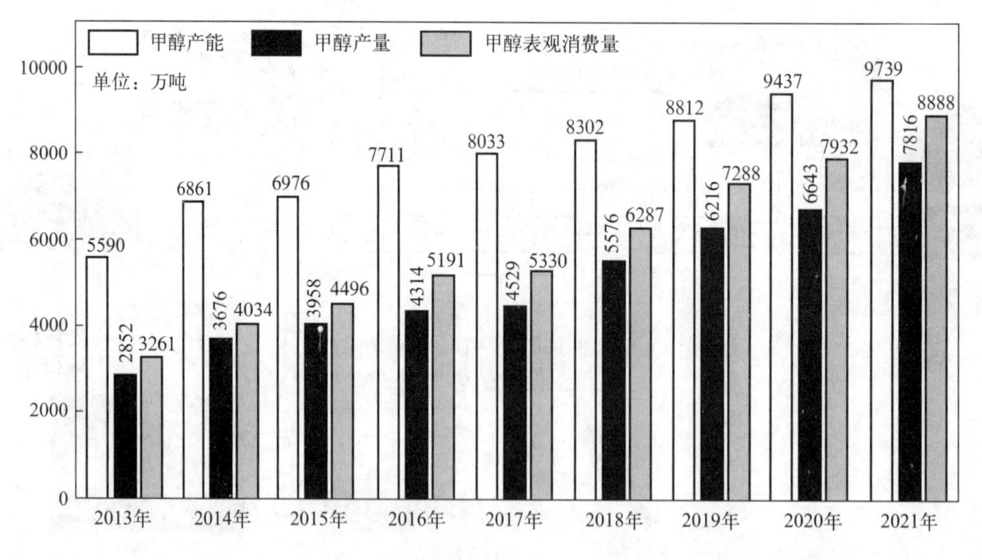


图5.4　2013年至2021年国内甲醇产能、产量和表观消费量趋势图

我国甲醇下游需求稳定，随着近年煤制烯烃装置大量投产，甲醇的消费量有明显增加，2019年国内甲醇表观消费量为7288万吨，同比2018年增长17.7%。甲醇下游主要用于制烯烃，占下游消费需求的50%以上，随着煤制烯烃技术的不断成熟，我国煤（甲醇）制烯烃产能急剧上升，在甲醇下游消费所占比重也在不断扩大，煤制烯烃成为甲醇需求的主要增

长驱动，此外，甲醇燃料等占比也不断增加。2021年甲醇下游消费占比如图5.5所示。甲醇化学和甲醇化工已成为化学工业与能源工业的一个重要领域。

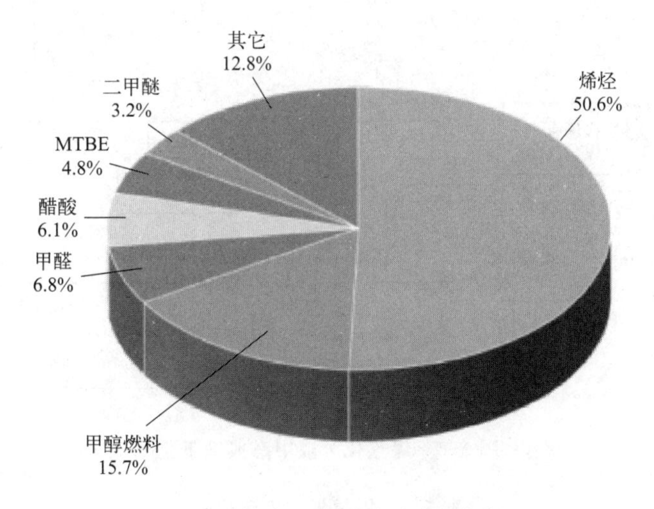


图5.5 2021年国内甲醇下游消费占比

## 5.1.2 甲醇合成原理与工艺

以煤炭为原料制备合成气主要是通过煤气化过程［式(5.1)］，所得原料气主要成分为 $H_2$ 和 CO。由煤气化生产出的合成甲醇粗原料气，氢碳比较低，不能满足合成甲醇对氢碳比的要求。工业上一般通过水煤气变换，使部分CO与水蒸气反应生成 $H_2$ 和 $CO_2$，来调整粗原料气的氢碳比。

$$C+H_2O \longrightarrow CO+H_2 \quad \Delta H_{298K}=-131.46kJ/mol \tag{5.1}$$

$$CO+H_2O \longrightarrow CO_2+H_2 \quad \Delta H_{298K}=-41.2kJ/mol \tag{5.2}$$

经过净化并符合组成要求的CO、$H_2$ 和 $CO_2$，在一定压力和温度下反应制得粗甲醇［式(5.3)、式(5.4)］：

$$CO+2H_2 \longrightarrow CH_3OH \tag{5.3}$$

$$CO_2+3H_2 \longrightarrow CH_3OH+H_2O \tag{5.4}$$

煤气化合成甲醇的典型工艺如图5.6所示。

按照操作压力不同，甲醇合成工艺可以分成三类：高压、中压和低压合成工艺。高压合成历史较早，合成反应使用Zn-Cr催化剂，在高温高压条件下进行。与中低压合成工艺相比，高压合成工艺合成压力高，对设备材质要求高，加工成本高，同时操作费用高昂，然而合成产品甲醇质量并不高。另外，高压合成使用的催化剂活性较低，且易造成较大污染，因此自问世以来，就只有四十多年的生产历史。

1966年，英国ICI（Imperial Chemical Industries）公司开发了低压甲醇合成工艺，标志着甲醇合成发展到一个新阶段。甲醇低压合成工艺使用铜锌铬催化剂，其操作压力在5MPa左右。中压合成是在低压合成工艺研究基础上进一步发展起来的，操作压力大致处于10MPa左右，采用铜锌铝催化剂。低压和中压甲醇合成工艺都使用活性较好的铜基催化剂，也被统称为低压法。三种工艺方法比较见表5.1。目前工业上用煤基合成气生产甲醇主要采用 $Cu/ZnO/Al_2O_3$ 催化剂，在5～10MPa和230～280℃的条件下进行。

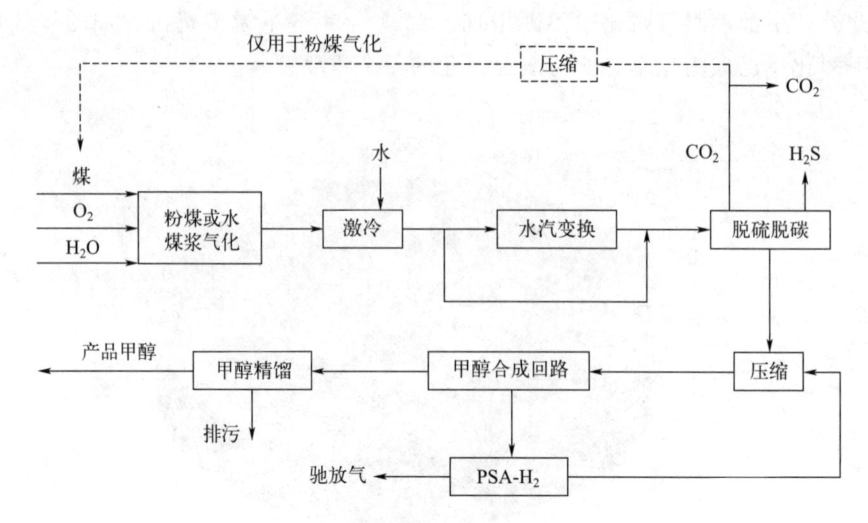


图 5.6 煤气化合成甲醇典型工艺

**表 5.1 甲醇生产工艺比较**

| 项目 | 高压法 | 中压法 | 低压法 |
|---|---|---|---|
| 催化剂 | $Zn/ZrO_2$ | $Cu/ZnO/Al_2O_3$ | $Cu/ZnO/Al_2O_3$ |
| 反应温度/℃ | 360 | 255 | 255 |
| 合成压力/MPa | 35 | 15 | 5 |
| 副产物产率/% | 25 | 0.2 | 0.2 |
| 甲醇能耗/(kJ/t) | 约 70 | 45.38 | 45.38 |
| 投资 | 较高 | 较低 | 较低 |
| 生产成本 | 较高 | 较低 | 较低 |

除了 ICI 工艺外，其它甲醇合成工艺还包括：Topsφe 工艺、三菱工艺、Casale 工艺、Linde 工艺以及东洋三井工艺等，这些工艺均是由传统的 ICI 工艺或 Lurgi 工艺演变而来的，在技术上不存在悬殊的先进性差异。

### 5.1.3 甲醇合成催化剂

催化剂是甲醇合成过程的核心，没有催化剂的存在，甲醇合成几乎不能进行。自从 20 世纪初人工合成甲醇被发现以来，工业合成甲醇的进展，很大程度上取决于催化剂的研制成功及质量的改进。虽然有多种催化剂都可以催化合成气合成甲醇，但是工业上大规模应用的只有锌-铬催化剂和铜基催化剂。

锌-铬催化剂（$ZnO/Cr_2O_3$）由德国 BASF 公司于 1923 年开发研制成功，操作温度为 320～400℃，操作压力为 25～35MPa，又被称为高压催化剂。锌-铬催化剂具有耐热、抗毒以及机械强度好，并且使用寿命长、使用范围宽、操作控制容易等优势；其缺点是合成温度高，操作压力高，动力消耗大，致使设备复杂，产品质量差，同时铬对人体有害。

铜基催化剂由英国 ICI 公司开发研制，并于 1966 年正式投入工业生产，它的操作温度为 230～310℃，操作压力为 5～15MPa，因而铜基催化剂又常常被称为中低压催化剂。甲醇合成反应是一个放热的平衡反应，低温对反应向着甲醇生成的方向进行非常有利。因此在得到同样的或超过锌-铬催化剂的转化率的条件下，所需的操作压力低。在使用铜基催化剂的生产工艺中，对设备的耐压能力要求大大降低，合成气的压缩成本也相应降低许多。

自1966年使用铜基催化剂以来，世界上甲醇的合成就走向了以铜基催化剂为基础的中低压合成路线，致使使用锌-铬催化剂的甲醇合成工艺逐渐被淘汰。目前，世界上新建的甲醇合成厂几乎全部使用以铜基催化剂为基础的中低压合成工艺。铜基催化剂的主要组分为$CuO/ZnO/Al_2O_3$或$CuO/ZnO/Cr_2O_3$。对这些组分的系统研究表明，在250℃时，纯CuO或纯ZnO的活性为零，$CuO/ZnO/Al_2O_3$和$CuO/ZnO/Cr_2O_3$与CuO/ZnO相比，活性提高不多，但抗老化能力却大大提高了。由于$CuO/ZnO/Cr_2O_3$催化剂存在对人体有害的铬，工业上普遍采用$CuO/ZnO/Al_2O_3$催化剂。

对铜基合成甲醇催化剂的制备方法的研究常有报道，它们多以沉淀法为基础，如：酸-碱交替沉淀法、草酸盐胶体共沉淀法、凝胶网格共沉淀法、复频超声共沉淀法等。这些改进的沉淀法不同程度地对铜基催化剂的性能有所提高，但都未见到工业应用的报道。传统共沉淀法过程包括沉淀、老化、过滤、洗涤、干燥、焙烧、压片成形等步骤，如图5.7所示。

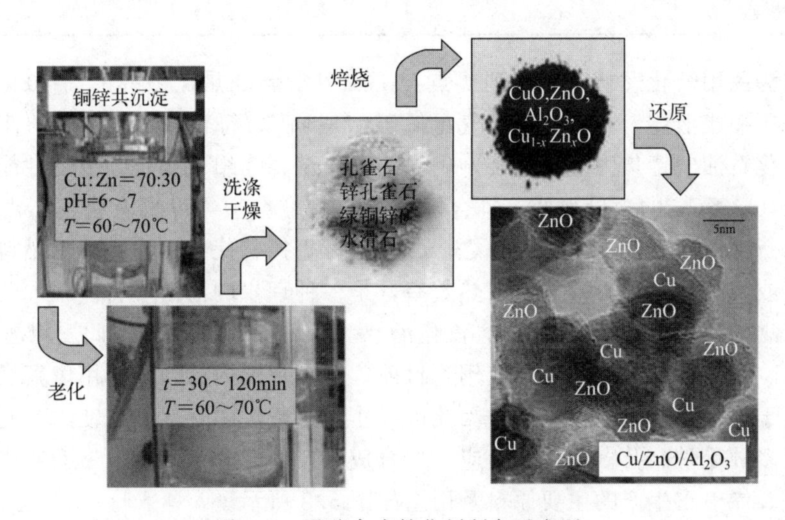


图5.7 甲醇合成催化剂制备示意图

催化剂前驱体的物相组成是影响$CuO/ZnO/Al_2O_3$甲醇合成催化剂的重要因素。采用碳酸盐作为沉淀剂，获得的催化剂前驱体包括孔雀石[$Cu_2(CO_3)(OH)_2$]、锌孔雀石[$(Cu,Zn)_2(CO_3)(OH)_2$]、绿铜锌矿[$(Cu,Zn)_5(CO_3)_2(OH)_6$]和类水滑石[$(Cu,Zn)_{1-x}Al_x(OH)_2(CO_3)_{x/2}\cdot mH_2O$]。前驱体的组成对催化剂最终的结构和性能有重要影响，与以类水滑石为前驱体相比，以锌孔雀石为主要前驱体的催化剂表现出更好的催化性能，前驱体中类水滑石的形成导致催化剂比表面积降低，同时对形成的锌孔雀石晶体中的铜取代程度造成不利影响，高锌含量的锌孔雀石是制备$Cu/ZnO/Al_2O_3$合成甲醇催化剂的有效前驱体结构。如何提高锌孔雀石中的锌含量是催化剂研发的重点之一。

# 5.2 二甲醚

## 5.2.1 概述

二甲醚（dimethyl ether，DME）是一种结构简单的醚类，其分子式为$CH_3—O—CH_3$，在常温常压下是一种无色、有轻微醚香味的气体。性质与液化石油气非常相似，十六烷值甚至比柴油还要高（DME的十六烷值大约在55～60之间，柴油一般在40～55之间），可作为民用燃料及车用燃料的替代品。二甲醚的主要物理化学性质如表5.2所示。

**表5.2 二甲醚的主要物理化学性质**

| 项目 | 数值 | 项目 | 数值 |
| --- | --- | --- | --- |
| 分子量 | 46.07 | 液体密度(20℃)/(kg/L) | 0.67 |
| 蒸气压(20℃)/MPa | 0.51 | 爆炸极限/% | 3.45～26.7 |
| 熔点/℃ | −141.5 | 临界压力/MPa | 5.15 |
| 沸点/℃ | −24.9 | 临界温度/℃ | 128.8 |
| 闪点/℃ | −41.4 | 自燃温度/℃ | 350 |
| 着火点/℃ | −27 | 蒸发热(20℃)/(kJ/kg) | 410 |
| 气体相对密度 | 1.617 | 气体燃烧热/(kJ/mol) | 1455 |
| 液体相对密度 | 0.66 | | |

二甲醚作为民用液化燃料有一系列优点：①二甲醚燃烧热比甲醇的高40%；②二甲醚在室温下可以压缩成液体，37.8℃时蒸气压低于1380kPa，符合液化石油气的使用要求，可以用现有的液化石油气罐集中统一盛装，确保储运安全；③组成稳定，燃烧性能良好，燃烧废气中CO、NO、$SO_2$的含量很低，符合国家卫生标准；④二甲醚液化气不需预热，随用随开，与液化石油气灶具基本通用。总之，二甲醚可直接替代柴油作为车用燃料，还可掺入液化气、煤气或与天然气混烧并能提高热效率，是一种理想的清洁燃料。

由于二甲醚的沸点低（−24.9℃），汽化潜热大，汽化性能好，因此二甲醚还可以取代氯氟烃作为制冷剂，在家电及工业上应用。目前，世界范围内已禁止使用氯氟烃作为气雾剂和抛射剂，由于二甲醚基本无毒无害，因此可以作为氯氟烃的替代品来使用。此外，二甲醚还可参与合成多种化学品及多种化学反应，如合成烷基卤化物、*N*,*N*-二甲基苯胺、乙酸甲酯、醋酸酐等。二甲醚生产的主要原料及用途如图5.8所示。

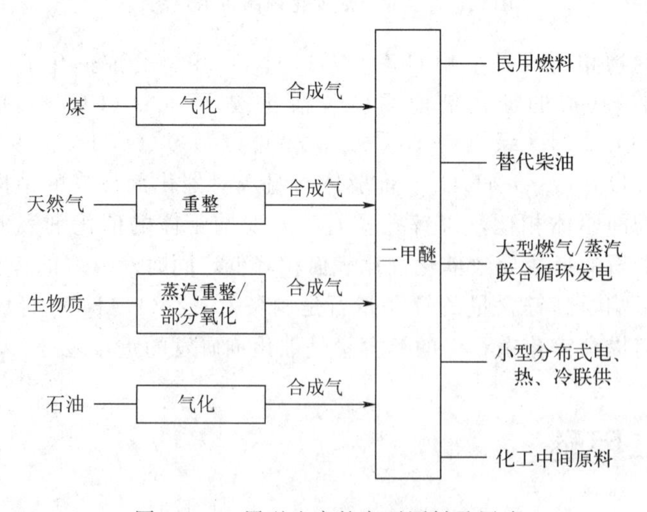


图5.8 二甲醚生产的主要原料及用途

2016年，国内二甲醚总产量较2015年下降了7万吨左右，而产量缩减趋势仍有加剧态势。2018 年二甲醚产能跌破千万吨，其产量也跌至 250 万吨水平左右，如图 5.9 所示。随着农村城镇化进程的逐步深入以及天然气的普及，民用液化气市场需求逐年萎缩，但在产能方面我国二甲醚近几年持续扩张。在需求逐渐萎缩的现状下，产能过剩状况较为严重。在产能过剩以及环保政策加严的双重压力下，2018 年较多生产设备进入检修阶段，使得二甲醚产能跌破千万吨。虽然目前二甲醚发展陷入窘境，但由于二甲醚原料来源丰富，生产成本低，作为新型清洁燃料在替代柴油或液化气方面的发展前景更被普遍看好，因此未来发展前景仍旧较好。

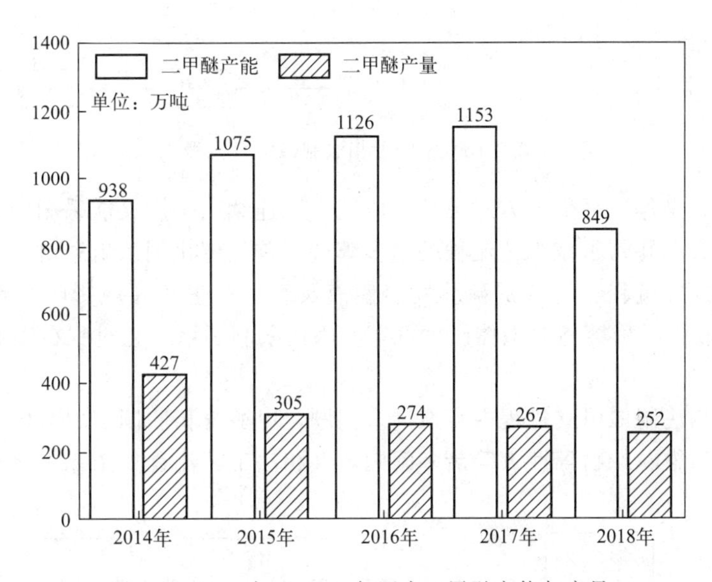


图 5.9 2014 年至 2018 年国内二甲醚产能与产量

## 5.2.2 二甲醚合成原理与工艺

以合成气或甲醇为原料，在催化剂的作用下制得二甲醚。此外，部分学者也研究了由温室气体 $CO_2$ 出发制备二甲醚以及可再生资源生物质合成二甲醚等工艺。

由合成气生产二甲醚，主要包括两大类工艺技术路线：第一类是两步法，先由合成气出发制得甲醇，再在脱水催化剂的作用下由甲醇脱水制得二甲醚；第二类是一步法，由合成气在双功能催化剂上直接一步合成二甲醚，即甲醇合成与甲醇脱水过程在同一反应器中进行。

合成气两步法制备二甲醚，又可称为甲醇脱水法制备二甲醚（MTD）。即先由合成气出发在铜基催化剂上制备甲醇，再在酸性脱水催化剂存在的条件下由甲醇脱水生产二甲醚，两个过程在不同反应器中进行，不同反应器中使用不同的催化剂体系。

甲醇脱水制二甲醚主要分为甲醇液相脱水法和甲醇气相脱水法，其中最早展开研究的方法是甲醇液相脱水法制二甲醚。如图 5.10 所示，甲醇液相法制二甲醚主要涉及到以下几个步骤：甲醇首先在浓硫酸存在的液相环境中进行脱水醚化，再进行碱洗脱酸，之后冷凝，进入压缩机压缩，压缩后的产物进入提纯塔提纯，最后再对其进行冷凝处理得到满足所需纯度的产品 DME。甲醇液相法制二甲醚工艺流程的反应条件相对温和，一般反应温度区间在 130～160℃，且转化率相对较高，可达 85%～90%，同时所得目标产物二甲醚的纯度仍能保持在 99.6%以上。两分子的甲醇在浓硫酸脱水剂的作用下脱去一分子的水生成一分子的二甲醚：

$$CH_3OH + H_2SO_4 \longrightarrow CH_3HSO_4 + H_2O$$
$$CH_3HSO_4 + CH_3OH \longrightarrow CH_3OCH_3 + H_2SO_4$$

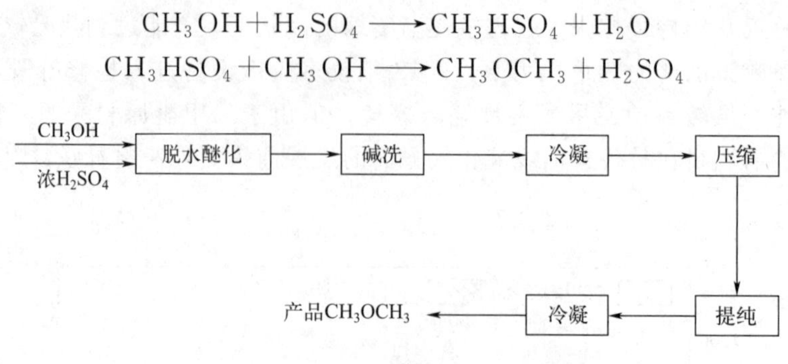


图 5.10 甲醇液相法制二甲醚流程

该工艺流程易操作，且生产方式灵活，既能采取连续式生产又能采用间歇式生产，但随着研究规模的扩大也暴露了该工艺流程的诸多弊端。首先催化剂浓硫酸对装置及设备的腐蚀极其严重，其次反应过程中生成的硫化物、残液及废水对生态环境影响严重，且中间产物 $CH_3HSO_4$ 毒性较强，极容易对人体产生危害，因此限制了该工艺过程在工业中的规模化生产及长期应用。

鉴于甲醇液相法制二甲醚过程中存在诸多问题，甲醇气相法制二甲醚应运而生，解决了设备腐蚀、环境污染、产物毒性大等诸多问题，气相法工艺流程如图 5.11 所示。

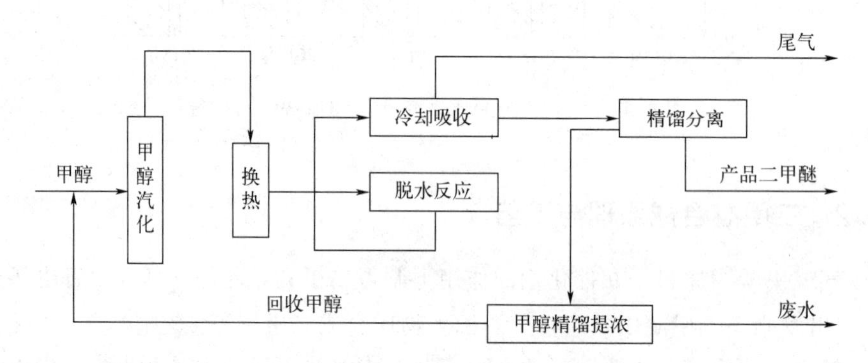


图 5.11 甲醇气相法制二甲醚工艺流程

甲醇气相法制二甲醚工艺通过将甲醇汽化，及以固体酸取代具有腐蚀性的浓硫酸作为催化剂，实现了甲醇蒸气在催化剂床层中的非均相反应，不生成 $CH_3HSO_4$ 等有毒产物，大大降低了液相法对实验设备及装置的腐蚀性，这是对甲醇液相法制二甲醚的极大改进，该工艺也因为其优势逐渐实现了工业化生产，世界各国纷纷利用甲醇气相法建立了诸多大型工业化二甲醚生产装置。

尽管目前由甲醇脱水制二甲醚即两步法工艺已经相对比较成熟，在各国也有了工业化生产装置，但是由于两步法工艺甲醇合成及甲醇脱水过程需在不同反应装置中进行，这就大大增加了工艺装置投资成本，且当今甲醇产量有限，甲醇需求量与国际甲醇市场息息相关，因此其市场价格波动相对较大，风险也就相对较高。所以由甲醇脱水制备二甲醚这一工艺路线仍存在一些弊端。长远来看，不适合大规模工业生产，所以，低投资、流程短的一步法制二甲醚工艺逐渐发展了起来。

一步法合成二甲醚是以合成气为原料直接合成二甲醚，反应过程实际上是甲醇合成、甲醇脱水和水汽变换，主要反应式如下：

合成甲醇反应：$CO+2H_2 \longrightarrow CH_3OH$

甲醇脱水反应：$2CH_3OH \longrightarrow CH_3OCH_3+H_2O$

水煤气变换反应：$CO+H_2O \longrightarrow CO_2+H_2$

总反应：$3H_2+3CO \longrightarrow CH_3OCH_3+CO_2$

或 $4H_2+2CO \longrightarrow CH_3OCH_3+H_2O$

采用一步法时，合成的甲醇迅速参与到脱水反应中，转化为二甲醚，副产物水被水煤气变换反应消耗，使甲醇的脱水反应不断地向正反应方向进行，而生成的氢气又参与到合成甲醇反应中，三个反应相互促进提高了该反应的单程转化率。

目前合成气一步法制二甲醚国内外存在着多种工艺流程及方法。该工艺方法根据使用反应器的不同可以分为采用固定床反应器的气固两相法和采用浆态床反应器的气固液三相法。两相法即气相法，采用固定床反应器，合成气通过催化剂床层在固体催化剂表面进行反应。采用这种技术能够获得较高的CO转化率和二甲醚选择性，然而由于合成甲醇与甲醇脱水均属于强放热反应，极易使得催化剂床层局部温度过高而导致双功能催化剂的热失活。丹麦托普索（Topsφe）公司、浙江大学、清华大学、山西煤化所等单位均采用固定床气固两相法工艺。

三相法即液相法，引入惰性溶剂，将合成气扩散至悬浮于惰性溶剂中的催化剂表面进行反应，也称为浆态床法。该法将固体催化剂细粒悬浮于作为热量吸收剂的惰性溶剂中，反应气体穿过液相溶剂层到达悬浮于溶剂中的催化剂表面进行反应，是一个在气液固三相体系中进行反应的过程。常用的惰性溶剂主要为烷烃类溶剂，如液体石蜡、矿物油、角鲨烷等。浆态床反应器具有床层等温性好、催化剂利用效率高、原料适应性好、反应条件操作可塑性强等优点。美国的空气化工产品公司（APCI）、日本的钢管公司（NKK，现JFE）等采用浆态床气固液三相法工艺。

### 5.2.3 二甲醚合成催化剂

由合成气直接制取二甲醚将合成气制甲醇和甲醇脱水反应合二为一，在热力学上十分有利，减弱了合成气制甲醇时平衡的限制，提高了CO的单程转化率，减少了循环压缩化，降低了成本。因此合成气一步法制二甲醚的催化剂技术受到了广泛关注。此外，催化剂催化$CO_2$加氢直接合成DME作为合成DME的一种新路径正处于探索阶段。

合成气直接制二甲醚的催化剂是由甲醇合成催化剂和甲醇脱水催化剂组成。甲醇合成催化剂主要是铜基催化剂、含铜金属化合物催化剂和贵金属催化剂等。甲醇合成通常用$CuO/ZnO/Al_2O_3$催化剂。甲醇脱水催化剂主要是各种固体酸，包括无定形类的氧化物和复合氧化物，如$\gamma$-$Al_2O_3$、$SiO_2$-$Al_2O_3$、$TiO_2$-$Al_2O_3$、$TiO_2$-$ZrO_2$等；也包括固体超强酸类型，如HY、HX、ZSM-5等分子筛。其中以$\gamma$-$Al_2O_3$或ZSM-5使用居多。传统复合型双功能催化剂是将甲醇合成和脱水两种活性组分的催化剂通过化学方法或进行混合制备而成，是最常见的一步法合成二甲醚的双功能催化剂。两组分组合的方法包括机械混合法、共沉淀浸渍法、共沉淀沉积法、胶体沉积法等。机械混合法是将两种催化剂按照一定比例机械混合而得到的复合催化剂。这种方法制备简便，可以随时根据需要调节两种活性组分的比例；缺点是两种活性组分接触不紧密，互相覆盖，催化剂活性低。而采用共沉淀浸渍法、共沉淀沉积法、胶体沉积法等，催化剂中两种活性中心接触的紧密程度有不同程度的提高。

由于二甲醚合成反应是强放热反应，而常用的铜基催化剂在高温下铜晶粒易长大，因此许多研究者通过添加合适的助剂或改变脱水组分来抑制铜晶粒的烧结，提高催化剂的热稳定性，常选用的助剂包括 $ZrO_2$、MgO、$MnO_2$ 等。在固定床中具有良好活性和较好稳定性的催化剂若用于浆态床，活性和稳定性往往会变差。有研究者认为，浆态床中的二甲醚合成催化剂失活是铜基催化剂导致的，脱水催化剂相对稳定，反应器中不能及时移除生成的 $H_2O$ 对铜基甲醇合成催化剂的负面作用是催化剂失活的重要原因。反应体系中存在的 $H_2O$ 会使铜基甲醇合成催化剂晶粒生长速度加快，团聚加重，产生一定程度的积炭，从而导致催化剂失活速率加快。有研究者采用溶胶-凝胶浸渍法、完全液相法、添加表面活性剂等方法对催化剂进行改进，以适应浆态床反应，催化剂性能有了不同程度的提高。

目前国内外对于二氧化碳一步法制二甲醚的研究主要集中在 Cu-ZnO-$ZrO_2$/H-ZSM-5，CuO-ZnO-$Al_2O_3$/H-ZSM-5，CuO-$Fe_2O_3$-$ZrO_2$/H-ZSM-5 等催化剂体系，同时对其制备方法以及添加不同助剂的影响也做了深入研究，但目前对其机理研究还相对较少。虽然国内外目前对于二氧化碳一步法制二甲醚工艺及催化剂的研究日益增多，$CO_2$ 的有效利用以及环境的改善受到了人们的关注，但由于二氧化碳本身化学性质稳定，难活化，使得其转化利用存在很大的难度，导致反应的转化率及目的产物的收率相对较低，也因此限制了其在工业化生产中的进一步发展。

## 5.3 低碳醇

### 5.3.1 概述

低碳醇一般是指分子中碳数从 1 到 6 的正构和异构醇组成的混合醇类，由于氧的存在，其燃烧较为充分，并且有害物质含量很少，同时具有很高的辛烷值和优良的抗震防爆性能。自从 20 世纪初低碳醇伴随着 F-T 合成被发现以来，尤其是 20 世纪 70 年代石油危机以后，就一直被定位于作为一种汽油的优良的添加剂甚至作为燃料使用。除此之外，低碳醇还是很多重要的化工产品的原料。

相对于甲醇，低碳醇作为车用燃料有较大的优越性：

① 低碳醇和汽油的混溶性很好，可以不用或少用表面活性剂，而甲醇加入汽油中不仅需要表面活性剂，还存在较严重的相分离现象；

② 低碳醇，尤其是 $C_{2+}$ 的高级醇对一些材料如金属、橡胶以及合成塑料等的腐蚀性很小，而甲醇对这些材料的腐蚀性很大；

③ 低碳醇作为燃料用时和现有的燃料系统匹配，现有的燃料系统可不做任何改造就能直接用于低碳混合醇燃料，而甲醇不行。

合成气制低碳醇技术开辟了非石油路线以煤基合成气为原料制取含氧液体燃料、油品添加剂及高附加值醇类化学品的多元化产品途径，其经济性优于目前的甲醇合成技术，可用来逐步替代甲醇合成技术，生产高附加值的燃料醇或化工醇，在有效解决甲醇生产过剩，规避甲醇市场风险及生产可替代燃油方面具有广阔的推广应用前景。由于目前研发的催化剂选择性和时空收率较低，因此在经济性上还不能满足工业化生产的要求。该技术如能实现大规模工业化生产，将有助于形成以煤为源头，非石油路线合成可替代化石燃料和化工醇的产业链条，创造更多的就业机会，带动相关醇类化学品二次加工等产业的发展。

### 5.3.2 低碳醇合成原理与工艺

以合成气为原料合成乙醇和其它低碳醇的反应网络包括一系列复杂的反应，产物包括烃类产物、含氧化合物（例如甲醇、乙醇）等。同时，水汽变换反应（WGS）和 Boudouard 反应等也可能会发生。合成气转化制备低碳醇主要化学反应表示为：

$$n\mathrm{CO}+2n\mathrm{H_2} \longrightarrow \mathrm{C}_n\mathrm{H}_{2n+1}\mathrm{OH}+(n-1)\mathrm{H_2O} \quad n=1,2,3\cdots$$

烃类产物生成：

$$n\mathrm{CO}+(2n+1)\mathrm{H_2} \longrightarrow \mathrm{C}_n\mathrm{H}_{2n+2}+n\mathrm{H_2O} \quad n=1,2,3\cdots$$

水汽变换反应（WGS）：

$$\mathrm{CO}+\mathrm{H_2O} \longrightarrow \mathrm{CO_2}+\mathrm{H_2}$$

Boudouard 反应：

$$2\mathrm{CO} \longrightarrow \mathrm{CO_2}+\mathrm{C}$$

其中，包括低碳醇生成的反应主要有：

$$2\mathrm{CO}+4\mathrm{H_2} \longrightarrow \mathrm{C_2H_5OH}+\mathrm{H_2O}$$

$$\mathrm{CH_3OH}+\mathrm{CO}+\mathrm{H_2} \longrightarrow \mathrm{CH_3CHO}+\mathrm{H_2O}\text{(CO 插入)}$$

$$\mathrm{CH_3OH}+\mathrm{CO}+2\mathrm{H_2} \longrightarrow \mathrm{CH_3CH_2OH}+\mathrm{H_2O}\text{(甲醇同系化反应)}$$

$$\mathrm{C}_n\mathrm{H}_{2n-1}\mathrm{OH}+\mathrm{CO}+3\mathrm{H_2} \longrightarrow \mathrm{CH_3(CH_2)}_n\mathrm{OH}+\mathrm{H_2O}\text{(高级醇同系化反应)}$$

$$2\mathrm{CH_3OH} \longrightarrow \mathrm{CH_3CH_2OH}+\mathrm{H_2O}\text{(甲醇耦合反应)}$$

$$2\mathrm{CH_3OH} \longrightarrow \mathrm{(CH_3)_2O}+\mathrm{H_2O}\text{(脱水/二甲醚生成反应)}$$

$$\mathrm{(CH_3)_2CO}+\mathrm{H_2} \longrightarrow \mathrm{(CH_3)_2CHOH}\text{(支链生成反应)}$$

$$2\mathrm{CH_3CHO} \longrightarrow \mathrm{CH_3COOCH_2CH_3}\text{(酯类生成反应)}$$

合成气催化转化制乙醇和高级醇主要有三种路线：①合成气直接转化成乙醇，即 CO 在催化剂表面选择性加氢直接生成乙醇等高级醇。②甲醇同系化，即在催化剂表面，甲醇与 CO 发生羰基化反应形成 C—C 键，进而生成乙醇。③ENSOL 多步法过程，即首先合成气转化生成甲醇，然后甲醇羰基化生成乙酸，进一步加氢生成乙醇。

目前合成气直接催化转化制备低碳醇的主流工艺有四种，分别介绍如下。

① MAS 工艺：如图 5.12 所示，此工艺为丹麦 Topsφe 和意大利 Snam 公司联合开发，采用改性甲醇合成催化剂，即碱金属助剂改性的 $\mathrm{ZnO/Cr_2O_3}$ 催化剂，反应温度及压力分别为 400℃、2.0～16.0MPa。该工艺直接使用现有的甲醇生产线，生产甲醇的同时生产低碳醇，产物组成中甲醇和异丁醇的比例较大，同时还伴有少量的乙醇和正丙醇。

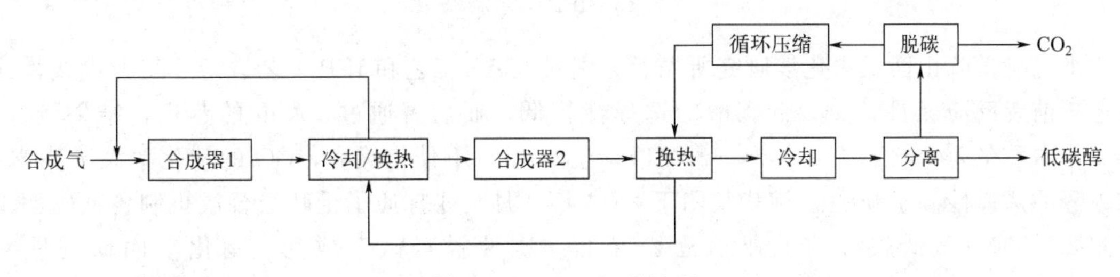


图 5.12 MAS工艺流程

② Octamix 工艺：如图 5.13 所示，由 Lurigi 开发的 Octamix 工艺使用可在低压下操作的改性甲醇合成催化剂，即 Cu-Zn 催化体系。反应使用列管式或绕管式等温反应器，通过进水汽化吸热的方式来移除反应管中的热量。该工艺产物中低碳醇选择性可观，$C_{2+}$ 醇类化合物的选择性高达 30%～50%，但是反应过程中催化剂容易失活，催化寿命不高。

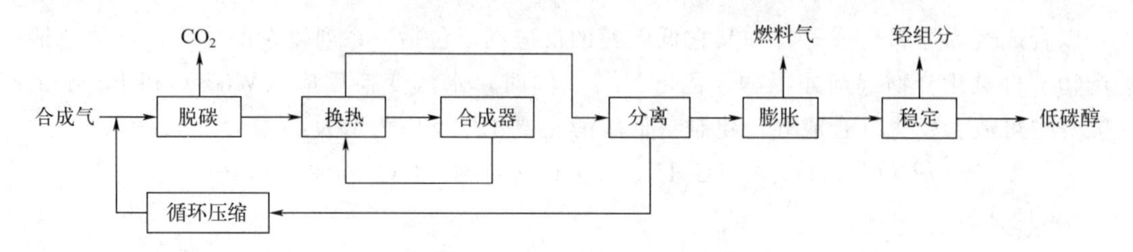


图 5.13 Octamix 工艺流程

③ Sygmol 工艺：如图 5.14 所示，该工艺为联碳公司和美国 DOW 化学公司合作开发，采用硫化钼催化剂，即碱改性的 $MoS_2$ 催化体系。反应温度及压力分别为 300℃ 和 10.0MPa。该工艺对含硫原料具有很好的抵抗性能，反应中不易发生结炭，可直接用于含硫合成气的催化反应。同时，该工艺的产物含有大量醇类及 $CO_2$，醇类产物主要为直链的 $C_1$～$C_5$ 正构醇。

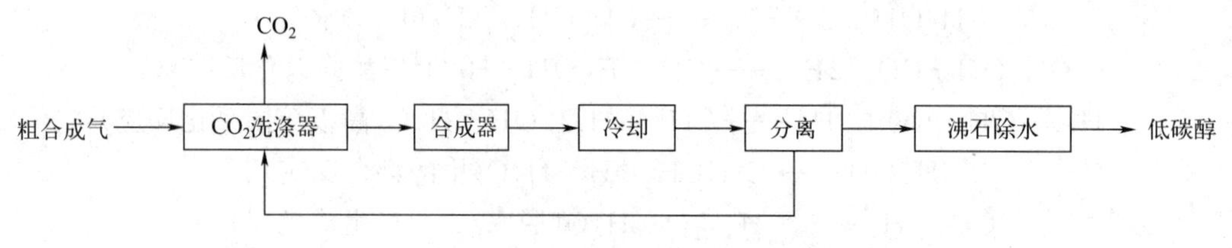


图 5.14 Sygmol 工艺流程

④ IFP 工艺：如图 5.15 所示，此工艺为法国石油科学院开发，采用改性费托合成催化剂，即 Cu-Co 尖晶石催化体系。催化在两级反应器中进行，反应温度和压力分别为 250～300℃、5～10MPa。该工艺在温和的条件下操作，催化活性高，但是低碳醇选择性低，合成气转化受到限制，效率低下。

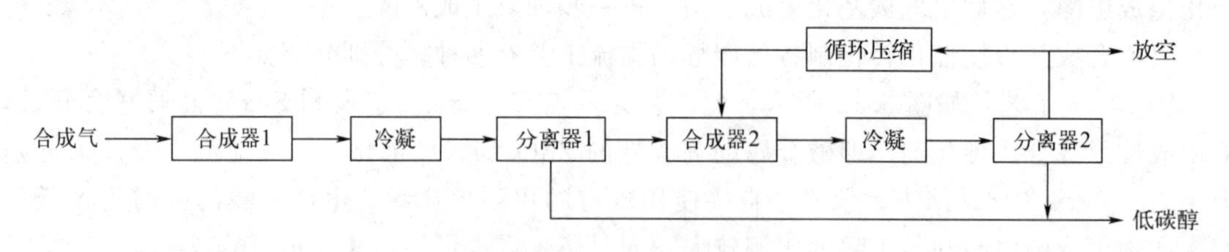


图 5.15 IFP 工艺流程

中国科学院山西煤炭化学研究所先后分别对 MAS 工艺和 IFP 工艺进行了工业侧线模式鉴定。前者反应条件苛刻，低碳醇的选择性较低，而后者通过 1000h 的鉴定，结果较好。Cu-Co 体系在 200～260℃、4.0～6.0MPa 的温和条件下催化反应，CO 的转化率大于 80%，低碳醇的选择性高于 50%。神华集团于 2014 年 9 月全线打通了千吨级合成机制各低碳醇工业侧线，5000t/a 低碳醇的工业示范装置上一次性投料试车成功。南化集团研究院对 Octamix 工艺进行了 700h 的模拟考察，发现该催化体系中的活性组分容易烧结，并且易发生催化剂中毒。与此同时，清华大学、华东理工大学、厦门大学、内蒙古大学及国内各研究院等单位也对合成气制备低碳醇反应及催化剂进行了跟踪研究。这四种工艺中，MAS 工艺最成熟，其次是 IFP 工艺。Sygmol 工艺的催化剂具有独特的抗硫性，该工艺及 IFP 工艺的产物中 $C_{2+}$ 醇含量最高，化工利用的前景最好。

低碳醇合成工艺概况见表 5.3。

**表 5.3 低碳醇合成工艺概况**

| 项目 | | MAS 工艺 | | IFP 工艺 | | Sygmol 工艺 | | Octamix 工艺 | |
|---|---|---|---|---|---|---|---|---|---|
| 催化剂 | | Zn-Cr-K | | Cu-Co-M-K | | $MoS_2$-M-K | | Cn-Zn-Al-K | |
| 研究单位 | | 意大利 Snam | 山西煤化所 | 法国 IFP | 山西煤化所 | 美国 Dow | 北大物化所 | 德国 Lurgi | 清华大学 |
| 操作条件 | 空速/$h^{-1}$ | 3000～15000 | 4000 | 4000 | 4500 | 3000～15000 | 5000 | 3000～4000 | 4000 |
| | 温度/℃ | 350～420 | 400 | 290 | 290 | 290～310 | 240～250 | 270～300 | 290 |
| | 压力/MPa | 12～16 | 14 | 6 | 8 | 10 | 6.2 | 7～10 | 5 |
| | $H_2$/CO | 0.5～3 | 2.3 | 2～2.5 | 2.6 | 1.1～1.2 | 1.4～2.0 | 1～1.2 | 1～1.2 |
| 液体产物质量分数/% | 甲醇 | 70 | 74～77 | 41 | 49.4 | 40 | 38 | 59.7 | 83.6 |
| | 乙醇 | 2 | 1.67 | 30 | 33.3 | 37 | 41 | 7.4 | 16.4（$C_2$～$C_5$ 混合醇） |
| | 丙醇 | 3 | 3.67 | 9 | 10.8 | 14 | 12 | 3.7 | |
| | 丁醇 | 13 | 12～15（异丁醇） | 6 | 4.1 | 5 | 4 | 8.2 | |
| | $C_{5+}$ 醇 | 10 | | 8 | 1.6 | 2 | 3.5 | 10.4 | |
| 试验结果 | $C_{2+}OH/C_nOH$/% | 22～30 | | 30～60 | | 30～70 | | 30～50 | 15～27 |
| | 粗醇含水/% | 20 | | 5～35 | | 0.4 | | 0.3 | 0.33 |
| | CO 成醇选择性/% | 90 | 95 | 65～76 | 76 | 85 | 80 | | 95 |
| | CO 转化率/% | 17 | | | 21～24 | 27 | 20～25 | 10 | |
| | 产率/[mL/(mL·h)] | 0.25～0.3 | 0.21～0.25 | 0.2 | 0.2 | 0.32～0.56 | | | 0.3～0.6 |
| 开发现状 | | 已工业化 15000t/a | 模试 | 中试 7000 桶/a① | 模试 | 中试 1t/d | 小试 | 模试 | 小试 |
| 催化剂考察时间/h | | 6000 | 1000 | 2880 | 1010 | 6500 | | | 200 |

① 1 桶＝136.8kg。

## 5.3.3 低碳醇合成催化剂

用于 CO 加氢直接生成低碳醇的非均相催化剂可以分为两类：①贵金属基催化剂；②非贵金属基催化剂。贵金属基催化剂主要是指负载型 Rh 基催化剂，而非贵金属基催化剂一般包括改性甲醇合成催化剂、改性费托合成催化剂和 Mo 基催化剂。

（1）铑基催化剂

1975 年，联合碳化物公司将 Rh 负载于 $SiO_2$ 载体上，继而添加 Fe、Mo 等金属助剂改性制备出了铑基催化剂，然后在 300℃、7MPa 的操作条件下进行合成气的转化，发现产物由乙醇主导，表现出较高的乙醇选择性；对比第Ⅷ族的贵金属如 Ru 和 Re 时，发现唯有 Rh 具有这种显著的效果，低碳醇的合成会在 CO 转化中大大提升。近年来，关于 Rh 基催化剂在合成气催化工程中的催化机理及催化性能的研究很多，包括载体、金属助剂等对催化剂性能的影响。

总体来说，Rh 基催化剂的优点主要是：①Rh 基催化剂颗粒同时对分子态和解离态的 CO 具有很好的吸附性，使得低碳醇的选择性明显提高。②Rh 基催化剂对反应的操作条件要求比较温和，温度一般在 150～250℃，压力在 0.1～2.5MPa 之间，对工业化有利。然而，贵金属 Rh 的价格昂贵使得催化剂的生产成本偏高，这也是制约该催化剂体系商业化最大的因素。

（2）改性甲醇合成催化剂

Lewis 和 Frolich 在 1928 年将 $CuO/ZnO/Al_2O_3$ 催化剂使用到合成气催化反应中，并发现产物中甲醇收率很高。在之后的研究中，用碱金属助剂对该催化剂进行改性，甲醇收率大大降低，相当部分的低碳醇出现在产物中。至今，主要有两种投入到商业化的合成甲醇催化剂，即不含 Cu 的 $ZnO/Cr_2O_3$ 高温催化剂及 Cu/ZnO 低温催化剂。因此，改性的甲醇合成催化剂主要分为高温和低温两类。高温改性甲醇合成催化剂是将碱性金属或其他金属助剂添加到 $ZnO/Cr_2O_3$ 中制备而成，一般在 400℃、12～30MPa 的操作条件下反应，产物中醇的选择性高达 90%，但是主要以甲醇和异丁醇为主，同时会有少量的低碳醇。

改性的 Cu/ZnO 及低温甲醇合成催化剂操作条件相对温和，温度一般为 250～300℃，压力为 2～10MPa。该催化剂体系中 Cs 具有最好的改性效果，而 Rb 和 K 改性效果次之，考虑价格因素，K 改性性价比高。除了碱金属助剂，大量研究者使用费托元素（Fe、Co、Ni）来改性低温甲醇合成催化剂。

（3）改性费托合成催化剂

传统的费托合成催化一般以 $SiO_2$ 和 $Al_2O_3$ 为载体，以 Co、Fe、Ni 和 Ru 等金属作为催化中心，同时以 Cu 和 K 等金属作为助剂，产物以长链烷类为主，同时伴随有少量的低碳醇。大量研究发现，过渡金属及碱土金属对费托催化剂进行改性之后，含氧化合物的选择性及收率得到了很大的改观，这为改性的费托合成催化剂催化合成气转化为低碳醇提供了一条可行的思路。

近年来，金属 Cu 广泛用于费托催化剂的改性，如 Cu-Fe、Cu-Co、Cu-Ni 催化剂，但是它们的催化活性有着很大的差别。经 Cu 改性之后，催化剂的活性大小顺序为 Cu-Fe＞Cu-Co＞Cu-Ni，Co 和 Ni 催化剂在添加了 Cu 之后活性急剧下降。然而，催化产物所呈现的变化规律却很不一样。Cu-Fe 催化剂催化反应后醇类产物的选择性稍有提高，但是 Cu-Co 和 Cu-Ni 催化剂催化反应后得到了大量的醇类产物，低碳醇选择性的大小顺序为 Cu-Ni＞Cu-Co＞Cu-Fe。对于长链醇类产物的选择性来说，Cu-Fe 和 Cu-Co 的选择性大大高于 Cu-Ni 催化剂。进一步研究发现，催化剂在还原过程中所形成的 $Cu\text{-}FeC_x$ 双金属活性中心也可以产生协同作用，从而促进产物的链增长过程。对于 Cu-Co 催化剂而言，Cu 活性位可以阻碍分子态 CO 的解离，促进了不同醇类产物的产生，而 Co 活性位加速 CO 的解离，促进碳链的增长。该类催化剂的最大优点是操作条件温和，反应温度约260～300℃，反应压力约5.0～6.0MPa，$C_{2+}$高级醇的选择性可达50%～70%，主要是直链脂肪醇，烃类的选择性为20%～30%，主要是甲烷。此类催化剂被认为是具有工业化前景的催化剂之一。

（4）钼基催化剂

合成气转化反应中常使用到Mo基催化剂，主要包括未经硫化的Mo基催化剂和$MoS_2$催化剂，前者主要是$Mo_2C$基催化剂。未经硫化的$Mo_2C$具有类似贵金属的性质，然而此类催化剂对低碳醇选择性偏低，即使通过助剂改性后醇类产物的合成也并没有得到很大的改善。直到1984年Dow公司和联合碳化公司共同开发了硫化钼基催化剂（$MoS_2$-K）并进入中试试验之后，改性的Mo基催化剂开始广泛受到催化剂研究者的关注。对Mo基催化剂进行碱性改性最大的好处就是降低烷基自由基的加氢能力，增加醇合成的活性位。

作为合成气制备低碳醇反应中最有可能工业化的催化剂之一，改性的$MoS_2$基催化剂有着如下的特点：①$MoS_2$催化剂具有很好的抗硫性，这大大降低了催化剂硫中毒的风险，同时降低了合成气脱硫的成本。②该体系催化剂对直链醇的合成更有利，尤其是低碳醇。③与其他催化剂相比，该体系催化剂不易积炭，即使原料中$H_2/CO$比例小于2，催化剂的寿命也更长。然而，$MoS_2$基催化剂在较高温度（250～350℃）和较高压力（5～10MPa）下才能进行有效的催化反应，需要进一步改善催化剂的活性和选择性才能实现工业化。

## 思考题

1. 甲醇合成的原料有哪些？温度和压力如何影响甲醇合成反应？
2. 将甲醇用作液体燃料，具体有哪些方面的应用？
3. 二甲醚作为民用液化燃料，有哪些优点？
4. 常用的二甲醚的合成工艺有哪些？具体步骤是什么？
5. 低碳醇作为车用燃料，有哪些优越性？
6. 常用的低碳醇的合成工艺有哪些？这些工艺的优缺点是什么？
7. 合成甲醇、二甲醚和低碳醇的催化剂组成分别是什么？它们有什么相似之处和区别？

## 参考文献


[1] 华经产业研究院，2020—2025年中国甲醇行业发展前景预测及投资战略研究报告［R］.

[2] 智研咨询集团，2020—2026年中国甲醇行业市场供需形势及销售渠道分析报告［R］.

[3] 谢克昌，房鼎业．甲醇工艺学［M］．北京：化学工业出版社，2010.

[4] 樊钰佳，吴素芳．二氧化碳加氢合成甲醇反应铜基催化剂研究进展［J］．化工进展，2016，35：159-166.

[5] 张玉龙，王欢，邓景发，等．制备方法对超细$Cu/ZnO/Al_2O_3$催化剂上$CO_2+H_2$合成甲醇的影响［J］．高等学校化学学报，1994，15：1547-1549.

[6] Behrens M. Coprecipitation：An excellent tool for the synthesis of supported metal catalysts- From the understanding of the well-known recipes to new materials［J］. Catalysis Today，2015，246：46-54.

[7] 郑华艳．定向同晶取代制备Cu/ZnO催化剂前驱体纯物相过程研究［D］．太原：太原理工大学，2015.

[8] Zhang F，Liu Y，Xu X，et al. Effect of Al-containing precursors on $Cu/ZnO/Al_2O_3$ catalyst for methanol production［J］. Fuel Processing Technology，2018，178：148-155.

[9] 张凡，冯波，段雪蕾，等．铝添加量对$Cu/ZnO/Al_2O_3$甲醇合成催化剂性能的影响［J］．燃料化学学报，2019，47（03）：77-82.

[10] 观研天下集团．2019年中国二甲醚市场分析报告——行业运营态势与发展前景预测［R］．

[11] 李忠，谢克昌．煤基醇醚燃料［M］．北京：化学工业出版社，2011．

[12] 田莎．合成气一步法制二甲醚催化剂的设计与改性研究［D］．北京：中国石油大学，2019．

[13] 王运风．合成气一步法制二甲醚新型催化剂的研究［D］．上海：华东理工大学，2016．

[14] 门秀杰，崔德春，于广欣，等．合成气制低碳醇技术在中国的研究进展及探讨［J］．现代化工，2013（12）：21-23．

[15] 胡伟．合成气制低碳醇 Cu-Fe 催化剂的制备及改性机制研究［D］．上海：华东理工大学，2017．

[16] Herman R G．Advances in catalytic synthesis and utilization of higher alcohols［J］．Catalysis Today，2000，55（3）：233-245．

# 第6章 天然气与可燃冰

## 6.1 概述

19世纪以来，人类文明的进步和经济社会发展，主要依赖煤炭、石油、天然气等化石能源。到目前为止，化石能源仍然是人类生存和发展的重要物质基础。化石能源的利用，尤其是煤炭和石油的使用，产生大量的二氧化碳、二氧化硫、氮化物、悬浮颗粒物及多种芳香烃化合物，是造成环境变化与大气污染的关键因素。相比而言，天然气的使用则产生相对少的温室气体（$CO_2$），是一种相对清洁的能源。天然气是煤和石油之后的第三大能源。在常规能源中，天然气是一种优质、清洁、成本低廉、分布广泛且开采比较方便的能源。天然气不需要加工即可直接作为燃料，供发电、供暖、炊事之用，降低了生产成本。

另外，伴随着人类对能源需求的不断增大，这些不可再生的化石能源正在逐渐走向枯竭，使得新能源的开发成为能源领域的重要战略议题之一。其中，储量巨大的可燃冰（天然气水合物）的发现，为人类的可持续发展提供了基础。世界化石能源相关情况见表6.1。

表6.1 世界化石能源相关情况

| 化石能源 | 可采储量 | 产量顶峰预测 | 维持时间 |
|---|---|---|---|
| 石油 | 3万亿桶 | 2030年 | |
| 煤炭 | 8475亿吨 | | 200年左右 |
| 天然气 | 177万亿立方米 | 年开采量2.3万亿立方米 | 80年 |

本章介绍天然气和可燃冰，主要包括开采和能源利用。

## 6.2 天然气

广义地讲，天然气是指自然界中天然存在的一切气体，即大气圈、水圈和岩石圈中各种自然过程形成的气体，包括通常人们所说的产生在油田、煤田、沼泽地带的天然气体，泥火山气和生物生成气等也属于天然气。然而，人们常使用的“天然气”的定义，是从能量角度出发的狭义定义，指天然蕴藏于地层中的烃类和非烃类气体的混合物。在石油地质学中，通常指油田气和气田气，其组成以烃类为主，并含有非烃气体。

人们日常所说的天然气通常指天然气田、油田伴生气和煤田伴生气。天然气还可以分为干气（或贫气）和湿气（或富气）两类。含有较多重于甲烷的烃类组分的天然气在用作燃料之前一般都要提取其中的重烃组分，这种气称为湿气或富气；反之，称为干气或贫气。天然气中甲烷以外的组分，在低温高压下液化得到的液态产物称为天然气液体，而包括甲烷在内的各种天然气在－160℃和相应的压力下液化处理后得到的产物称为液化天然气。

### 6.2.1 天然气的组成、分类与性质

天然气是天然可燃气体的统称，是由各种烃类组成的气体混合物，其中还含有少量非烃类组分。按化学组成（以体积分数计），绝大部分是甲烷（$CH_4$），其体积分数高达80%～90%或更高，少部分为乙烷（$C_2H_6$）和丙烷（$C_3H_8$），丁烷（$C_4H_{10}$）和戊烷（$C_5H_{12}$）含量不多，含量随烷烃碳原子数的增加而依次递减。另外，天然气中还含有少量硫化氢（$H_2S$）、二氧化碳（$CO_2$）、氮气（$N_2$）及水汽（$H_2O$），有时还含有微量氦（He）和氩（Ar）等稀有气体。天然气中各组分的含量和性质是气田开发、气井分析、地面集输、净化加工及综合利用的设计依据。因此，天然气的化学组成是天然气工程的重要原始数据。常见燃料热值数据见表6.2。

**表 6.2 常见燃料热值数据**

| | |
|---|---|
| 1大卡＝1000卡＝1000卡路里＝4184J＝4.186kJ；1MJ＝1000kJ | 重油 $Q$＝41003～50208kJ/kg＝41～50.2MJ/kg（燃烧热效率82%） |
| 标准煤 $Q$＝29270kJ/kg＝29.27MJ/kg | 煤油 $Q$＝43124kJ/kg＝43.1MJ/kg |
| 天然气 $Q$（热值）＝35590kJ/$m^3$＝35.6MJ/$m^3$（燃烧热效率92%） | 焦炭 $Q$＝28470kJ/kg＝28.4MJ/kg |
| 液化石油气 $Q$＝47472kJ/kg＝47.5MJ/kg | 煤焦煤气 $Q$＝17580kJ/$m^3$＝17.6MJ/$m^3$ |
| 汽油 $Q$＝43120kJ/kg＝43.2MJ/kg | 水煤气 $Q$＝11000kJ/$m^3$ |
| 柴油 $Q$＝42705kJ/kg＝42.7MJ/kg（燃烧热效率85%） | 电 $Q$＝3600kJ/(kW·h) |

注：$m^3$ 是在温度为0℃、压力为101325Pa时的体积。

1卡路里的定义为将1g水在1大气压下提升1℃时所需要的热量。

按存在的相态，天然气可分为游离态、溶解态、吸附态和固态水合物。游离态的天然气，经聚集形成天然气藏，才可开发利用。天然气有伴生气和非伴生气两种。其中伴生气与原油共生共存，可以同时被采出；非伴生气包括纯气田天然气和凝析气田天然气两种，在地层中都以气态形式存在。

依天然气蕴藏状态，又分为构造性天然气、水溶性天然气、煤矿天然气等三种。其中，构造性天然气又可分为伴随原油出产的湿性天然气、不含液体成分的干性天然气。

天然气是以烃为主体的混合气体，具有无色、无味、无毒之特性。天然气不溶于水，比空气轻，密度约0.7174kg/$m^3$。天然气每立方米燃烧热值为35.6MJ。天然气燃点650℃，爆炸极限为5%～15%。为确保安全，天然气在送到最终用户之前，通常用硫醇、四氢噻吩等来添加气味，以方便泄漏的识别与检测。

天然气热值换算表见表6.3。

表 6.3 天然气热值换算表

| 单位燃料 | 液化石油气（47.472MJ/kg） | 焦炉煤气（16.746MJ/$m^3$） | 90号汽油（43.124MJ/kg） | 原油（41.868MJ/kg） |
| --- | --- | --- | --- | --- |
| 天然气（35.588MJ/$m^3$） | 0.750(1/1.334) | 2.125(1/0.471) | 0.825(1/1.212) | 0.850(1/1.176) |
| 单位燃料 | 柴油（42.705MJ/kg） | 电力（3.6MJ） | 标煤（29.307MJ/kg） | 焦炭（28.470MJ/kg） |
| 天然气（35.588MJ/$m^3$） | 0.833(1/1.200) | 9.866(1/0.101) | 1.214(1/0.825) | 1.250(1/0.800) |

甲烷燃烧方程式：

$$CH_4+2O_2 \xlongequal{} CO_2+2H_2O\text{（完全燃烧）}$$

甲烷＋氧气⟶二氧化碳＋水蒸气

$$2CH_4+3O_2 \xlongequal{} 2CO+4H_2O\text{（不完全燃烧）}$$

甲烷＋氧气⟶一氧化碳＋水蒸气

$$CH_4+O_2 \xlongequal{} CH_2O+H_2O\text{（不完全燃烧）}$$

甲烷＋氧气⟶甲醛＋水蒸气

天然气经压缩、冷却至其凝固点温度后转变成的液体，称为液化天然气（liquefied natural gas，LNG），其主要成分为甲烷及少量的乙烷和丙烷。液化天然气无色、无味、无毒、无腐蚀性。常压下LNG的密度因组分不同而略有差异，约为430～470kg/$m^3$。

液化天然气的体积约为气态体积的1/625，是天然气储存方式之一。通常，液化天然气储存在－161.5℃、0.1MPa左右的低温储存罐内，用专用船或油罐车运输，使用时重新汽化。LNG储罐通常为双层金属罐，与LNG接触的内层材质为含9%Ni低温钢，外层材质为碳钢，中间绝热层为膨胀珍珠岩，罐底绝热层为泡沫玻璃。

**思考：安全相关**

天然气在送到最终用户之前，为助于泄漏检测，常用硫醇、四氢噻吩等来给天然气添加气味。试分析这样做的优缺点。

这些含硫化合物是否参与燃烧？请查阅资料了解这些含硫化合物的浓度大小，分析其排放对环境的负面影响。

### 6.2.2 天然气的开采、储量及利用

（1）天然气的开采

同原油一样，天然气也是埋藏在地下封闭地质构造中，有些与原油储藏在同一层位，有些则单独存在。单相气藏存在的天然气，其勘探方式与石油勘探相似，寻找油藏与油层试钻的技术基本上可用于勘探天然气，天然气勘探评价的内容和方法也基本与石油相同。

由于天然气密度小（仅为0.75～0.8kg/$m^3$）、黏度小、膨胀系数大，造成井筒气柱对井底的压力小，在地层和管道中的流动阻力也小，其弹性能量大，因此天然气开采时一般可以采用自喷方式。这与自喷采油方式基本一样，不过因为气井压力一般较高，且天然气属于易燃易爆气体，因此对采气井口装置的承压能力和密封性能的要求，比对采油要高得多。

与原油一样，天然气与底水或边水形成一个储藏体系。伴随天然气的开采，水体的弹性

能量会驱使水沿高渗透带窜入气藏。这样，由于岩石本身的亲水性和毛细管压力的作用，水的侵入不是有效地驱替气体，反而使气体封闭在缝洞空隙中不能顺利排出，形成死气区。这部分被圈闭在水侵带的高压气，数量可以高达岩石孔隙体积的30%～50%，从而大大地降低了最终采收率。气井产水后，气流入井底的渗流阻力会增加，气液两相沿油井向上的管流总能量消耗将显著增大。随着水侵影响的日益加剧，气井的自喷能力减弱，采气速度下降，产量迅速递减，直至井底严重积水而停产。针对气藏水患问题，可以通过排水或堵水两方面入手解决。堵水就是采用机械卡堵、化学封堵等方法将产气层和产水层分隔开或是在气藏内建立阻水屏障。排水就是排除井筒积水，目前办法较多，专业上叫排水采气法。

由天然气蕴藏特性所决定，其开采效率相对较高，开采成本也较低。例如，与烟煤和原油开采相比，天然气开采的劳动生产率比烟煤高54倍，比原油高5倍；天然气的生产成本比烟煤低97%。另外，天然气开采和运输的投资比原油低4%，比煤炭低70%。

天然气运输是化石能源运输的组成部分之一。主要形式是管道运输，随着天然气利用的大幅增多，我国天然气管道工业得到迅速发展。早期天然气管线多集中在天然气主要产地四川省，至1983年已建成贯通全省的输气管网，总长2200多千米，设有集配气站178座，年输量50亿～60亿立方米。2000年国务院批准启动“西气东输”工程，这是仅次于长江三峡工程的又一重大投资项目，是拉开“西部大开发”序幕的标志性建设工程。“西气东输”全线采用自动化控制，是我国距离最长、口径最大的输气管道。一线工程由新疆轮南至上海，东西横贯新疆、甘肃、宁夏、陕西、山西、河南、安徽、江苏、上海9个省市（自治区），全长4200千米。一线工程（简称西一线）于2002年7月正式开工，2004年10月1日全线建成投产，供气范围覆盖中原、华东、长江三角洲地区。二线工程（简称西二线）从霍尔果斯到广州、上海，途经十三个省市自治区，干线全长4859千米，加上若干条支线，管道总长度超过7000千米。三线工程（简称西三线）西起新疆霍尔果斯、终于福建福州，途经新疆、甘肃、宁夏、陕西、河南、湖北、湖南、江西、福建和广东等10个省区，包括1条干线、8条支线，配套建设3座储气库和1座液化天然气（LNG）站，其中干线全长达到5220千米。四线工程（简称西四线）（吐鲁番—中卫），全长约3340千米。2021年，西气东输管道系统已累计输送天然气超1000亿立方米，这是西气东输年输气量首次突破千亿立方米。至2023年8月，已完成“西气东输”的一线、二线、三线和四线的全部工程，对中国能源结构和产业结构调整，带动东部、中部、西部地区经济共同发展意义重大。

海外天然气输入的典型路径是：在输出国，将天然气通过管道输送至出口港口，在港口加工成液化天然气；通过专用的液化天然气输送船运至输入国的进口专用码头，经建设在港口附近的转化站转化为气态天然气，再通过管道分派至各用户。除此之外，中国石油与俄气公司的联合共建中俄东线天然气管道，俄罗斯境内管道全长约3000千米，中国境内段新建管道3371千米，利用已建管道1740千米。中俄东线天然气管道由布拉戈维申斯克进入中国黑龙江省黑河市，自2019年12月2日正式投产通气到2021年12月2日，进口天然气已突破130亿立方米。

（2）天然气的储量与分布

得益于勘探开发技术的进步，全球天然气探明储量不断增加。2019年中东天然气已探明储量占全球天然气已探明储量的38.04%；独联体天然气已探明储量占全球天然气已探明储量的32.29%；亚太地区天然气已探明储量占全球天然气已探明储量的8.88%；北美天然气已探明储量占全球天然气已探明储量的7.57%；非洲天然气已探明储量占全球天然气已探明储量的7.51%；中南美天然气已探明储量占全球天然气已探明储量的4.02%；欧洲天然气已探明储量占全球天然气已探明储量的1.69%。

中国天然气资源包括常规的天然气资源和非常规的煤层气资源，天然气主要分布在中国的中西盆地，非常规的煤层气资源主要富集于华北地区。据自然资源部发布的《中国矿产资源报告2022》，2021年中国天然气储量63392.67亿立方米，煤层气储量5440.62亿立方米，页岩气3659.68亿立方米。天然气资源主要分布于四川、陕西、新疆、内蒙古、重庆；页岩气主要分布于四川、重庆等地区。

(3) 天然气的开发利用历史

公元前数千年人类就开始利用地面表层的石油和天然气。早在公元前6000年，中东地区就发现了从地表渗出的极易燃烧的气体。崇拜火的古代波斯人因而有了“永不熄灭的火炬”。中国是世界上最早开采和利用天然气的国家，约公元前900年开始利用天然气。英国是欧洲最早使用天然气的国家，时间是公元1688年。

天然气是目前世界上产量增长最快的能源，已成为全球最主要的能源之一。2019年，世界天然气消费量为3.93万亿立方米，在一次能源消费中占比为24.2%，预计到21世纪中叶可能增加到40%。从全球范围来看，天然气已成为各国向绿色低碳发展转型的主要过渡能源，近年来天然气需求增长迅猛，工业和电力需求将成为主要驱动力。

中华人民共和国建立以来，天然气勘探与生产有了很大发展。特别是第八个五年计划(1991—1995)以来，中国探明的天然气储量快速增长，天然气进入高速发展时期。到2010年，天然气在能源需求总量中所占比重从1998年的2.1%增加到6%，到2022年进一步增至8.5%，预计到2030年将增加到15%。在天然气消费结构中，城市燃气和工业用气仍是天然气消费的大户，分别占全国消费量的37.2%和35.0%；化工用气增速有所回升，发电用气增速阶段性回落。

### 6.2.3 天然气的净化处理

(1) 天然气净化处理的必要性

从气井井口或从矿场采出的天然气，经脱水、脱砂、分离凝析油等工艺处理后，得到粗天然气或湿气。粗天然气中含有数量不同的烃类和非烃类气体，其中非烃类气体包含水蒸气、硫化物（如硫化氢）、二氧化碳、氮气和氦气等。这种天然气不适宜用户直接使用，需要依据气体组成进行进一步的净化分离加工处理，脱除硫化氢、水蒸气、凝析烃类等组分，再作为商品天然气输往用户。

管线输送的天然气，当输气管线周围介质温度过低时，天然气中的水蒸气会凝结成液体，甚至结冰或形成水合物，水含量高时会堵塞阀门或管线，造成严重后果。天然气中含有$CO_2$、$H_2S$等酸性气体时，水的存在会加重对管壁的腐蚀，减少管线的使用寿命。天然气用作化工原料时，这些酸性气还会使催化剂中毒，降低催化效果，甚至失去催化作用，进而影响产品质量。因此，粗天然气需要经过净化处理脱除水分和硫化物，以满足输送和使用要求。

富含硫化物的天然气，经过脱硫处理，可以获得副产品硫黄作为硫资源，用于生产硫酸、二硫化碳等一系列硫化物；脱硫后，天然气经过深冷分离，可得到液化天然气；若天然气富含稀有气体氦，可同时得到氦气；若天然气是富含 $C_2$ 以上烷烃的湿气，则可同时得到天然气凝析液，后者常采用精馏的方法，以回收乙烷、丙烷、丁烷，并且还有一部分凝析油。

工业上通常将－100℃以下的低温冷冻，称为深度冷冻，简称深冷。在天然气化工中，深冷分离技术用于分离回收湿性天然气中 $C_2$ 以上烃，得到天然气凝析液（NGL）。对富氮天然气而言，脱氮可以提高热值，而对富氦天然气，则可分离回收氦。

（2）天然气净化处理工艺

天然气净化处理的方法有物理分离法、化学分离法和物理化学法等，其基本工艺流程通常包括脱硫单元、脱水单元和凝析液分离单元。

① 天然气凝析液的分离。早期主要采用吸附法、常温油吸收法和低温油吸收法。现在广泛使用深冷法，采用以下两种工艺流程。

a. 冷凝法。利用高压天然气节流致冷效应，冷凝分离 $C_2$ 以上烃类，获得乙烷、丙烷、丁烷馏分和凝析油等产品。由于节流效应冷凝效率低，须用外加的辅助冷冻循环操作提高制冷效果。

b. 膨胀机法。膨胀机是利用压缩气体膨胀降压时向外输出机械功使气体温度降低的原理以获得能量的机械。高压天然气在透平膨胀机中降压膨胀做外功，可使温度急剧下降，达到所需低温。冷凝液经逐级精馏可得到乙烷、丙烷、丁烷馏分。该工艺过程是等熵过程，不但能提高烃的回收率，而且能做外功，可用来带动压缩机输送气体。

② 传统脱硫工艺（湿法脱硫）。依据溶液吸收和再生方法，湿法脱硫可分为化学吸收法、物理吸收法和氧化还原法三类。以醇胺类溶剂为吸收剂的化学吸收法简称醇胺法，它是目前天然气净化中应用最广泛的工艺之一。常用的醇胺类溶剂包括一乙醇胺（MEA）、二乙醇胺（DEA）、二异丙醇胺（DIPA）和甲基二乙醇胺（MDEA）等。其中，甲基二乙醇胺（MDEA）能很好地选择性地脱除硫化氢，而绝大部分的二氧化碳仍然保留在净化气中，因此大大降低了能耗。

以醇胺法为基础，发展了以混合溶剂为吸收剂的砜胺法。砜胺法的混合溶液由40%～45%的环丁砜、40%～45%的二异丙醇胺及10%～15%的水组成；后经进一步改进，进一步提升溶剂性能，获得了应用。该法在较高的酸气分压下，对酸气仍有较好的吸收能力，从而降低了溶剂的循环量。此外，该法还有良好的脱有机硫的能力和节能效果。

在众多的湿式氧化法中，由美国ARI公司开发的Lo-cat脱硫工艺是一种高效脱硫方法，可将天然气中的硫化氢直接转化成单质硫。目前该法在世界上已有160多套工业化运行装置，在络合铁湿式氧化法技术中市场的拥有率独占鳌头。该法优点是脱硫率高（达99.99%）、无空气污染、脱硫液无毒、适用范围广。该法的基本原理是：$H_2S$ 在碱性溶液中被铁离子氧化成单质硫，被还原的铁离子用空气再生，将二价铁离子转化为三价铁离子。由于铁离子在碱性溶液中不稳定，极易在溶液中沉淀析出。为了解决此问题，专门开发了两种螯合剂，一种螯合剂用来牢固地络合二价铁离子，以防止硫化亚铁的沉淀，另一种用来牢固地络合三价铁离子，以防止氧化铁沉淀。Lo-cat最初采用双塔流程，即将脱硫和再生分别在一个塔中进行，在此基础上进行创新，形成了单塔流程的

Lo-catⅡ脱硫工艺。Lo-catⅡ脱硫工艺利用溶液的密度差原理使其进行自动循环，完成 $H_2S$ 吸收、析硫、催化剂的再生，该过程集脱硫和再生于一个塔中，故也称其为单塔流程。

③ 新型脱硫技术。

a. 光催化技术。在常温下，将天然气进行光催化氧化处理脱除硫化物，是一种新型的天然气脱硫工艺，具有广阔的应用前景。在 $TiO_2$、ZnO、CdS、$WO_3$、$SnO_2$ 等催化剂中，$TiO_2$ 具有化学稳定性高、耐光腐蚀及对人体无毒等特点，光催化研究最为活跃。良好性能的纳米 $TiO_2$ 催化剂，具有较大的比表面积，其微粒有着独特的表面稳定性和热稳定性。然而 $TiO_2$ 的光谱范围较窄，只限于紫外线光部分，导致了其太阳能利用率低，在一定程度上限制了以纳米 $TiO_2$ 为主的光催化技术的大规模应用。研究表明通过掺杂改性，可以有效地扩大吸收光谱，并进一步提高比表面积，从而大大提高其太阳能利用率，提升其光催化性能，实现高效脱硫。

b. 微生物技术。该法主要是以 $Fe^{3+}$ 的氧化亚铁硫杆菌菌液作为脱硫液，通过氧化吸收的方法脱除混合气体中的 $H_2S$。其主要优点是原料价格低、工艺简单、条件温和、能耗低、绿色环保等，成为目前天然气脱硫工艺的一个研究热点。该技术工艺原理与 Lo-cat 法相似：菌液中的 $Fe^{3+}$ 氧化 $H_2S$ 形成单质硫，形成的 $Fe^{2+}$ 可再生转化为氧化活性高的 $Fe^{3+}$，实现循环脱除的 $H_2S$ 进一步转化为硫黄，产品绿色环保。

c. 膜分离技术。膜分离技术应用于天然气中 $H_2S$、$H_2O$ 和 $CO_2$ 的分离已被证明是一种经济有效的方法，其工艺过程简单、容易控制，且可以降低能耗，受到国内外的高度关注。膜分离的基本原理是根据气体中各组分透过膜的速率的差异，从而实现分离目的。影响膜分离过程的因素很多，其中膜及膜材料的性能、膜组件设计方式及运转参数条件最为关键。

### 6.2.4 天然气化工

天然气化工是以天然气为原料生产化工产品的工业，是化学工业分支之一。天然气在高温下进行的热裂解，主要生产乙炔和炭黑产品；天然气蒸汽转化或天然气部分氧化，可制得合成气；天然气经过氯化、硫化、硝化、氨化、氧化，可制得甲烷的各种衍生物。

世界上约有 50 个国家不同程度地发展了天然气化工，中国天然气化工始于 20 世纪 60 年代初，主要生产氮肥，其次是生产甲醇、甲醛、乙炔、二氯甲烷、四氯化碳、二硫化碳、硝基甲烷、氢氰酸和炭黑以及提取氦气。历经几十年的发展，中国的天然气一次化学加工产品总产量增加了 10 倍以上。

天然气转化及其产品见表 6.4。

**表 6.4 天然气转化及其产品**

| 转化方法 | 主要产品 | 规模 |
|---|---|---|
| 直接化学合成 | 乙炔、炭黑烯烃、芳烃甲醇 | 工业化 |
| 经合成气间接化学合成 | 氨、甲醇<br>其它煤化工产品 | 工业化 |

### 6.2.5 天然气作为能源的利用技术

天然气是一种重要的能源，广泛用作城市家庭和工业燃料，是各种替代燃料中最早使用的一种，它分为压缩天然气（CNG）和液化天然气（LNG）两种。由于天然气的产地往往不在工业或人口集中地区，因此必须解决运输和储存问题。

液化天然气（LNG）工业在中国正在迅猛发展成为一种新兴工业。液化天然气（LNG）技术除了用来解决运输和储存问题外，还可用于天然气使用时的调峰装置上。天然气的主要成分是甲烷，其临界温度为190.58K，在常温下无法仅靠加压将其液化。天然气的液化、储存技术已逐步成为一项重大的先进技术。

液化天然气与天然气比较有以下优点：①LNG密度是标准状况下甲烷的625倍，即$1m^3$的LNG可汽化成$625m^3$天然气，LNG技术为天然气贮存和运输提供了经济可行的方法。②安全性优于压缩天然气（CNG），因为压缩天然气的压力高，存在很多安全隐患。

（1）天然气能源的应用技术

① 燃烧天然气发电。天然气燃烧排出的高温气体使蒸汽轮旋转，构成了一个高效率的发电系统。在燃烧过程中温度越高，热效率就越高。例如，美国建设了许多燃烧天然气的发电机组，由于具有良好的环境效应，天然气发电被列为实施《美国洁净空气法》的重要措施之一。天然气发电也被列为我国能源结构调整中的发展方向之一。

天然气发电燃气轮机能迅速启动，机动性能好，因此可以在电网中广泛用于承受尖峰负荷和作为应急备用机组。此外，天然气发电还具有设备简单、占地面积少、建设时间短、造价低等优势，特别是在沿海城市大力发展天然气应用系统，能够得到高效率的能量综合应用。

② 天然气用于燃料电池。化学电源是能量以化学能形式储存于电池内部，消耗时转化成电能。电放尽以后，电池寿命便结束的为一次电池；需要再充电的为二次电池。燃料电池是通过电化学反应将燃料（如氢、甲醇、天然气等）自有的化学潜能转化成电能的发电装置。转换过程中，能量损失较少，都能得到高达40%或更高的发电效率。这种转换过程，有化学氧化剂存在，不伴随燃烧，无机械运动，因此排出的气体清洁，噪声和振动也很小。

③ 天然气汽车。与汽油车相比，使用天然气汽车的颗粒物排放几乎为零，$NO_2$、CO和HC的排放也显著降低，对改善空气质量有重要意义。天然气汽车的车种比较齐全，如公共汽车、卡车到轻型汽车，这也是它的特点。一些工业发达国家正在积极开发天然气汽车，天然气汽车发展的首要目标是公共汽车和出租车。据国际天然气汽车协会（International Association for Natural Gas Vehicles，IANGV）统计，2018年全球87个国家与地区的天然气汽车保有量已逾2616万辆，加气站保有量已逾3.1万座。我国继续蝉联这两个保有量的世界第一位。排名前10位国家的数据见表6.5。

**表6.5 世界天然气汽车保有量排名（2018年）**

| 国家 | 天然气汽车保有量/辆 | 加气站保有量/座 |
|---|---|---|
| 中国 | 6080000 | 8400 |
| 伊朗 | 4502000 | 2400 |

续表

| 国家 | 天然气汽车保有量/辆 | 加气站保有量/座 |
| --- | --- | --- |
| 印度 | 3090139 | 1424 |
| 巴基斯坦 | 3000000 | 3416 |
| 阿根廷 | 2185000 | 2014 |
| 巴西 | 1859300 | 1805 |
| 意大利 | 1004982 | 1219 |
| 乌兹别克斯坦 | 815000 | 651 |
| 哥伦比亚 | 571668 | 813 |
| 泰国 | 474486 | 502 |
| 合计 | 23582575 | 22644 |

由上述数据可知：

● 世界天然气汽车分布的集中度颇高，前10名的天然气汽车保有量占了全球保有量的90%，加气站约占全球保有量的73%。

● 发展中国家天然气汽车保有量的占比约为95%，前10名中仅有排名第7的意大利属于发达国家。

国际天然气联盟专家乐观估计，2030年全球天然气汽车有望发展到1亿辆，车用天然气需求将达到2000亿立方米。我国已初步建立了完整的天然气汽车产业发展的技术链和产业链，加气站设备、发动机和汽车配套零部件的国产化大幅降低了天然气汽车发展的投入，为规模化发展提供了良好支撑。未来天然气汽车需要开发性能更加优良的发动机，进一步大幅减少有害气体和温室气体的排放。

④ 天然气空调机。天然气空调机已进入国际性试验阶段。天然气空调机与常规含氯氟烃的空调机相比，成本低、运行费用少，不会排出破坏臭氧层的有害气体，不消耗电力。

天然气空调机是以锂溴溶剂为介质，当空气在天然气制冷装置内干燥后，直接与锂溴溶剂接触，然后再与干净的清水接触，可去掉霉菌、花粉和病毒等，从而就不会出现使用常规电空调机所带来的“空调综合征”；锂溴溶剂可循环使用，运行费用较低。

我国的空调机主要由电力驱动，耗电量随着空调机拥有量的不断增加，已占到夏季用电负荷的30%～40%，直接造成峰谷差加大，最大负荷增长的波动性进一步加大。发展以天然气为能源的空调，可以解决电力紧张、用电峰谷差增大、用气的季节不平衡性等问题，提高天然气输送管道的利用率，降低天然气输送成本。随着天然气价格和电力价格趋于合理化，天然气空调机将比电空调机更经济。

(2) 天然气燃烧新技术

① 富氧燃烧技术。富氧燃烧是利用空气分离获得氧气量大于21%的空气作燃烧时的氧化剂来助燃。在富氧燃烧条件下，火焰温度提高，燃点温度降低，燃烧速度加快，从而促进燃烧完全。富氧燃烧技术是当前燃烧节能、控制污染物排放的有效方法之一。

最常见富氧空气的制取方法有三种：膜法、深冷分离法和变压吸附法。膜法是利用空气中各组分透过高分子复合膜时渗透速率不同，在压力差驱动下，将空气中的氧气富集起来获得富氧空气的技术。适用范围：一般氧气浓度小于40%，富氧空气流速小于$6000m^3/h$。

深冷分离法是利用氧气和氮气临界温度的不同，在深冷冻条件下将空气冷凝，实现氧气和氮气分离，得到液态氧。该法适用于高氧浓度场合。

变压吸附法利用分子筛吸附剂对不同气体组分的吸附能力的差异，在变压下完成空气分离。该法适用的氧浓度范围为60%～93%。

② 催化燃烧技术。在催化剂作用下，燃料可以在较低的温度下实现完全燃烧，对降低燃烧温度、改善燃烧过程、抑制有毒有害物质的形成等方面具有积极的作用，已广泛地应用在工业生产与日常生活的诸多方面。催化燃烧成为目前国内外治理大气污染，同时充分利用能量的有效方法之一。

甲烷燃烧催化剂应满足以下几个方面的要求：

a. 高活性，尽可能使天然气在较低的温度下起燃，并且在高空速工作条件（$>105h^{-1}$）下，也能保证完全燃烧；

b. 高热稳定性，可满足在燃烧温度>100℃时长期使用；

c. 有良好的耐压、耐磨损等机械性能。近年来国内外甲烷燃烧催化剂的研究热点主要在两类：贵金属催化剂，包括 $Al_2O_3$ 负载 Pd 催化剂、有序介孔硅负载 Pd 催化剂、铈基固溶体负载 Pd 催化剂、过渡金属氧化物负载 Pd 催化剂和其他载体负载 Pd 催化剂，以及负载型 Pt、Au 和多组分贵金属催化剂；非贵金属氧化物催化剂，包括钙钛矿型氧化物、类钙钛矿型氧化物、尖晶石型氧化物、烧绿石型氧化物以及六铝酸盐等。

## 6.3 可燃冰

可燃冰，即天然气水合物（natural gas hydrate），是天然气与水在高压低温条件下形成的类冰状结晶物质，其外观像冰，遇火可以燃，因此被称为“可燃冰”（combustible ice）、“固体瓦斯”或“汽冰”，化学式为 $CH_4 \cdot nH_2O$。这种冰有自己独特的形成条件和储藏位置，或埋藏于陆上永久冻土层中，或潜于深达千米的海底。可燃冰燃烧后只会产生二氧化碳和水，不会留下固态残渣，是一种燃烧值高、清洁无污染的新型能源。由于全球分布广泛、储量巨大、能量密度高，因而成为油气工业界长期研究的热点，为未来主要替代能源，受到世界各国政府和科学界的密切关注。

可燃冰分布区

目前世界上已发现的海底天然气水合物主要分布区有大西洋海域的墨西哥湾、加勒比海、南美东部陆缘、非洲西部陆缘和美国东岸外的布莱克海台等，西太平洋海域的白令海、鄂霍茨克海、千岛海沟、日本海、四国海槽、日本南海海槽、冲绳海槽、南海、苏拉威西海和新西兰北部海域等，东太平洋海域的中美海槽、加州滨外、秘鲁海槽等，印度洋的阿曼海湾，南极的罗斯海和威德尔海，北极的巴伦支海和波弗特海，以及大陆内的黑海与里海等。全球的可燃冰98%分布在海洋的沉积物当中，2%分布在永久冻土带。

据统计，全世界海底天然气水合物中储存的甲烷总量约为$1.8\times10^{8}$亿立方米，约合11万亿吨，是当前已探明的所有化石燃料（包括煤、石油和天然气）中碳含量总和的2倍。

科学家的研究表明，仅在海底区域，可燃冰的分布面积就达4000万平方千米，占地球海洋总面积的1/4。2011年，世界上已发现的可燃冰分布区多达116处，其矿层之厚、规模之大，是常规天然气田无法相比的。科学家估计，海底可燃冰至少够人类使用1000年。可燃冰储量大，分布面积广，是人类未来不可多得的能源，是人类未来动力的希望。

### 6.3.1 可燃冰的发现

1934 年，美国人哈默·施密特（Hammer Schmidt）在被堵塞的输气管道中发现了可以燃烧的冰块，这是人类首次发现“甲烷气水合物”。1946 年，苏联学者斯特里诺夫认为：只要有合适的温度和压力，自然界必定会有天然气水合物的形成！不仅能够形成，而且还能够聚集成为“天然气水合物矿藏”。比如，处于极冷的地区或压力足够高的地下，就可能形成“天然气水合物矿藏”。1968年，苏联地质学家在一年四季都冷风刺骨的西伯利亚麦索雅哈发现了“天然气水合物矿藏”。1972年，美国人首次在阿拉斯加州胶结的永冻层中采到天然气水合物的样品。西伯利亚和阿拉斯加常年冻土，风雪严寒，自然具有形成“天然气水合物”的极冷条件。1981年以来，全球多地陆续发现了可燃冰的存在。

## 6.3.2 可燃冰的结构

可燃冰主要有三种结构类型：Ⅰ型、Ⅱ型和H型。Ⅰ型由甲烷、乙烷、二氧化碳、硫化氢等较小直径的气体分子和水分子结合而成；Ⅱ型由甲烷、乙烷等小分子，丙烷及异丁烷等较大分子和水分子结合而成；H型由气体组分中有异戊烷等较大气体分子和水分子结合而成（图6.1）。

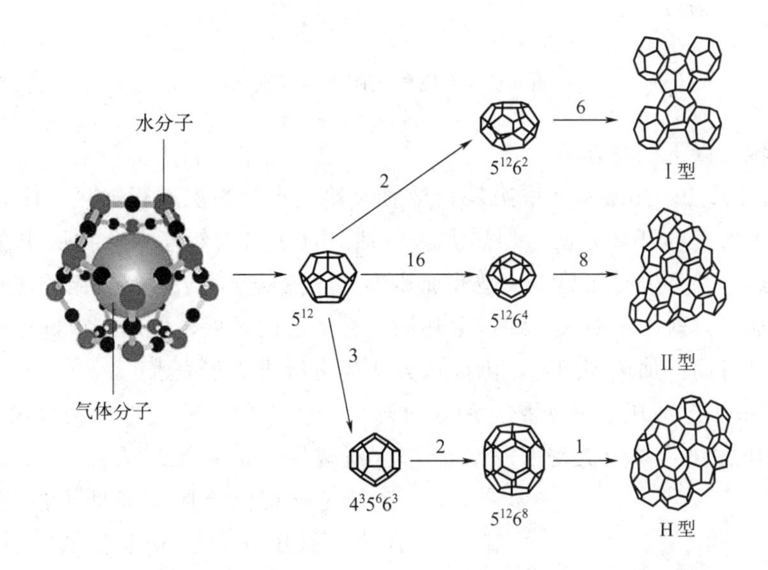


图6.1 Ⅰ型、Ⅱ型和H型可燃冰结构类型示意图

## 6.3.3 可燃冰的形成与开采

在自然界，Ⅰ型可燃冰最常见，Ⅱ型次之，H型较为罕见。我国南海北部的可燃冰以Ⅰ型为主，甲烷含量最高达99.5%。祁连山冻土区的可燃冰以Ⅱ型为主，甲烷含量为54%～76%，除甲烷外，还有乙烷、丙烷等其他烃类气体。

可燃冰的形成需要大量的烃类气体，这些烃类气体有的来自于微生物的分解，也有一些来自于深部油气田的热降解，当然也有两者混合形成的。相应可以分为三种类型，分别是微生物气型、热解气型、混合气型。

在海域发现的可燃冰绝大多数为微生物气型，我国南海北部海域发现的主要属于这种类型。在陆域发现的可燃冰以混合气型、热解气型为主，如我国祁连山冻土区发现的可燃冰。可以利用碳同位素的比例关系，来判断可燃冰的气体来源（图6.2）。

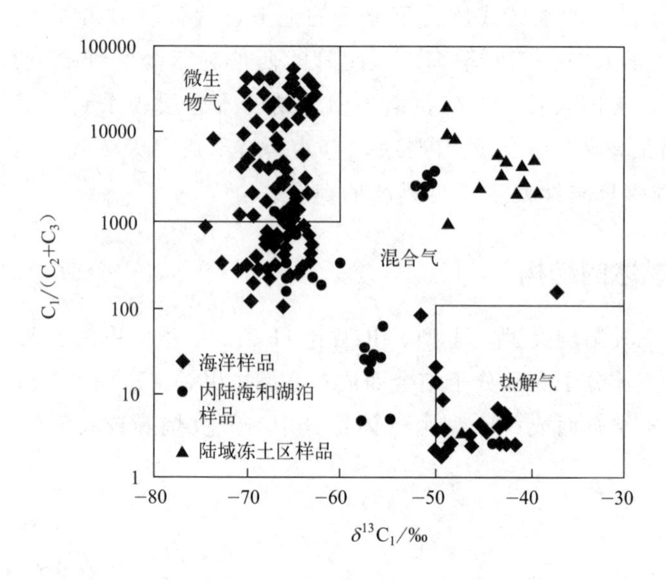


图 6.2 可燃冰气体来源判别图

传统开采包括以下三种方法：

① 热激发开采法。热激发开采法是直接对天然气水合物层进行加热，使天然气水合物层分解为水与天然气的开采方法。加热方法包括：直接向天然气水合物层中注入热流体加热、火驱法加热、井下电磁加热以及微波加热等。热激发开采法可实现循环注热，且作用方式较快。虽然加热方式的不断改进促进了热激发开采法的发展，但尚未很好地解决热利用效率较低、只能进行局部加热等问题，因此该方法尚有待进一步完善。

② 减压开采法。减压开采法是一种通过降低压力促使天然气水合物分解的开采方法。主要有两种减压方法：采用低密度泥浆钻井达到减压目的；泵出天然气水合物层下方的游离气或其他流体来降低天然气水合物层的压力。减压开采法成本较低，适合大面积开采，尤其适用于存在下伏游离气层的天然气水合物藏的开采，是天然气水合物传统开采方法中最有前景的一种技术。但减压开采法对天然气水合物藏的性质有特殊的要求，只有当天然气水合物藏位于温压平衡边界附近时，才具有经济可行性。减压开采示意图见图 6.3。

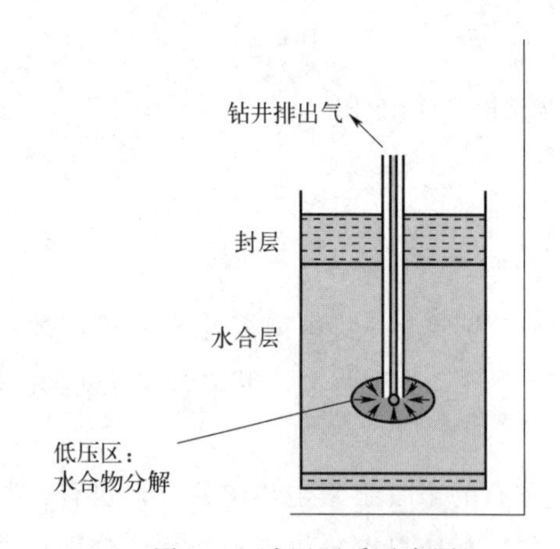


图 6.3 减压开采示意图

③ 化学试剂注入开采法。化学试剂注入开采法通过向天然气水合物层中注入盐水、甲醇、乙醇、乙二醇、丙三醇等化学试剂，破坏天然气水合物藏的相平衡条件，促使天然气水合物分解。这种方法所需的化学试剂费用昂贵，对天然气水合物层的作用缓慢，而且还会带来一些环境问题，所以研究相对较少。

新型开采包括以下两种方法：

① $CO_2$ 置换开采法。这种方法首先由日本研究者提出，其原理是在一定的温度条件和压力范围内，天然气水合物（图 6.4）会分解，而 $CO_2$ 水合物则易于形成并保持稳定。如果此时向天然气水合物藏内注入 $CO_2$ 气体，$CO_2$ 气体就可能与天然气水合物分解出的水生成 $CO_2$ 水合物。天然气/二氧化碳水合物平衡图见图 6.5。这种作用释放出的热量可使天然气水合物的分解反应得以持续地进行下去。

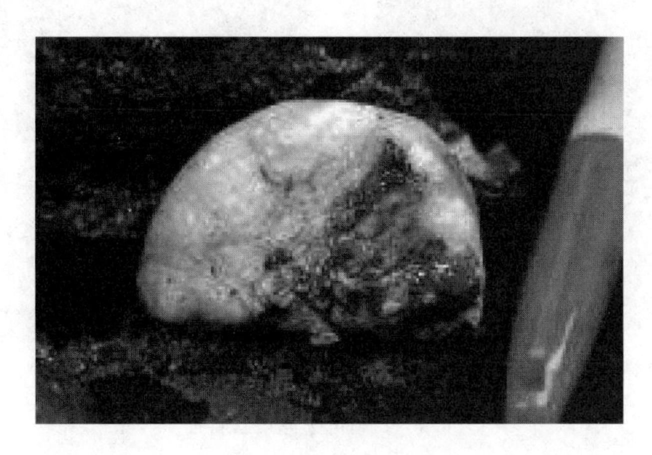

图 6.4 天然气水合物

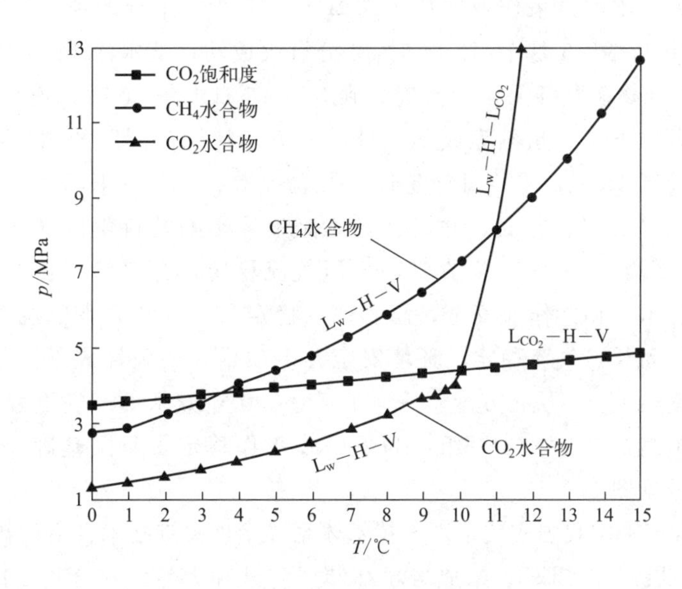


图 6.5 天然气/二氧化碳水合物平衡图

② 固体开采法。固体开采法最初是直接采集海底固态天然气水合物，将天然气水合物拖至浅水区进行控制性分解。这种方法进一步演化为混合开采法（或称矿泥浆开采法）。该方法的具体步骤是，首先促使天然气水合物在原地分解为气液混合相，采集混有气、液、固体水合物的混合泥浆，然后将这种混合泥浆导入海面作业船或生产平台进行处理，促使天然气水合物彻底分解，从而获取天然气。

### 6.3.4 中国可燃冰的发现与开采

2007 年起，在我国海域陆续发现了多种形态的可燃冰，2009 年我国祁连山冻土区发现的可燃冰则以裂隙充填型为主（图 6.6）。

我国南海北部海域钻获的可燃冰样品

我国祁连山冻土区钻获的可燃冰样品

图 6.6 我国可燃冰产状特征

2017 年 5 月 18 日，我国宣布试采可燃冰成功，成为全球首个海域可燃冰试采获得连续稳定气流的国家。本次试采作业区位于珠海市东南 320 千米的神狐海域。2017 年 3 月 28 日第一口试采井开钻，5 月 10 日 14 时 52 分点火成功，从水深 1266 米海底以下 203～277 米的天然气水合物矿藏开采出天然气。到 5 月 18 日上午 10 时，连续产气近 8 天，平均日产超过 1.6 万立方米，超额完成了“日产万方、持续一周”的预定目标。至 5 月 26 日，试采井连续产气 16 天，平均日产超过 1 万立方米。5 月 27 日开始，按照施工方案开展温度、压力变化对储层、井底、井筒、气体流量等影响的科学测试研究工作。连续产气超过 22 天后，平均日产 8350 立方米，气压气流稳定，井底状态良好。试采安全评估和环境监测结果显示，钻井作业安全，海底地层稳定，大气和海水甲烷含量无异常变化。取得了持续产气时间长、气流稳定、环境安全等多项重大突破性成果。截至 6 月 10 日下午，试采总产气量达到 21 万立方米，平均日产 6800 立方米。产气过程平稳，井底状况良好，获得了各项测试数据 264 万组，为下一步工作奠定了坚实基础。我国首次可燃冰试采平台蓝鲸 1 号见图 6.7。

据介绍，此次试采中我国实现了六大技术体系二十项关键技术自主创新。第一，防砂技术 3 项，包括“地层流体抽取”、未成岩超细储层防砂和天然气水合物二次生成预防技术。第二，储层改造技术 3 项，包括储层快速精细评价、产能动态评价等技术。第三，钻井和完井技术 3 项，包括窄密度窗口平衡钻井、井口稳定性增强和井中测试系统集成技术。第四，勘查技术 4 项，包括 4500 米级无人遥控潜水器探测、保压取样、海洋高分辨率地震探测和海洋可控源电磁探测技术。第五，测试与模拟实验技术 4 项，包括微观测试、开采现场测试、地球物理与地球化学参数模拟实验和开采模拟实验。第六，环境监测技术 3 项，包括多学科多手段环境评价、立体环境监测和井下原位实时测量。

图 6.7 我国首次可燃冰试采平台蓝鲸1号

**中共中央 国务院**
**对海域天然气水合物试采成功的贺电节选**
**(2017年5月18日)**

天然气水合物是资源量丰富的高效清洁能源，是未来全球能源发展的战略制高点。经过近20年不懈努力，我国取得了天然气水合物勘查开发理论、技术、工程、装备的自主创新，实现了历史性突破。这是在以习近平同志为核心的党中央领导下，落实新发展理念，实施创新驱动发展战略，发挥我国社会主义制度可以集中力量办大事的政治优势，在掌握深海进入、深海探测、深海开发等关键技术方面取得的重大成果，是中国人民勇攀世界科技高峰的又一标志性成就，对推动能源生产和消费革命具有重要而深远的影响。

基于中国可燃冰调查研究和技术储备的现状，预计我国在2030年左右有望实现可燃冰的商业化开采。科学家粗略估算，中国远景可燃冰资源量至少有350亿吨油当量。2017年11月3日，国务院正式批准将天然气水合物列为新矿种，成为中国第173个矿种。

1. 什么是天然气？天然气作为能源有哪些特点？
2. 可燃冰的化学组成是什么？
3. 天然气净化处理的目的是什么？
4. 什么是液化天然气？有何特点？制备液化天然气的目的是什么？
5. 如何计算液化天然气的热值？需要哪些数据？
6. 天然气可以转化为哪些二次能源？
7. 标况下$1m^3$天然气完全燃烧，需要消耗多少空气？所产生的热量用来加热1kg的水(25℃)，能使水的温度升高多少？
8. 依据相关的化学化工知识，设计一套天然气加热制水蒸气系统，目的是使蒸气的温度达到最高。

9. 某大型化工厂为提高能源利用效率，拟开发液化天然气制冷技术，试分析其可行性，并给出初步设计方案。

## 参考文献

[1] BP：Energy Outlook [R]. 2020 edition.
[2] 陈军，陶占良．能源化学 [M]. 2 版．北京：化学工业出版社，2014.
[3] 天然气深冷分离．中国大百科全书 [M]. 3 版．北京：中国大百科全书出版社，2021.
[4] 张昆，王娜，贾腾，等．天然气处理厂天然气净化工艺技术优化 [J]. 化学工程与装备，2017：102-103.
[5] 熊运涛，吴学东，郭庆生，等．天然气净化脱硫研究进展 [J]. 当代化工，2013：287-293.

# 第7章 石油

石油或称原油（petroleum 或 crude Oil）是一种从地下深处开采出来的可燃性黏稠状深褐色液体，被称为“工业的血液”。石油既是一种重要能源，又是优质化工原料，是关系国计民生的重要战略物资。在现代社会发展过程中，石油工业是我国国民经济的重要基础产业和支柱产业。上游的石油工程、中游的油气储运工程、下游的石油化工，构成了石油工业的整个生产链。

作为能源而言，石油需要经过多次加工与调和，才能得到石油基燃料油，包括汽油、柴油和特种燃料油产品。本章主要介绍这些产品的性质和应用特点。

**石油的发现**

早在公元一世纪，我国古代书籍中就有关于石油的记载。东汉史学家班固在其所著的《汉书·地理志》中就写道：“高奴有洧水可燃。”这里所说的可燃水就是石油。高奴地处当今延安和延长县一带，现仍是石油产地。这是目前我国发现的石油最早记录。

世界现代石油工业诞生于19世纪中叶。1853年，乔治·比尔斯邀请耶鲁大学的西利曼教授对石油的组成成分进行了分析，发现石油主要由碳和氢两种元素组成；德雷克于1858年在泰特斯维尔的油溪附近开始钻井采油，并于1859年8月28日找到了人们梦寐以求的石油。这是美国大规模商业开采石油的开始，一般也认为是人类大规模商业开采石油的开始，现代石油工业就此拉开了序幕。

我国关于官方石油开采的确切记载始于清末。清朝咸丰末年（1861年），一个叫邱区的人在台湾苗栗县发现石油，通过人力开采每天差不多能生产40千克石油。光绪三年（1877年）将台湾苗栗县出磺坑石油收归官办。光绪十三年（1887年）设立矿油局。光绪二十九年（1903年）台湾苗栗县钻探成功出磺坑第一号井。1907年勘定“延一井”，并获得了工业油流，成为中国第一口现代意义上的工业油井。

## 7.1 概述

石油主要是由远古海洋或湖泊中的生物在地下经过漫长的地球化学演化而形成的烃类和非烃类组成的复杂混合物。其沸点范围很宽，从常温到500℃以上，分子量的范围为数十至数千。

### 7.1.1 石油组成与性质

石油的化学元素组成：石油中元素主要以碳和氢为主，其中碳元素所占比例约为83%～

87%、氢元素所占比例约为11%～14%，此外石油中还含有其他元素成分，如硫（0.06%～0.8%）、氮（0.02%～1.7%）、氧（0.08%～1.82%）及微量金属元素（镍、钒、铁、锑等）。

石油的化合物组成：石油中由碳和氢形成的烃类化合物约占95%～99%，这是石油的主要成分。烃类按其结构分为烷烃、环烷烃、芳香烃和不饱和烃等几类。

石油的成分组成：石油的成分主要包括油质（主要成分）、胶质（一种黏性的半固体物质）、沥青质（暗褐色或黑色脆性固体物质）和碳质。胶质指的是原油中分子量较大（300～1000）并含有氧、氮、硫等元素的多环芳烃类化合物，呈半固态分散状溶解于原油中，含量一般在5%～20%之间。胶质易溶于石油醚、润滑油、汽油、氯仿等有机溶剂中。沥青质是一种高分子量（大于1000以上）并且具有多环结构的黑色固体物质，不溶于酒精和石油醚，易溶于苯、氯仿、二硫化碳等溶剂。石油中沥青质含量越高，石油质量越差，通常情况下石油中沥青质的含量较少，一般小于1%。

石油是本身具有特殊气味的、有色的可燃性油质液体。石油的性质主要包括物理性质和化学性质两个方面。物理性质包括颜色、密度、黏度、凝固点、溶解性、发热量、荧光性、旋光性等；化学性质包括化学组成、组分组成和杂质含量等。

**石油的几个重要物性**

密度：石油的相对密度一般在0.75～0.95之间，相对密度在0.9～1.0的称为重质石油，小于0.9的称为轻质石油。

黏度：石油的黏度变化较大，一般在1～100mPa·s之间，黏度大的石油俗称稠油，由于稠油的流动性较差，因此其开发难度较大。

凝固点：石油的凝固点大约在−50～35℃之间。凝固点的高低与石油中的组分含量有关。轻质组分含量高，凝固点低。重质组分含量高，尤其是石蜡，重质组分含量高，凝固点就高。

### 7.1.2 石油分类简介

按石油的相对密度将其分为四类，如表7.1所示。

**表7.1 按相对密度分类**

| 相对密度 | 小于0.830 | 0.830～0.904 | 0.904～0.966 | 大于0.966 |
|---|---|---|---|---|
| 工业分类 | 轻质石油 | 中质石油 | 重质石油 | 特重质石油 |

按含硫量之不同，可将石油分为三类，见表7.2。

**表7.2 按含硫量分类**

| 含硫量/% | 小于0.5 | 0.5～2.0 | 大于2.0 |
|---|---|---|---|
| 分类 | 低硫石油 | 含硫石油 | 高硫石油 |

按组成分为三类：石蜡基石油、中间基石油和环烷基石油。石蜡基石油含烷烃较多；环烷基石油含环烷烃、芳香烃较多；中间基石油介于二者之间。见表7.3。

**表7.3 按组成分类**

| 特性因素值 | 大于12.15 | 11.5～12.15 | 10.5～11.5 |
|---|---|---|---|
| 分类 | 石蜡基石油 | 中间基石油 | 环烷基石油 |
| 特点 | 含较多石蜡，凝固点高 | 含一定数量烷烃、环烷烃与芳香烃 | 含较多环烷烃，凝固点低 |

### 7.1.3 全球主要油田及原油储量

(1) 我国主要油田及储量(表7.4)

表7.4 我国主要油田及储量

| 名称 | 储量/产量 |
|---|---|
| 大庆油田 | 探明石油地质储量56.7亿吨。<br>2022年全年油气产量当量达到3438万吨,其中原油3000万吨、天然气超过55亿立方米。<br>20世纪大庆油田的开发建设甩掉了中国"贫油"的帽子 |
| 辽河油田 | 连续37年保持原油千万吨能力,2022年油气产量当量达1000.18万吨,其中生产原油933.17万吨、天然气8.41亿立方米 |
| 华北油田 | 探明石油地质储量11.28亿吨,天然气地质储量273.65亿立方米。<br>2022年生产原油443万吨、常规气3.5亿立方米,煤层气18.9亿立方米,油气产量当量达到622万吨,创三十年来新高 |
| 大港油田 | 探明石油地质储量20.56亿吨,天然气3800立方千米。<br>2022年生产原油401万吨,生产天然气6.3亿立方米 |
| 中原油田 | 探明石油地质储量4.55亿吨,天然气地质储量395.7亿立方米。<br>2022年1～11月生产原油116.49万吨,生产天然气60.083亿立方米 |
| 河南油田 | 探明石油地质储量1.7亿吨。<br>2022年生产原油114.5126万吨、天然气6897万立方米 |
| 新疆油田(以克拉玛依油田为主) | 探明石油地质储量86亿吨,天然气2.1万亿立方米。<br>2022年累计生产原油1442万吨、天然气38.4亿立方米,油气产量当量达到1748万吨。<br>其中的克拉玛依油田是新中国发现和开发建设的第一个大油田 |
| 塔里木油田 | 探明石油地质储量3.78亿吨。<br>2022年油气产量当量达到3310万吨,同比净增128万吨。其中生产石油736万吨、天然气323亿立方米 |
| 吐哈油田 | 累计探明石油地质储量2.08亿吨、天然气储量731亿立方米。<br>2022年生产原油139万吨,生产天然气3.01亿立方米 |
| 玉门油田 | 探明石油地质储量1.5亿吨。<br>2022年原油产量69万吨,天然气产量4000万立方米。<br>新中国第一口油井、第一个油田、第一个石化基地,被誉为中国石油工业的摇篮 |
| 长庆油田 | 探明石油地质储量85.88亿吨,天然气总资源量10.7万亿立方米。<br>2022年全年生产油气当量突破6500万吨,达到6501.55万吨 |
| 胜利油田 | 探明石油地质储量53.87亿吨,天然气2676.1亿立方米。<br>2022年生产油气当量达2386万吨,其中原油2340.25万吨、天然气8.03亿立方米 |
| 青海油田 | 探明地质储量46.5亿吨当量,其中石油资源量为21.5亿吨,天然气资源量25000亿立方米。<br>2022年生产油气产量当量713万吨,其中原油产量235万吨、天然气60亿立方米 |
| 四川油田(西南油气田) | 探明地质储量天然气资源量7.2万亿立方米。<br>2022年生产天然气376亿立方米,生产原油6.8万吨,油气当量正式突破3000万吨。<br>全国最大的天然气工业基地,中国首个天然气产量超百亿气区 |
| 江汉油田 | 探明石油地质储量34668万吨,天然气地质储量159.91亿立方米。<br>2022年生产原油115.7万吨、天然气73.37亿立方米,油气当量达到700.3万吨 |

(2) 国外主要油田及储量

① 加瓦尔油田:探明储量达107.4亿吨,年产量高达2.8亿吨。位于沙特阿拉伯东部,

为世界第一大油田。

② 大布尔干油田：探明储量 99.1 亿吨，年产 7000 万吨左右。

③ 博利瓦尔油田：探明储量 52 亿吨，年产达 13.6 万吨。

④ 萨法尼亚油田：探明储量 33.2 亿吨。

⑤ 鲁迈拉油田：探明储量 26 亿吨。

⑥ 基尔库克油田：探明储量 24.4 亿吨。

⑦ 罗马什金油田：储量达 24 亿吨，年产 1 亿吨左右。

⑧ 萨莫洛特尔油田：探明储量 20.6 亿吨，年产 1.4 亿吨左右。

⑨ 扎库姆油田：探明储量 15.9 亿吨。

拓展阅读：

**解放军石油第一师**

新中国成立初期，年轻的共和国就被冠以“贫油国”的帽子，当时偌大个中国只有玉门、延长、独山子等若干个小型油矿。当时全国从事石油行业的技术人员约有 700 人，其中掌握石油地质工作技术的人员只有 20 多人，钻井工程师也仅有 10 多人。在共和国百废待兴的时候，新中国的石油工业发展面临严峻的挑战，是石油工业专业技术人员的严重缺乏。在这关键时刻，中央军委和毛泽东主席发布命令，令中国人民解放军 19 军 57 师整体改编为石油工程第一师。至此，8000 名指战员投入石油工业主战场，揭开了我国石油工业发展的新篇章。

经改编后的石油工程第一师根据实际需要，将原 170 团更名为石油师第一团，后更名为石油师钻井教导团，转战陕北延安；原 171 团更名为石油师第二团，转战甘肃玉门并组建了玉门矿务局基建工程处；原 172 团更名为石油师第三团，转战兰州后更名为汽车运输团，后与兰州石油运输总站合并，组成酒泉运输处。从此，“一团钻、二团炼、三团开着汽车转”的形象比喻在石油师的官兵中开始流传开。石油师的历史性分工，为我国石油工业培养了无数优秀的石油工人，也正是这些优秀的石油前辈为我国石油工业的发展打下了坚实的基础。他们是我们祖国石油工业的先行者，是开路先锋，也是祖国石油工业的奠基人。

新中国的石油发展历程中，石油工程第一师就像一颗“星星之火”，点燃了祖国石油工业的希望和未来。石油工程第一师先后参加了玉门油田、新疆油田、大庆油田、四川油田、胜利油田、华北油田等一系列油气田的开发建设，他们为祖国的石油工业发展立下了不可磨灭的功勋。

**大庆油田的诞生**

早在 20 世纪初期，美国曾派调查团对我国东北和内蒙古地区调研并得出我国东北部绝大部分不可能有石油资源的结论，美国斯坦福大学地质学教授勃拉克韦尔德在其著作《中国和西伯利亚的石油资源》中也曾提及此类结论，日本在侵华期间也曾对该地区进行过勘探，最终徒劳无功。自那时起，我国就背上了“贫油国”的帽子，“陆相无油”和“中国贫油”的理论给我国石油工业发展带来了史无前例的压力。

新中国成立后的第一个五年计划结束时，石油工业是唯一没有完成计划的行业。但是我们的第一批地质专家和石油专家们“不信邪”，地质学家李四光基于石油地质构成理论模型提出了“中国必然有石油矿藏”的推断。根据相关理论，松辽石油勘探局先后钻出了“松基一井”“松基二井”和“松基三井”。松基一井的钻探过程未发现石油，松基二井的钻探过程发现只有少量的油气，在大同镇高台子隆起上钻出的松基三井成功发现丰富的石油资源。1956 年 9 月 26 日，松基三井提前完井试油成功，这为我国石油勘探由西向东进行战略转移计划坚定了决心和信心。此项成功不仅揭开了大庆油田的神秘面纱，而且还彻底甩掉了新中国的“贫油”帽子。

此后，大庆油田开展了轰动全国的石油勘探大会战。自 1960 年开始，有数万石油工作者参加了此次会战，并先后涌现出王进喜、马德仁、段兴枝、薛国邦、朱洪昌等极具代表性的劳动模范。仅用三年半的时间，石油工人们就勘探和开发了 860 多平方公里的特大油田，建成年产 500 万吨规模的原油生产线，原油累计生产 1166 万吨，占全国同期原油产能的 51.3%。大庆油田为我国的工业发展提供了强有力的能源保障，石油先辈的英雄事迹鼓舞了一代又一代的年轻人。

参考文献：
[1] 陈瑜．解放军石油第一师的诞生 [J]. 中国石油企业，2021，(06)，73.
[2] 王天阳．松基三井：大庆油田从这里走来 [J]. 奋斗，2021，(9)，62-63.

## 7.2 石油炼制与加工

**石油炼制的历史回顾**

19 世纪的石油炼制采用简单的蒸馏过程，将石油按沸点不同进行分离，形成不同成分的产品。沸点较高的煤油组分，点灯时使用安全，成为原油炼制的主要产品，而汽油和其它成分则往往被当作燃料烧掉。当时大量使用的是点灯用煤油，人们还没有认识到汽油的重要性。到 19 世纪中后期，使用汽油的内燃机成功发明，1886 年汽油机作为汽车动力运行成功，使得汽油的重要性与日俱增。

采用蒸馏法，仅能从原油中提炼出 20% 的汽油。1911 年美国标准石油公司采用威廉姆·伯顿和罗伯特·哈姆福瑞斯发明的热裂化工艺，将重质的瓦斯油加热裂化为轻质的汽油等馏分，从而整体提高了汽油收率，解决了汽油收率低的问题。1913 年热裂化工艺获得了美国专利授权之后，科研人员成功开发出催化裂化工艺，该工艺与热裂化工艺相比进一步提高了汽油收率，而且辛烷值更高。随后，石油炼制获得突飞猛进大发展，为人类社会发展做出了重要贡献。

如果将开采出来的石油作为燃料直接利用则存在效率低以及环境污染等问题，利用石油炼制和石油加工，将石油加工成各类石油产品和化工产品后再使用，不仅可以提高石油的利用效率，而且还能降低对环境的污染。

石油加工有两个分支：一是石油炼制工业体系，即石油（也称原油）经过炼制生产出各种燃料、润滑油、石蜡、沥青、焦炭等石油产品；二是石油化工工业体系，业内通常把以石油、天然气为基础的有机合成工业，即以石油和天然气为起始原料的有机化学工业，称为石油化学工业，简称石油化工。

石油炼制是指把开采出的石油炼制加工成各类油品所需的整个工艺过程。经过加工处理，可得到汽油、煤油、柴油、重质油等燃油产品，这些燃油产品是汽车、飞机、拖拉机、内燃机车、船舶等不可缺少的动力燃料。石油经过炼制加工同样可以获得馏分油，馏分油经热裂解、催化重整、蒸汽转化、部分氧化等加工手段可制成石油化工的基本原料，如乙炔、乙烯、丙烯、丁二烯、苯、二甲苯、合成气等。这些基础原料又可进一步加工成多种中间产品，如苯乙烯、丙烯腈、环氧乙烷、苯酚等。中间产品可生产出合成橡胶、合成树脂、合成纤维以及其他石油化工产品。

原油的一次加工：原油的初加工，即把原油蒸馏为几个不同沸点范围的馏分；其加工装置有常压蒸馏或常减压蒸馏之分。

原油的二次加工：原油的深加工，即将一次加工得到的馏分再加工成商品油；其加工方式为催化裂化、加氢裂化、延迟焦化、催化重整、减黏裂化等。

经过石油炼制的基本方法得到的只是成品油的馏分，还要通过精制和调和等程序，加入添加剂，改善其性能，以达到产品的指标要求，才能得到最后的成品油料，出厂供使用。

**石油炼制主要工艺简介**

① 蒸馏：利用气化和冷凝的原理，将石油分成沸点范围不同的多个组分，这一加工过程叫作石油的蒸馏，通常分为常压蒸馏和减压蒸馏。在常压下进行的蒸馏叫常压蒸馏，在减压下进行的蒸馏叫减压蒸馏，减压可降低碳氢化合物的沸点，以防重质组分在高温下裂解。

② 裂化：在一定条件下，将分子量较大、沸点较高的烃断裂为分子量较小、沸点较低的烃的过程。裂化通常分为热裂化和催化裂化，仅在热的作用下发生的裂化反应称为热裂化，在催化作用下进行的裂化叫作催化裂化。

③ 重整：用加热或催化的方法，使石油馏分中的烃类分子结构重新排列成新的分子结构的过程叫作重整。它分为热重整和催化重整。催化重整又因催化剂不同，分为铂重整、铂铼重整、多金属重整等。

④ 异构化：石油组分中的分子进行结构重排而其组成和分子量不发生变化的反应过程称为异构化，通常在催化剂作用下进行。异构化是提高汽油辛烷值、柴油降凝及润滑油提质的重要手段。

## 7.3 石油产品

已开发的石油产品有百余种，目前我国将石油产品分为燃料、润滑油、石油沥青、石油蜡、石油焦、溶剂及化工原料六大类，以上六类产品中与能源关系最为密切的当属燃料。燃料主要包括了汽油、柴油、喷气燃料（航空汽油或航空煤油）和燃料油等产品，主要作为发动机燃料、锅炉燃料和照明（发电）燃料等使用。

### 7.3.1 汽油

汽油是以石油作为原料，通过石油加工手段获得的具有挥发性、可燃性的烃类混合物。常温下汽油为无色至淡黄色的易流动液体，主要成分为 $C_5$～$C_{12}$ 脂肪烃和环烷烃，以及一定量芳香烃，馏程为30～220℃。汽油很难与水混溶，易挥发易燃，空气中含量为74～123g/m³时遇火爆炸。

汽油质量：主要的控制指标包括抗爆性、硫含量、蒸气压、烯烃含量、芳烃含量、苯含量、腐蚀性和馏程等。

拓展阅读

爆震现象：汽油发动机产生爆震的程度，很大程度上与燃料性质有关。如果汽油氧化形成的过氧化物过多，就很容易发生爆震现象。

抗爆机理：抗爆剂组分与活性物过氧化物反应，降低过氧化物浓度，从而将燃料燃烧的速度控制在正常范围内，使燃料平稳正常燃烧，避免爆震。

**辛烷值**（octane number）

抗爆性以辛烷值来表示，是指汽油在发动机中燃烧时抵抗爆震的能力，是汽油燃烧性能的主要关键指标。汽油的辛烷值越高，抗爆性就越好，发动机就可以用更高的压缩比。不同化学结构的烃类，具有不同的抗爆震能力。汽油含有多种碳氢化合物，其中正庚烷在高温和高压下较容易引发自燃，造成爆震现象，减低引擎效率，更可能导致汽缸壁过热甚至活塞损裂；而异辛烷（2,2,4-三甲基戊烷）不易爆震。

为此，人们将正庚烷的辛烷值定为0，异辛烷的辛烷值定为100。以异辛烷和正庚烷为标准燃料，调节组成比例，使标准燃料产生的爆震强度与汽油试样相同，此时标准燃料中异辛烷所占的体积分数就是试样的辛烷值。

汽油辛烷值的测定是按标准条件，在实验室标准单缸汽油机上用对比法进行的。依测定条件不同，辛烷值分为以下几种：

马达法辛烷值（MON）（GB/T 503—2016）：测定条件较苛刻，发动机转速为（900±9)r/min，进气温度（149±1.1)℃。它反映汽车在高速、重负荷条件下行驶的汽油抗爆性。

研究法辛烷值（RON）（GB/T 5487—2015）：测定条件温和，转速为（600±6)r/min，室温进气。这种辛烷值反映汽车在市区慢速行驶时的汽油抗爆性。对同一种汽油，其研究法辛烷值比马达法辛烷值高约0～15个单位，两者之间差值称敏感性或敏感度。

道路法辛烷值：也称行车辛烷值，用汽车进行实测或在全功率试验台上模拟汽车在公路上行驶的条件进行测定。道路辛烷值也可用马达法和研究法辛烷值按经验公式计算求得。马达法辛烷值和研究法辛烷值的平均值称作抗爆指数，它可以近似地表示道路辛烷值。

介电常数法辛烷值：根据汽油的介电常数法测定汽油的辛烷值，测量方法采用了分段回归对应校准，利用微差法直读辛烷值，该方法简单，快捷。

（1）汽油分类、牌号与标准

根据汽油的生产过程，可将汽油组分分为直馏汽油、热裂化汽油（焦化汽油）、催化裂化汽油、催化重整汽油、叠合汽油、加氢裂化汽油、烷基化汽油等。在产能方面，我国汽油生产能力逐年提升，据不完全统计，2015～2022年，我国每年汽油产量分别为12104万吨、12932万吨、13276万吨、13888万吨、14121万吨、13171万吨、15457万吨和17121万吨。

2012年之前，我国按汽油辛烷值的高低将汽油牌号分为89号、90号、92号、93号、95号、97号、98号等。为规范我国汽油发展，2012年1月起，我国将汽油牌号90号、93号、97号修改为89号、92号、95号。

依据现行车用汽油国家标准（GB 17930—2016），车用汽油（Ⅳ）按研究法辛烷值分为90号、93号和97号3个牌号；车用汽油（Ⅴ）、车用汽油（ⅥA）和车用汽油（ⅥB）按研究法辛烷值分为89号、92号、95号和98号4个牌号。

自 2019 年起，我国车用汽油使用国ⅥA 标准，烯烃含量指标限值从 24%降为 18%(体积分数)，苯含量指标限值从 1%降低为 0.8%(体积分数)。烯烃含量是车用汽油的环保指标之一，为进一步减少汽车污染物排放，国ⅥB 标准将烯烃含量指标限值从 18%降为 15%(体积分数)。

(2) 汽油添加剂

由于含铅汽油在使用过程中对环境造成严重破坏，绝大多数国家目前已经禁止使用含铅汽油。在世界经济高速发展的推动下，全球汽车数量逐年骤增。然而，随着世界范围内石油等非可再生资源储量的锐减，以及因温室气体排放带来的一系列气候极端化影响，绝大多数国家的相关环保法律法规变得更加苛刻，如何做到节能减排已成为汽油研究工作的关键。对此，相比于对汽车发动机进行系统改进这一解决措施，将不同类别的汽油添加剂添加到汽油中，进而提高汽油综合性能的方法受到了各国的广泛关注。该方法不仅操作简便，而且研究成本相对较低，目前该方法已成为世界各国提高汽油综合性能的重要方法之一。

**无铅汽油**

无铅汽油是指在炼制过程中没有添加四乙基铅作为抗爆震添加剂的汽油，英语略称 ULP(un－leaded petro)。无铅汽油含铅量在 0.013g/L 以下，来源于原油的微量的铅。

无铅汽油并非无害汽油。无铅汽油除了无铅，燃烧时仍可能排放气体、颗粒物和冷凝物三大物质，对人体健康的危害依然存在。

依据汽油添加剂不同的生产工艺将其分为化学类汽油添加剂、生物类汽油添加剂和物理类汽油添加剂三种，其中，化学类汽油添加剂是各类汽油添加剂产品中发现最早、现如今使用最为广泛的一种汽油添加剂。所谓的化学类汽油添加剂，是直接将某种化学物质添加到汽油中，并通过相关化学的方法进而达到某种特定目的的汽油添加剂，如现已得到广泛使用的防爆剂、清洁剂等。现阶段，在我国使用较为广泛的汽油添加剂主要有含有锰基团的有机化合物添加剂、醚类有机化合物添加剂和醇类有机化合物添加剂等。

① 含有锰基团的有机化合物添加剂。此类添加剂的抗爆原理类似于四乙基铅的原理，即在燃烧过程中，含有锰基团的有机化合物会逐渐生成具有活性的二氧化锰固体颗粒，与燃烧链中的过氧化物作用，从而使得过氧化物浓度不断降低，达到控制燃料燃烧速度的目的，使燃料平稳正常燃烧，从而避免爆震。

目前在我国广泛使用的此类汽油添加剂是甲基环戊二烯三羰基锰，其英文缩写为 MMT，MMT 具有提高汽油内辛烷值含量大小、抗爆性能良好、与汽油适应性能好、抗爆效率高等优点。而在美国，由于担心其会对人民生命健康、汽车排放控制体系造成不良影响，并未在全国范围内大量使用 MMT。

② 醚类有机化合物添加剂。醚类有机化合物添加剂不仅具有一定的防爆作用，而且还可以使汽油在使用过程中燃烧得更为彻底，从根本上降低 CO 等毒性气体的排放，因此此类添加剂现已得到广泛使用。研究发现，醚类有机化合物添加剂的防爆原理为：在汽油的燃烧过程中，醚类有机化合物不断地与汽油中的不饱和脂肪烃发生反应，生成一系列的环氧化合物，使得整个燃烧链中过氧化物浓度不断降低、火焰区域逐渐减少，以此降低汽油剧烈燃烧的发生频率。

目前世界各国广泛使用的醚类有机化合物汽油添加剂主要有甲基叔丁基醚（MTBE）和

乙基叔丁基醚（ETBE）两种。MTBE具有良好的稳定性、与汽油良好的相似相溶性，以及大幅度提高无铅汽油辛烷值等优点。汽油中添加MTBE后可有效提高汽油的燃烧程度，减少CO等气体排放。然而由于MTBE难于降解、污染环境、危害人体健康，因此科研学者一直在寻找其替代品。与MTBE相比，制备乙基叔丁基醚（BTBE）所需原料毒性相对较低，而且BTBE可有效降低汽油的挥发性，减少对环境的污染，在理论上可替代MTBE，但由于生产BTBE成本投资高，因此该产品未得到广泛使用。

③ 醇类有机化合物添加剂。醇类有机化合物添加剂主要指的是甲醇、乙醇等含氧的燃油添加剂，其抗爆原理与醚类有机化合物添加剂十分类似。此类添加剂的辛烷值较高，能够承受相对较高的压缩比工作条件，火焰波及速度相对较快，能够有效提高汽油的燃烧效率，具有良好的抗爆性，对环境污染程度低。鉴于乙醇与汽油之间具有良好相似相溶性，并且乙醇可通过可再生物质制备获得，因此，“乙醇汽油”已经广泛应用于我们日常生活中。

**甲醇汽油、乙醇汽油**

在各种可以替代汽油的物质中，甲醇和乙醇是最有希望的，它们可从天然气、煤或植物转化而来。将甲醇、乙醇和汽油以及添加剂以一定的比例混合而形成的一种汽车燃料，称之为甲醇汽油、乙醇汽油。

甲醇汽油以甲醇的含量作为燃料标记，按照甲醇的含量分为：低醇汽油（M3～M5）、中醇汽油（M15～M30）和高醇汽油（M85～M100），其中M后的数字表示甲醇汽油中甲醇的体积分数。现行车用甲醇汽油（M85）国标（GB/T 23799—2021）规定了甲醇体积分数为82%～86%，其它牌号M15、M30等有相关的地方或企业标准。

依据乙醇含量来区分，车用乙醇汽油有E10和E85两个牌号的国家标准［《车用乙醇汽油（E10）》(GB 18351—2017）和《车用乙醇汽油（E85)》(GB 35793—2018）现行］。乙醇汽油污染物排放少，对保护环境有利，在点燃式发动机中，它们的动力性能接近一般汽油。巴西是世界上最早使用乙醇含量为20%的乙醇汽油的国家，美国是世界上另一个燃料乙醇的消费大国，含10%的乙醇汽油（E10汽油）于1978年在内布拉斯加州大规模使用。

④ 其他类型化学类汽油添加剂。除了上述汽油添加剂之外，新开发的其它新型汽油添加剂通常具有抗爆性、清洁性、经济性等优点，因此这类产品普遍具有良好的发展前景。所谓的新型汽油添加剂，是指将多种有机化合物按适当比例进行复配，形成的一种复合型化学类汽油添加剂。但是，此类添加剂组分十分复杂，不同企业生产的此类产品，其质量有所不同，这使复合型化学类汽油添加剂的使用效果也会在一定程度上具有较大的差异。因此，一定要根据自己的实际需要，再结合我国的发展情况，选择适合自身的且具有较好改善效果的汽油添加剂使用。

### 7.3.2 柴油

与汽油一样，柴油属于轻质石油产品，也是复杂的烃类混合物；柴油的碳原子数约为10～22，为柴油机燃料。柴油分为轻柴油（沸点范围约180～370℃）和重柴油（沸点范围约350～410℃）两大类。

**柴油十六烷值**

柴油十六烷值用来表示柴油的发火性能。它的制定是用两种燃烧性能悬殊的烃类作为基准物：一种是十六烷，它的燃烧性能良好，把它的十六烷值定为100；另一种是α-甲基萘，因其燃烧性能差，而把它的十六烷值定为零。按不同体积混合这两种基准燃料，就可获得十六烷值从0～100的标准燃料，试验时将标准燃料与所试燃料分别放入专门的试验条件完全相同的单缸试验机中进行试验，比较两者的发火性能。若发火性能完全相同，这一标准燃料中所含十六烷的体积分数就是所试燃料的十六烷值。

高速柴油机，要求柴油在短时内完全燃烧，所以要用十六烷值高些的柴油。但十六烷值不是越高越好，当超过65时，燃料在燃烧室内裂化快，分离的炭来不及燃烧，会随着废气排走，造成燃料过多消耗。柴油的十六烷值对柴油机在不同气温下的启动性能有影响。十六烷值高的柴油在较低的进气温度下也容易燃烧，但对柴油机启动的影响，蒸发性比以十六烷值为代表的发火性更重要。柴油的十六烷值高，其蒸发性就差，因此评价柴油对柴油机启动性的影响，要将蒸发性与十六烷值结合在一起考虑。

柴油由柴油馏分与添加剂调配而成，柴油馏分可通过石油蒸馏、催化裂化、热裂化、加氢裂化、石油焦化等石油加工过程生产，此外也可通过页岩油加工和煤液化制取。

柴油最为重要的用途是作为柴油发动机的燃料，驱动大型运载设备如：货车、铲车、卡车、货轮、大型舰船等。与汽油相比，柴油的能量密度较高，消耗率相对较低，因此柴油具有低能耗特点，目前一些小型民用汽车甚至高性能汽车也改用柴油作为动力燃料。柴油的使用性能指标包括十六烷值、凝固点、黏度、硫含量、氧化性、酸度、残炭、灰分、闪点、密度等，其中最重要的指标是十六烷值、凝点和黏度，这三个指标决定了柴油的点燃性和流动性。

与汽油相比，柴油牌号的依据与汽油牌号依据不同，柴油牌号按柴油的低温流动性定义，凝固点可以直接反映出柴油的流动性，因此，不同牌号的柴油依据其凝点区分。此外，轻柴油和重柴油的牌号也有所不同，轻柴油有5＃、0＃、－10＃、－20＃、－35＃、－50＃六个牌号，重柴油有10＃、20＃、30＃三个牌号。在这里需要说明的是，柴油的凝点与柴油的工作温度有直接关系，因此，柴油的牌号直接体现出柴油能够正常使用的理论最低温度极限。

综上所述，在选用柴油时，一定要依据使用时的温度。通常情况下，车用柴油主要有5个牌号，使用温度在4℃以上时选用0＃柴油；温度在－5～4℃时选用－10＃柴油；温度在－14～－5℃时选用－20＃柴油；温度在－29～－14℃时选用－35＃柴油。选用柴油的牌号如果高于柴油使用温度，发动机中的燃油系统就可能结蜡，堵塞油路，影响发动机的正常工作。

**生物柴油**

生物柴油是指植物油（如菜籽油、大豆油、花生油、玉米油、棉籽油等）、动物油（如鱼油、猪油、牛油、羊油等）、废弃油脂或微生物油脂与甲醇或乙醇经酯交换而形成的脂肪酸甲酯或乙酯。

与石油基柴油相比，生物柴油是典型的“绿色能源”，具有燃料性能好、发动机启动性能好的特点。研究证实，生物柴油比石化柴油燃烧得更充分，排放碳氢化合物减少55％～60％，颗粒物减少20％～50％，CO减少45％以上，多环芳烃减少75％～85％。

生物柴油燃料具有原料来源广泛、可再生等特性，对经济可持续发展、推进能源替代、减轻环境压力、控制城市大气污染具有重要的战略意义。

### 7.3.3 航空燃油

航空燃油指的是一类专门为飞行器设立的燃油品种，航空燃油分为两大类：航空汽油(aviation gasoline，avgas)，用于往复式发动机（活塞式发动机）飞机上；航空煤油（jet fuel)，又称为喷气燃料，一般在燃气涡轮发动机和冲压发动机上使用。

近几十年来，喷气发动机在航空领域得到越来越广泛的应用。截至目前，常用的航空煤油主要有两个系列，一类是JET系列，一类是JP系列。JET系列航空煤油又可分为两大类产品，一种是以煤油为基础，根据国际标准生产的JET A-1煤油，此类航空煤油最为常用，美国另有一种JET A-1型号的煤油，简称JET A，美国产的JET A型航空煤油的性质与按国际标准生产的JET A-1型航空煤油的性质类似，但其凝固点为－40℃，比JET A-1型航空煤油的凝固点（－47℃）高；另一种是以石脑油与煤油混合制成的民用航空煤油JET B，JET B的诞生主要是为了保证航空器在极端寒冷环境下，发动机能够正常工作而开发的一类产品，但由于JET B的自身重量较轻，使用时危险系数较高，需严格地按照安全操作规程使用，因此，只有在气候条件极度寒冷且有绝对需求时才会被使用。JP系列航空煤油产品主要针对军用设计，但部分该系列的产品性能与民用航空煤油产品性能几乎相同，只是部分添加剂的种类和添加量有所不同。

航空煤油添加剂在一定程度上能够改善航空煤油的关键性能，使其成为优质航空燃料。以JET系列航空煤油为例，常用于此类航空煤油的添加剂主要包括四乙基铅、抗氧化剂、金属钝化剂、防冰剂、抗静电剂、抗摩擦剂、安定性添加剂等。在航空煤油中添加四乙基铅可以提高煤油的闪点，添加抗氧化剂可以防止生胶，添加抗静电剂可以降低煤油在使用过程中产生静电的概率并防止因静电引起的安全事故，添加腐蚀抑制剂可以减少煤油对航空器油路机件的腐蚀，延长油路机件的使用寿命等。添加剂的使用对提高航空煤油的性能指标尤为关键，尤其是生产更加高效环保的添加剂成为亟待解决的问题。

### 7.3.4 燃料油

燃料油为家用和工业燃烧器商用所使用的液体燃料，广泛用于船舶锅炉燃料、加热炉燃料、冶金燃料和其他工业燃料。我国燃料油消费主要集中在发电、交通运输、冶金、化工、轻工等行业。一般是以直馏渣油或裂化渣油和二次加工轻柴油调和而成，其特点是黏度大，含非烃化合物、胶质、沥青质多。

燃料油作为炼油工艺过程中的最后一种产品，产品质量控制有着较强的特殊性，最终燃料油产品形成受到原油品种及加工工艺等因素的影响。根据不同的产品属性、加工工艺和用途等，燃料油可以分类如下：

① 根据是否形成商品，燃料油可以分为商品燃料油和自用燃料油。作为商品的燃料油，一般具有一定指标规格，具体指标不同炼厂有所差异。自用燃料油指用于炼厂生产而未出厂形成商品的燃料油。

② 根据加工工艺流程，分为常压重油、减压重油、催化重油和混合重油等，都属于燃料油。常压重油指炼厂催化、裂化装置分馏出的重油（俗称油浆）；混合重油一般指减压重油和催化重油的混合物，包括渣油、催化油浆和部分沥青的混合物。

③ 根据用途，燃料油分为船用内燃机燃料油和炉用燃料油两大类。

船用内燃机燃料油主要使用性能要求：燃料喷油雾化良好，以便燃烧完全，降低耗油量，减少积炭和发动机的磨损。为此要求燃料油具有一定的黏度，以保证在预热温度下能达到高压油泵和喷油嘴所需要的黏度。

炉用燃料油主要作为各种大中型锅炉和工业用炉的燃料油。各种工业炉燃料系统的工作过程大体相同，即抽油泵把重油从储油罐中抽出，经粗、细分离器除去机械杂质，再经预热器预热到70～120℃，预热后的重油黏度降低，再经过调节阀在8～20个大气压下，由喷油嘴喷入炉膛，雾状的重油与空气混合后燃烧，燃烧废气通过烟囱排入大气。

我国国产燃料油有如下几类：200号重油、250号重油、180号燃料油、120号燃料油、7号燃料油、工业燃料油、催化油浆、蜡油、混合重油、沥青等。进口燃料油有如下几类：复炼乳化油、奥里乳化油、180号低硫燃料油、380号低硫燃料油、180号高硫燃料油等。

### 7.3.5 煤油

煤油（kerosene），又称火油、火水，是一种通过对石油进行分馏后获得的碳氢化合物的混合物，煤油主要包括碳原子数为11～17的高沸点烃类。煤油主要由饱和烃类、不饱和烃和芳香烃组成，不同品种的煤油组成有所差异，一般含有烷烃28%～48%，芳烃8%～50%，不饱和烃1%～6%，环烃17%～44%。此外，煤油中还有少量的杂质，如硫化物（硫醇）、胶质等。其中硫含量0.04%～0.10%。

煤油纯品为无色透明液体，含有杂质时呈淡黄色，略具臭味。煤油易溶于醇和其他有机溶剂，可与石油系溶剂混溶。在水中的溶解度非常小，含有芳香烃的煤油在水中的溶解度比脂肪烃煤油要大。煤油能溶解无水乙醇，与醇的混合物在低温有水存在时会分层。

煤油平均分子量在200～250之间，沸程范围180～310℃。煤油熔点－40℃以上，运动黏度40℃时为1.0～2.0$mm^2/s$。煤油具有一定挥发性，挥发后与空气混合形成可爆炸的混合气。

煤油燃烧相对充分，亮度足，火焰稳定，不冒黑烟，不结灯花，无明显异味，对环境污染小。因此，煤油主要用作点灯照明和各种喷灯、汽灯、气化炉和煤油炉的燃料。除此之外，煤油也可用作机械零部件的洗涤剂，橡胶和制药工业的溶剂，油墨稀释剂，有机化工的裂解原料；玻璃陶瓷工业、铝板辗轧、金属工件表面化学热处理等工艺用油；有的煤油还用来制作温度计。

根据用途可分为动力煤油、照明煤油等。不同用途的煤油，其化学成分不同。同一种煤油因制取方法和产地不同，其理化性质也有差异。各种煤油的质量依次降低：动力煤油、溶剂煤油、灯用煤油、燃料煤油、洗涤煤油。

## 思考题

1. 什么是石油？石油的组成如何？石油的基本理化性质如何？石油如何分类？
2. 我国领土范围内，石油分布情况如何？世界范围内，石油分布情况如何？
3. 什么是石油炼制？通过石油加工方法可以获得何种产品？
4. 什么是汽油？汽油的来源有哪些？汽油性质如何？汽油有哪些用途？
5. 什么是辛烷值？辛烷值有何用途？如何提高汽油产品的辛烷值？

6. 汽油的牌号是依据什么定义的？汽油的牌号有哪些？目前我国使用的汽油牌号有哪些？汽油牌号有何作用？

7. 汽油添加剂的种类有哪些？常用汽油添加剂有哪些？分别有什么功能？

8. 什么是柴油？其性质如何？柴油有哪些用途？

9. 什么是十六烷值？十六烷值有何用途？

10. 柴油的牌号是依据什么定义的？柴油的牌号有哪些？柴油的牌号有何作用？

11. 什么是航空燃油？航空燃油分类如何？各类航空燃油分别有什么用途？

12. 现阶段航空煤油有何类别？各类航空煤油有何用途？航空煤油使用何种添加剂？相关添加剂的功能如何？

13. 什么是燃料油？其来源如何？有何用途？燃料油的基本理化性质有何特点？

14. 什么是煤油？其来源如何？有何用途？

15. 石油和煤炭都是重要的碳基能源，试比较两者的异同点？

16. 结合“双碳”目标，谈谈你对未来石油炼制发展的展望。

## 参考文献


[1] 黄昌武 . 2020 年中国石油十大科技进展 [J]. 石油勘探与开发，2021，48 (02)：434-435.

[2] 孔令瑞 . 石油化工废水处理技术研究进展 [J]. 化工设计通讯，2019，45 (07)：116，118.

[3] 崔新悦，李伟锋 . 石油化工废水处理技术研究进展 [J]. 化工管理，2021 (03)：115-116.

[4] 李剑 . 石油化工过程安全技术的研究进展 [J]. 化工管理，2020 (35)：74-75.

[5] 潘智慧，孙继宝，孙明辉 . 石油化工过程安全技术的研究进展 [J]. 化工管理，2021 (09)：117-118.

[6] 徐晓晓 . 石油化工过程安全技术的研究进展浅述 [J]. 中国化工贸易，2020，12 (28)：96-97.

[7] 韩龙喜，王晨芳，蒋安祺 . 突发事件泄漏石油类污染物在水环境中迁移转化研究进展 [J]. 水资源保护，2021，37 (1)：110-117.

[8] 路保平 . 中国石化石油工程技术新进展与发展建议 [J]. 石油钻探技术，2021，49 (1)：1-10.

[9] 赵邦六，董世泰，曾忠，等 . 中国石油“十三五”物探技术进展及“十四五”发展方向思考 [J]. 中国石油勘探，2021，26 (1)：108-120.

[10] 李鹭光，何海清，范土芝，等 . 中国石油油气勘探进展与上游业务发展战略 [J]. 中国石油勘探，2020，25 (1)：1-10.

[11] 郭启纯 . FCC 汽油加氢脱硫工艺技术研究进展 [J]. 化工设计通讯，2020，46 (07)：61-62.

[12] 贺晓磊，张文慧 . 车用汽油含氧高辛烷添加剂现状及研究进展 [J]. 化工管理，2019 (30)：41.

[13] 王慧，张睿，刘海燕，等 . 催化裂化汽油脱硫精制技术研究进展 [J]. 化工进展，2020，39 (06)：2354-2362.

[14] 廖依山 . 甲醇汽油作为替代能源在我国的发展优势及前景展望 [J]. 中国石油和化工标准与质量，2019，39 (03)：101-102.

[15] 曹丽娜 . 解读我国汽柴油新标准制定的发展趋势 [J]. 化工管理，2019 (27)：10-11.

[16] 吕玲玲，胡京南，何立强，等 . 汽油车技术发展对尾气排放影响研究进展 [J]. 环境科学研究，2021，34 (02)：286-293.

[17] 周敏 . 汽油车尾气后处理系统的技术发展与未来 [J]. 汽车实用技术，2020，45 (21)：253-256.

[18] 段鹤峰 . 汽油调和技术发展现状 [J]. 经营者，2019，33 (8)：150.

[19] 易天立，刘宗俨 . 汽油高辛烷值组分合成工艺及催化剂研究进展 [J]. 精细石油化工进展，2020，21 (2)：42-45，53.

[20] 陈先银 . 汽油添加剂的现状和发展趋势探析 [J]. 低碳世界，2016 (27)：276-277.

[21] 王春刚 . 浅谈航空汽油产业未来发展趋势 [J]. 中国化工贸易，2019，11 (32)：8.

[22] 童飞 . 浅析我国车用乙醇汽油的发展意义 [J]. 中国化工贸易，2019，11 (21)：4.

[23] 孙元宝，邱贞慧，刘智恒 . 乙醇汽油的发展与应用研究 [J]. 山东化工，2016，45 (7)：61-63，65.

[24] 张猛. 乙醇汽油行业发展趋势及前景 [J]. 科学与财富, 2020 (19): 281.
[25] 盛哲, 李庆林, 张傲, 等. 中国汽柴油生产、市场及发展 [J]. 化工科技, 2020, 28 (4): 81-86.
[26] 梁宇, 王紫东, 马守涛. 催化裂化柴油加氢裂化技术研究进展 [J]. 炼油与化工, 2019, 30 (6): 1-3.
[27] 周鹏. 分析柴油超深度加氢脱硫技术的研究进展 [J]. 中国化工贸易, 2019, 11 (17): 78.
[28] 张雁玲, 孟凡飞, 王家兴, 等. 国内外生物柴油发展现状 [J]. 现代化工, 2019, 39 (10): 9-14.
[29] 曾凡娇, 刘文福. 生物柴油的研究与应用现状及发展建议 [J]. 绿色科技, 2021, 23 (04): 182-184.
[30] 郭艳东. 生物柴油生产技术的发展现状及前景 [J]. 当代化工研究, 2016 (12): 80-81.
[31] 危红媛, 周华, 颜燕, 等. 我国重型柴油车排放标准的发展历程 [J]. 小型内燃机与车辆技术, 2020, 49 (06): 79-87.
[32] 王金兰. 低硫重质船用燃料油生产方案研究 [J]. 炼油技术与工程, 2021, 51 (2): 10-13.
[33] 胡玉. 燃料油品添加剂的应用现状及发展建议 [J]. 化工管理, 2017 (16): 93.
[34] 刘志军. 燃料油品添加剂的应用现状及发展建议 [J]. 化工管理, 2018 (3): 174.
[35] 田广武, 吴晶晶. 提高中国低硫重质船舶燃料油供应水平的机遇与建议 [J]. 国际石油经济, 2019, 27 (8): 77-80.
[36] 郎岩松, 刘初春, 秦志刚. 中国燃料油市场格局变化及发展建议 [J]. 国际石油经济, 2017, 25 (8): 88-93.
[37] 朱洪印. 中国石化船用燃料油业务发展规划研究 [D]. 北京: 北京化工大学, 2013.
[38] 张静, 段永亮, 王慧琴. 航空煤油添加剂发展概述 [J]. 合成材料老化与应用, 2020, 49 (5): 157-160.
[39] 王慧琴, 段永亮, 张静, 等. 航空煤油生产技术发展现状 [J]. 合成材料老化与应用, 2021, 50 (1): 128-132.
[40] 卢嫦凤. 煤油共炼的研究进展 [J]. 河南化工, 2020, 37 (8): 15-17.
[41] 刘强, 邱敬贤, 彭芬, 等. 生物航空煤油的研究进展 [J]. 再生资源与循环经济, 2018, 11 (5): 20-23.
[42] 秦曼曼, 孙仁金, 李喆, 等. 生物航空煤油发展问题及对策研究 [J]. 现代化工, 2019, 39 (11): 1-4.
[43] 王皓, 宋爱萍, 闫杰. 我国航空煤油市场发展态势及生产企业应对策略 [J]. 石油规划设计, 2017, 28 (6): 1-3.

# 新能源篇

新能源篇由太阳能、生物质能和氢能组成。其中，第8章介绍太阳能，在介绍基本概念基础上，重点讨论了太阳能电池和光催化技术；第9章较为全面地论述了生物质能；第10章概述了氢能，重点对氢能利用、制取和储存等进行了总结；第11章围绕氢能的利用，对燃料电池的原理和应用进行概要介绍。

# 第8章 太阳能

人类对于太阳能的利用有着悠久的历史。太阳能既是一次能源，又可通过不同的利用方式作为可再生能源被人类利用，如：太阳能发电、太阳能分解水制氢、太阳能加热、太阳能海水淡化等。此外，地球上的风能、水能、海洋能和生物质能也都是来源于太阳的作用，即使是地球上的化石燃料（如煤、石油、天然气等）从本质上来说也是远古以来贮存下来的太阳能源，所以广义的太阳能所包括的范围非常大，狭义的太阳能则限于太阳辐射能的光热、光电和光化学的直接转换。因此太阳能在各个国家和地区都被当地政府大力发展，在全球的能源供应中扮演极为重要的角色。

## 8.1 概述

### 8.1.1 太阳及太阳辐射

（1）太阳

太阳是位于太阳系中心的恒星，目前太阳大约45.7亿岁。太阳作为太阳系的中心天体，是热等离子体与磁场交织着的一个理想的气态球体，其直径大约是$1.392\times10^{6}$千米，相当于地球直径（$1.274\times10^{4}$千米）的$1.09\times10^{2}$倍；其体积大约是地球的$1.3\times10^{6}$倍；其质量大约是$2\times10^{30}$千克，约为地球的$3.3\times10^{5}$倍。从化学组成来看，现在太阳质量的大约四分之三是氢，剩下的几乎都是氦，包括氧、碳、氖、铁和其他的重元素质量少于1%。由于太阳内部持续进行的核聚变反应，在这个阶段的核聚变是在核心将氢聚变成氦。每秒有超过400万吨的物质在太阳的核心转化成能量，产生中微子和太阳辐射，导致其不断地以光和热的形式向太空中释放着巨大的能量。

太阳的结构主要分为内部结构和大气结构两大部分，如图8.1所示。其中，太阳的内部结构由内到外可分为核心、辐射层、对流层3个部分；大气结构由内到外则可以分为光球、色球和日冕3层。在太阳平均半径23%的区域内都是太阳的核心，核心部分的温度约为$15\times10^{6}$K，其有效密度约为水的80～100倍，占据太阳全部质量的近40%，全部体积的15%。太阳的核心区域虽然很小，半径只是太阳半径的1/4，但却是产生核聚变反应之处，是太阳的能源所在地。太阳核心所发生的核聚变反应，通常是氢-氢链反应或碳循环链反应，这些核聚变链反应可放出巨大内部能量（光子）以及微中子，所以在太阳的核心处产生的巨大能量占据了太阳所产生能量总和的近九成。从太阳内部平均半径的23%～70%计算的区域称为太阳的辐射层，在这个层中气体温度约为$7\times10^{6}$K，密度约为$1.5\times10^{4}$kg/m³。按照体积而言，辐射层约占太阳体积的一半。太阳核心产生的能量，通过这个区域以辐射的方式向外传输。对流层位于太阳辐射层的外面，大约在内部平均半径的70%～100%计算的太阳区域。温度约为$5\times10^5$K，密度也降至$1.5\times10^2kg/m^3$。在太阳的对流层，由于存在巨大的温度差，所以引起区域产生的对流现象，太阳内部的热量以对流的形式在对流区向太阳表面不断地进行传输。除了通过对流和辐射传输能量外，对流层的太阳大气湍流还会产生低频声波扰动，这种声波将机械能传输到太阳外层大气，导致加热和其他作用。

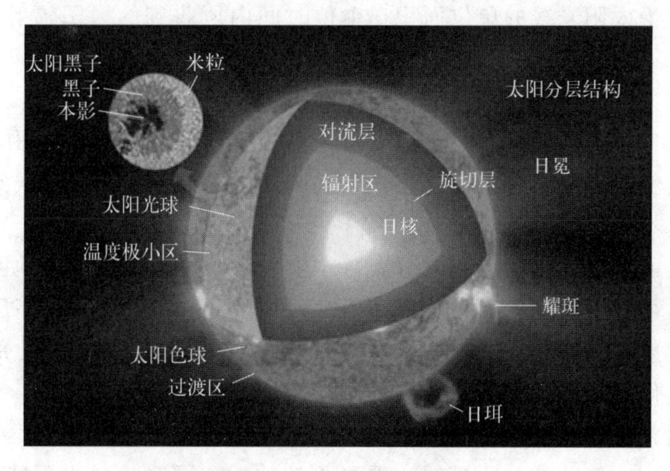


图 8.1　太阳结构示意图

太阳的大气结构中最内侧的为光球层，就是我们平常所看到的太阳圆面，通常所说的太阳半径也是指光球的半径。光球层的温度约为5000K，厚度约为500km，光球层表面存在的一种活动现象就是太阳黑子，日冕上黑子出现的情况不断变化，这种变化反映了太阳辐射能量的变化。太阳色球层是充满磁场的等离子体层，其温度在与光球层顶衔接的部分为4500K，其外层温度高达几万摄氏度，密度随高度的增加而减小，整个色球层的结构不均匀，也没有明显的边界。由于磁场的不稳定性，色球层经常产生爆发活动。日冕是太阳大气的最外层，厚度达到几百万千米以上。日冕温度有100万摄氏度。在高温下，氢、氦等原子已经被电离成带有正电荷的质子、带负电的自由电子以及原子核。这些带电粒子具有极快的运动速度，以致不断有带电的粒子为了挣脱太阳的引力束缚，射向太阳的外围，从而形成太阳风。

地球大气层外太阳辐射光谱如图 8.2 所示。从太阳的构造可知，太阳并不是一个温度恒

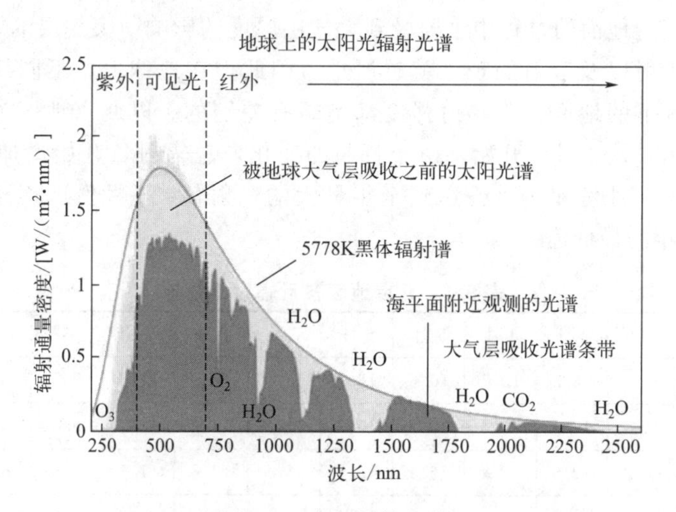


图 8.2　太阳辐射光谱

定的黑体，而是一个既能发射又能吸收不同波长能量的分层辐射体。因此，如何有效地利用太阳辐射是了解并利用好太阳能的关键。

（2）太阳辐射

到达地球大气上界的太阳辐射能量称为天文太阳辐射量。当地球处于太阳与地球的平均距离时，地球垂直于太阳光线的单位面积在单位时间内所收到的太阳辐射的全光谱总能量，被称为太阳常数。太阳辐射作为一种短波辐射，其太阳常数值在 0.1338～0.1418W/cm$^2$ 之间。这是因为观测方法和技术的不同，得到的太阳常数值有所差异。

太阳辐射在大气层以上的分布是由地球所在的天文位置而决定的，因此称为天文辐射。由天文辐射决定的气候统一称为天文气候。天文气候主要说明了全球气候的空间分布状态和时间变化情况的基本形势。

太阳到达地表的全球年辐射总量的分布基本上呈带状分布。在赤道地区，由于多云天气的影响，年辐射总量并不是辐射总量的最高值。而在南北半球的副热带高压带，特别是在大陆荒漠地区，年辐射总量则相对较大，全球辐射总量的最大值在非洲东北部。而低纬度地区受到太阳照射和气候的影响，辐射总量则相对较低。

地表太阳辐射是地球系统的主要驱动因子，驱动着地球系统的能量、水和碳循环。它是地表水文、生态、农业等陆表过程模拟的重要驱动数据，同时也是太阳能利用的重要指标。发展长时间序列、高分辨的地表太阳辐射数据集，对于地表过程的研究、太阳能电厂的选址、能源政策的制定和电网系统配置的优化等至关重要。自 2018 年起，国家青藏高原科学数据中心开始筹划制作全球高分辨率地表太阳辐射数据集。国家青藏高原科学数据中心，基于最新国际卫星云气候计划——全球高分辨系列云产品（ISCCP-HXG）、再分析数据（ERA5）以及 MODIS 气溶胶和反照率等，利用改进的物理算法，生产了全球高分辨率（10km，3h）地表太阳辐射数据集（1983.7～2017.6）。

太阳辐射穿过大气层到达地面时，由于大气环境中水分子等的存在，易于发生太阳光的吸收、反射以及散射作用，当这些作用产生时，辐射强度会进一步被减弱，同时，还会改变辐射的方向和光谱分布的范围。通常情况下，到达地面的太阳辐射主要是直射和漫反射光源，其中直射是指来自太阳辐射方向不发生改变的辐射；漫反射是指被大气反射和散射后发生方向改变的太阳辐射光源。

太阳辐射在到达地面的过程中主要受到大气层厚度的影响。大气层的厚度越厚，对于太阳辐射的吸收、折射以及散射的现象就越严重。因此，在地球上，不同纬度地区、不同季节、不同气象条件下的地面太阳辐射强度都是略有差别的。以北京地区为例，各月辐射的总量如表 8.1 所示，从 1 月份开始，由于日照的变化，总辐射量开始增加，3～5 月总辐射的增速最快，其中 5 月份和 6 月份达到全年最大的辐射值。6 月份后逐渐开始下降，直到 12 月份降低到全年的最低值。

**表 8.1 北京地区各月辐射量统计** 单位：kcal/cm$^2$

| 站名 | 1月 | 2月 | 3月 | 4月 | 5月 | 6月 | 7月 | 8月 | 9月 | 10月 | 11月 | 12月 | 均值 |
|---|---|---|---|---|---|---|---|---|---|---|---|---|---|
| 气象台 | 6.8 | 8.1 | 12.2 | 13.7 | 16.6 | 16.1 | 13.9 | 12.9 | 11.8 | 9.5 | 6.6 | 5.7 | 11.2 |
| 古北口 | 7.1 | 8.4 | 12.4 | 13.5 | 16.2 | 15.9 | 13.9 | 13.2 | 11.7 | 9.6 | 6.8 | 6.2 | 11.2 |
| 延庆 | 7.2 | 8.6 | 12.5 | 13.4 | 16.4 | 15.9 | 13.8 | 12.8 | 11.7 | 9.6 | 6.8 | 6.2 | 11.2 |
| 昌平 | 6.8 | 8.0 | 12.0 | 13.2 | 15.9 | 15.6 | 13.1 | 12.4 | 11.5 | 9.4 | 6.4 | 6.0 | 10.9 |

续表

| 站名 | 1月 | 2月 | 3月 | 4月 | 5月 | 6月 | 7月 | 8月 | 9月 | 10月 | 11月 | 12月 | 均值 |
|---|---|---|---|---|---|---|---|---|---|---|---|---|---|
| 房山 | 6.6 | 7.9 | 11.7 | 13.1 | 15.9 | 15.4 | 13.1 | 12.4 | 11.4 | 9.1 | 6.3 | 5.7 | 10.7 |
| 朝阳 | 6.5 | 7.7 | 11.7 | 12.8 | 15.7 | 15.4 | 12.8 | 12.1 | 11.4 | 9.0 | 6.2 | 5.5 | 10.6 |
| 霞云岭 | 5.6 | 6.8 | 9.8 | 11.5 | 16.2 | 13.5 | 11.4 | 10.7 | 9.6 | 7.6 | 5.5 | 4.9 | 9.4 |

**重要数据**

研究表明地球轨道上的平均太阳辐射强度约为1369W/m²。地球赤道的周长约为40076km，从而可计算得出地球可获得的太阳辐射能量达173000TW。在海平面上的标准峰值强度为1kW/m²，地球表面某一点24h的年平均辐射强度为0.20kW/m²，相当于有102000TW的能量。

太阳辐射到地球大气层的能量仅为其总辐射能量的二十二亿分之一，但已高达173000TW，也就意味着太阳每秒钟辐照到地球上的能量就相当于500万吨煤的标准燃烧量，相当于$1.465\times10^{14}$J/s。每年到达地球表面上的太阳辐射能约相当于130万亿吨煤的标准燃烧热。

**太阳能特点及其利用面临的挑战**

(1) 分散性：尽管太阳到达地球表面的辐射的总量很大，但是其能流密度很低。平均说来，在地球的北回归线附近，夏季天气较为晴朗的状况下，正午时太阳辐射的辐照度平均值最大，在垂直于太阳光方向1m²的面积上接收到的太阳辐射能平均有1000W左右；若按全年日夜平均，则只有200W左右。而在冬季，太阳的辐射能大致只有夏季的一半，阴天一般只有1/5左右，这样的能流密度是很低的。因此，在利用太阳能时，想要得到稳定的转换功率，需要面积相当大的一套收集和转换设备，由此造成的成本造价极高。

(2) 不稳定性：由于昼夜、季节、地理纬度和海拔等自然条件的限制，以及晴、阴、云、雨等随机因素的影响，到达某一地面的太阳辐照是间歇性的，极不稳定，增加了太阳能大规模应用的难度。为了使太阳能持续稳定，并最终能够与传统能源替代品竞争，就必须很好地解决能量储存的问题，即将白天有阳光的太阳辐射能尽可能地储存起来，以备夜间或雨天使用，但能量储存是太阳能利用中相对薄弱的环节之一。

(3) 效率低和成本高：太阳能利用的发展水平在某些方面具有理论上的可行性和技术上的成熟性。但由于部分太阳能利用装置效率低、成本高，目前实验室的利用效率不超过30%。总的来说，高成本的太阳能无法与传统能源竞争。在未来相当一段时间内，太阳能利用的进一步发展，主要受到成本的制约。

(4) 太阳能板污染：目前，太阳能电池板有一定的使用寿命。一般来说，最多每3～5年更换一次。然而，更换后的太阳能电池板很难被自然分解，从而造成了相当大的污染。

### 8.1.2 太阳能利用回顾

太阳辐射作为一种恒定的能源在持续辐射地球，大自然很早就开始了对于太阳能的利用，通过在绿色植物间进行的光合作用，实现了自然界中利用太阳能完成能量转化，对维持大气的碳-氧循环平衡具有重要的意义。此外，对于太阳能的利用，也是人类在发展过程中的一个重要阶段，通过合理地利用太阳能，大大改善了人类的生存环境。

（1）大自然利用太阳能（光合作用）

光合作用，即光能合成作用，是绿色植物、藻类和某些细菌物种，在可见光的照射下，经过光反应过程和暗反应过程，利用光合色素，将二氧化碳（或硫化氢）和水转化为有机物，并释放出氧气（或氢气）的生化过程。光合作用是一系列复杂的代谢反应的总和，是生物界赖以生存的基础，也是地球碳-氧循环的一个重要媒介。

光合作用中有两个反应阶段，光反应和暗反应。其中光反应是在光驱动下水分子氧化释放的电子通过类似于线粒体呼吸电子传递链那样的电子传递系统传递给 $NADP^+$，使它还原为 NADPH。电子传递的另一结果是基质中质子被泵送到类囊体腔中，形成的跨膜质子梯度驱动 ADP 磷酸化生成 ATP。而暗反应则是利用光反应生成的 ATP 和 NADPH 进行碳的同化作用，使气体二氧化碳还原为糖。后者由于在反应过程中不需要光的协助，因此称为暗反应。同时，从光合作用的反应步骤以及物质转化的过程来看，如图 8.3 所示，整个光合作用大致可分为三大步骤：①原初反应，包括光能的吸收、传递和转换；②电子传递和光合磷酸化，产生活跃化学能（储存于 ATP 和 NADPH 中）；③碳同化，把活跃的化学能转变为稳定的化学能。

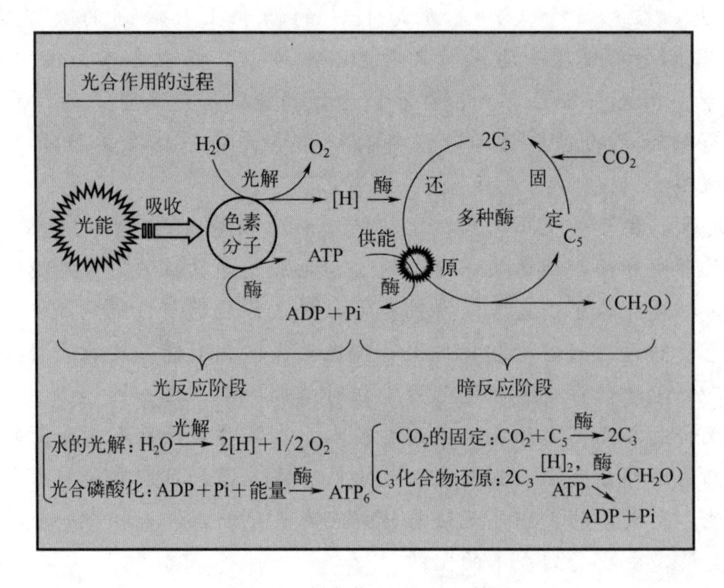


图 8.3　光合作用过程示意图

原初反应是指光合作用中从叶绿素分子受光激发到引起第一个光化学反应为止的过程，其中包含色素分子对光能的吸收、传递和转换的过程。光合磷酸化是指光催化腺二磷（ADP）与磷酸（Pi）形成腺三磷（ATP）的过程。光合磷酸化有循环式和非循环式两种类型，在形成 ATP 的同时，还释放了氧并形成还原型辅酶Ⅱ（NADPH）。$CO_2$ 的碳同化过程则是指在 ATP 和 NADPH 作用下，把 $CO_2$ 变成糖类等有机物质的过程。

因此，对于生物界的绝大多数生物来说，光合作用是它们赖以生存的关键。其中包含三点重要的意义：①将太阳能变为化学能；②把无机物变成有机物；③维持大气的碳-氧平衡。

(2) 人类利用太阳能

人类利用太阳能的历史可以追溯到3000多年前，早期的太阳能利用主要是取暖、加热食物等方式，此外，传说古希腊时期，阿基米德曾利用聚光镜反射太阳光烧毁了来犯敌人的战舰。而利用太阳能作为能源和动力的来源，其真正使用只有300多年的历史。1615年，法国工程师所罗门·考克斯发明了世界上第一台太阳能发动机。这项发明是一种利用太阳能加热空气并使其膨胀以驱动抽水的装置。太阳能的真正利用始于1900年。科学家们对太阳能装置进行了广泛的研究，其中一个典型的例子是1901年，美国科学家在加利福尼亚建造了一个利用太阳能集中光线的泵送装置。1908年，美国建造了5套双循环太阳能发动机，主要采用平板集热器和低沸点工作介质；1913年，埃及在开罗建造了一个由五面抛物面镜组成的太阳能水泵。这一时期的太阳能装置利用目标明确，但受制于装置的材料和技术工艺，装置的造价过高。20世纪20年代到40年代，由于太阳能不能解决当时社会对于能源的急迫需求问题，同时矿物燃料的大量开采，太阳能的相关研究工作逐渐进入一个低潮期。在第二次世界大战结束后，部分科学家意识到矿物燃料所存在的过度开采问题，积极推动了太阳能利用研究的开展，此时太阳能利用的研究进入了一个新的高潮时期。在这一阶段，太阳能的研究工作取得了许多有意义的研究进展，其中1952年，法国国家研究中心在比利牛斯山东部建造了一座50kW的太阳能炉；1954年，美国贝尔实验室研制成功实用的硅太阳能电池，为太阳能光伏发电的大规模应用奠定了基础；1955年，以色列研究人员开发出了黑镍等实用的选择性涂料，这为开发高效太阳能集热器创造了条件；1960年，美国利用平板集热器供热系统在佛罗里达建成了世界上第一台太阳能热空调。至此，人类对太阳能的利用进入了一个新的发展时期。

### 8.1.3 太阳能利用新技术

人类在利用太阳能的过程中不断地开发新的技术，从最初单纯的光到热的利用，到现在发展到光电转换、光热转换、光化转换以及光生物转换。下面将详细介绍这四类太阳能的利用形式。

(1) 光电转换

光伏效应把太阳辐射能直接转换成电能的过程称为光电转换。光伏效应在19世纪即被发现，早期用来制造硒光电池，直到晶体管发明后半导体特性及相关技术才逐渐成熟，使太阳光电池的制造变为可能。太阳光电池之所以能将光能转换成电能主要有两个因素：一是光导效应，二是内部电场。因此在选取电池材料时，必须要考虑到材料的光导效应及如何产生内部电场。选取太阳光电池材料的第一点就是吸光效果要很好，如此才能使输出功率增加。选取太阳光电池材料的第二点是光导效果好，欲选取光导效果佳的材料首先必须了解太阳光的成分及其能量分布状况，进而找出适当的物质作为太阳光电池的材料。

光电转换材料的工作原理是：将相同的材料或两种不同的半导体材料做成PN结电池结构，当太阳光照射到PN结电池结构材料表面时，通过PN结将太阳能转换为电能。太阳能电池对光电转换材料的要求是转换效率高、能制成大面积的器件，以便更好地吸收太阳光。已使用的光电转换材料以单晶硅、多晶硅和非晶硅为主。用单晶硅制作的太阳能电池，转换效率高达20%，但其成本高，主要用于空间技术。多晶硅薄片制成的太阳能电池，虽然光电转换效率不高（约10%），但价格低廉，已获得大量应用。此外，化合物半导体材料、非晶硅薄膜作为光电转换材料，也得到了研究和应用。

在众多太阳光电池中较普遍且较实用的有单晶硅太阳光电池、多晶硅太阳光电池及非晶硅太阳光电池等三种太阳光电池。

(2) 光热转换

光热转换是指通过反射、吸收或其他方式把太阳辐射能集中起来，转换成足够高温度的过程，以有效地满足不同负载的要求。

太阳能光热转换材料是一种重要的太阳能利用材料。光热利用领域的材料按用途可分为蓄热材料、导热材料、热电材料、集热材料等。太阳能光热转换在太阳能工程中占有重要地位，其基本原理是通过特制的太阳能采光面，将投射到该面上的太阳辐射能作最大限度地采集和吸收，并转换为热能，加热水或空气，为各种生产过程或人们生活提供所需的热能。其主要应用为太阳能热水器。太阳能热水器的类型很多，其构造主要由集热器和蓄热器两大部分组成，其中集热器是技术关键，直接关系到太阳能热水器的使用性能和能够正常运行的环境温度条件。光热转换在日常生活中具有广泛应用。

目前大量应用的太阳能集热器主要有平板式太阳能集热器、全玻璃真空管式太阳能集热器、热管式太阳能集热器、热管-真空管式太阳能集热器，其中全玻璃真空管式太阳能集热器占领国内大部分市场。

(3) 光化转换

光化转换是指吸收光辐射引起的化学反应同时将光能转化为化学能的过程。它的基本形式涵盖了植物的光合作用和通过物质的化学变化储存太阳能的光化反应过程。这是一种利用太阳辐射直接将水分解为氢和氧的化学转化过程。它包括光合作用、光电化学、光敏化学和光分解反应。植物依靠叶绿素将光能转化为化学能，以实现自身的生长和繁殖。如果能揭示光化转化的奥秘，就可以实现人工叶绿素发电。

太阳光化转化正受到人们的积极探索和研究。植物的光合作用是用来把太阳能转化为生物质的。另一个光转换的例子是太阳能电池，它将光能转换为化学能，并最终转化为电能。

在过去的年代里，工业国家中的广大公众认识到能量供应对技术文明和保证人类生存有着决定性的意义。能量主要由矿物燃料提供，而它们的储藏量是有限的。因此，寻找取代目前能量生产的方法，便成了人类解决其今后生存问题的迫切要求。太阳光通过光学生物转换成为技术上可利用的能量形式，可能是一种解决的办法。当然，首先要在光合作用领域内进行扎实的基础研究工作。

(4) 光生物转换

太阳能光生物转化研究主要瞄准太阳能光生物转化的关键科学问题及关键技术，以光合作用高效吸收和转化太阳能为出发点，致力于研究藻类光合放氢的生物学基础及产业化途径、高光效微藻制备生物柴油的基础及产业化问题、高光效低成本生物太阳电池的研制，以及太阳能光生物高效转化的核心科学问题，重点开展包括太阳能高效转能机理及调控原理、太阳能光生物转化制氢、光合作用仿生太阳光电池、太阳能光生物转化制油脂等领域的研究。

## 8.2 太阳能电池

太阳能电池，又称太阳能光伏电池，是一种用于把太阳的光能直接转化为电能的装置。目前地面光伏系统大量使用的是以硅为基底的硅太阳能电池，可分为单晶硅、多晶硅、非晶硅太阳能电池。此外，在研的太阳能电池还包括染料敏化纳米晶太阳能电池、有机聚合物太阳能电池、钙钛矿太阳能电池等。从1839年法国科学家贝克勒尔发现液体的光生伏特效应算起，太阳能电池已经经过了180多年的漫长的发展历史。从总的发展来看，基础研究和技术进步都起到了积极推进的作用。对太阳能电池的实际应用起到决定性作用的是美国贝尔实验室三位科学家关于单晶硅太阳能电池的研制成功，在太阳能电池发展史上起到里程碑的作用。

### 8.2.1 太阳能电池的发展背景及历程

太阳能电池的发展可以追溯到1839年，法国的贝克勒尔最早发现了液体电解液中的光电效应，这一著名效应的发现为太阳能电池的发展奠定了坚实的理论基础。1883年美国的Fritts使用硒制备了第一个太阳能电池；之后又经过半个世纪的发展，1930年，Schottky提出$Cu_2O$势垒的“光伏效应”理论；同年，Longer首次提出可以利用“光伏效应”制造“太阳能电池”，使太阳能变成电能；随后，美国贝尔实验室的Pearson于1954年发明了电池效率为6%的单晶硅太阳能电池，开启了PN结太阳能电池的新时代。

光电效应是一个神奇的现象：在高于某特定频率的电磁波（该频率称为极限频率threshold frequency）照射下，某些物质内部的电子吸收能量后逸出而形成电流，即光生电。

“光生伏特效应”，简称“光伏效应”，英文名称photovoltaic effect，指光照使不均匀半导体或半导体与金属结合的不同部位之间产生电位差的现象。它首先是由光子（光波）转化为电子、光能量转化为电能量的过程；其次，是形成电压过程。有了电压，就像筑高了大坝，如果两者之间连通，就会形成电流的回路。

自20世纪60年代开始，太阳能电池进入了一个快速发展的时期。1955年美国的西部电工集团开始出售硅光伏技术商业专利，同年，在亚利桑那大学召开国际太阳能会议，Hoffman电子推出效率为2%的商业太阳能电池产品，这意味着第一代单晶硅电池的发展即将开始；1957年Hoffman电子将单晶硅电池效率提升到8%；1959年Hoffman电子首次实现可商业化单晶硅电池效率达到10%，并通过用网栅电极来显著减少光伏电池串联电阻。同年，卫星探险家6号发射，在这颗卫星上安装了采用9600片太阳能电池组成的列阵，这意味着太阳能电池正式走上了应用的舞台；1960年Hoffman电子再次突破技术瓶颈，实现了单晶硅电池转化效率达到14%，同年，太阳能电池在世界上首次实现并网运行；1978年美国建成了100kW光伏电站，随后太阳能效率不断提高，其中1980年单晶硅太阳能电池效率达到20%，多晶硅为14.5%；1991年瑞士联邦工学院的Gratzel教授研制的纳米$TiO_2$染料敏化太阳能电池效率达到7.9%，相关研究成果也开启了科学家在新型太阳能电池领域的拓展。2020年，新型的钙钛矿太阳能电池首次效率突破25%，新型太阳能电池的发展也将向着实用化迈出了新的一步。

### 8.2.2 太阳能电池的原理

(1) 本征半导体、P型半导体、N型半导体、PN结

利用太阳能的最佳方式是光伏转换，就是利用光生伏特效应，使太阳光射到光伏材料上产生电流直接发电的过程。由于大量的太阳能电池是由PN结所构成的，因此，我们先来了解本征半导体、P型半导体、N型半导体以及PN结的相关知识。

本征半导体是指完全不含杂质且无晶格缺陷的纯净半导体，一般是指其导电能力主要由材料的本征激发决定的纯净半导体。典型的本征半导体有硅（Si）、锗（Ge）及砷化镓（GaAs）等。在绝对零度条件下，半导体的价带是满带状态，当受到光电注入或热激发后，价带中的部分电子会越过禁带进入能量较高的空带，空带中存在电子后称为导带，而价带中缺少一个电子后形成一个带正电的空位，称为空穴，导带中的电子和价带中的空穴统一称为电子-空穴对。通过激发所产生的电子和空穴均能自由移动，称之为自由载流子，它们在外电场作用下产生定向运动而形成电流。在本征半导体中，这两种载流子的浓度是相等的。

当在本征半导体中通过掺杂或其他的方式注入杂原子，形成以带正电的空穴导电为主的半导体，则称之为P型半导体。例如在四价的硅晶体中掺杂注入具有三价的硼原子，就会使硼原子取代原有晶格中的硅原子的位置，由于硼原子的价电子带只有三个电子，并且传导带的最小能级低于硅元素的传导电子能级，因此电子能够更容易地由硅的价电子带跃迁到硼的传导带。在这个过程中，由于失去了电子而产生了一个正离子，从而形成了以空穴为导电载流子的P型半导体。对于P型半导体而言，空穴是多数载流子，而电子为少数载流子。

与之相对应的是，当在本征半导体中通过掺杂或其他的方式注入杂原子，形成以带负电的电子导电为主的半导体，则称之为N型半导体。例如：在硅晶体中掺入的杂质是具有五价的砷原子，由于其价电子的最大能级大于硅的最大能级，因此电子很容易从这个能级进入硅的传导带。这些材料就变成了半导体。因为传导性是由于有多余的负离子引起的，所以称为N型半导体。在N型半导体中，除了有由于掺入杂质而产生的大量自由电子以外，还有由于热激发而产生的少量电子-空穴对。然而空穴的数目相对于电子的数目是极少的，所以在N型半导体材料中，空穴数目很少，称为少数载流子，而电子数目很多，称为多数载流子。

如果把一块本征半导体的两边掺入不同的元素，使一边为P型区，另一边为N型区，则在两部分的接触面就会形成一个特殊的薄层，称为PN结，如图8.4所示。PN结是构成二极管、三极管及可控硅等许多半导体器件的基础。太阳能电池就是由PN结所构成的一类半导体电器元件。

(2) 工作原理

在太阳能电池的P型区、空间电荷区和N型区都会产生光生电子-空穴对，这些电子-空穴对由于热运动，会向各个方向迁移。如图8.5所示，在空间电荷区产生的与迁移进来的光生电子-空穴对被内建电场分离，光生电子被推进N型区，光生空穴被推进P型区。在空间电荷区边界处总的载流子浓度近似为0。在N型区域，光生电子空穴产生后，将扩展到PN结的边界。一旦到达PN结边界，它立即受到内部电场的影响，在电场力的作用下漂移，穿过空间电荷区进入P型区域，而光生电子（多数载流子）留在N型区域。同样，位于P区域的光生电子也会扩散到PN结边界，到达PN结边界后，在电场力的作用下漂移进入N型

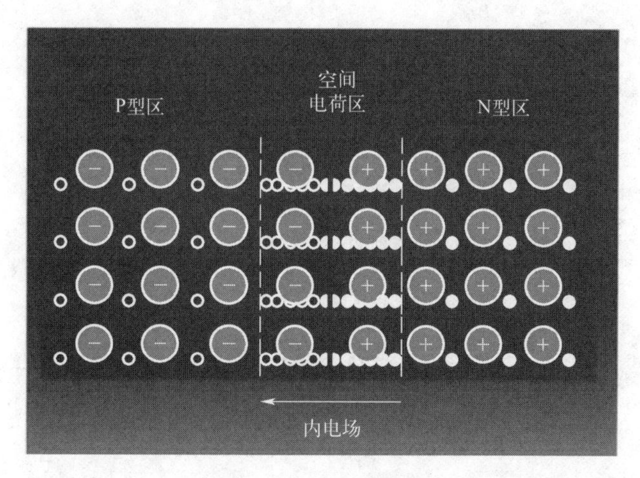


图 8.4 PN 结示意图

区域，而光生空穴（多数载流子）留在 P 型区域。因此在 PN 结的两侧形成了正负电荷的积累，形成了与内置电场方向相反的光生电场。这个光生电场，除了部分抵消内置电场外，还使 P 型层带正电，N 型层带负电，从而产生光生电动势。这被称为光生伏特效应，或光伏效应。简单来说所谓光生伏特效应就是当受到光照时，物体内的电荷分布状态发生变化而产生电动势和电流的一种效应。当太阳光或其他光照射半导体的 PN 结时，就会在 PN 结的两边出现电压，也叫作光生电压。太阳能电池工作原理的基础是半导体 PN 结的光生伏特效应，故太阳能电池也叫光伏电池。

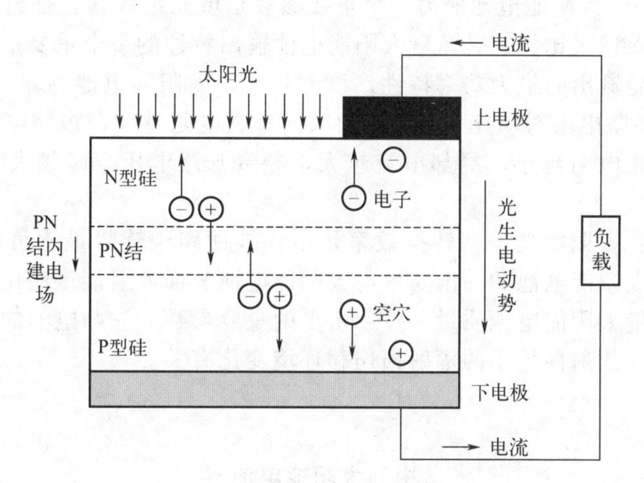


图 8.5 太阳能电池工作原理示意图

（3）性能参数

常用的太阳能电池的主要特性是伏安特性。当太阳光照在太阳能电池上产生光生电动势，就有电流流过负载电阻（$R$），被 PN 结分开的过剩载流子中就有一部分把能量消耗于降低 PN 结势垒，用于建立工作电压（$V$），而剩余部分的光生载流子则用来产生光生电流（$I$）。因此，太阳能电池的主要性能参数如图 8.6 所示。

开路电压（$V_{OC}$）：将太阳能电池置于 AM 1.5 光谱条件、100mW/cm$^2$ 的光源强度照射下，在两端开路时，太阳能电池的输出电压值。

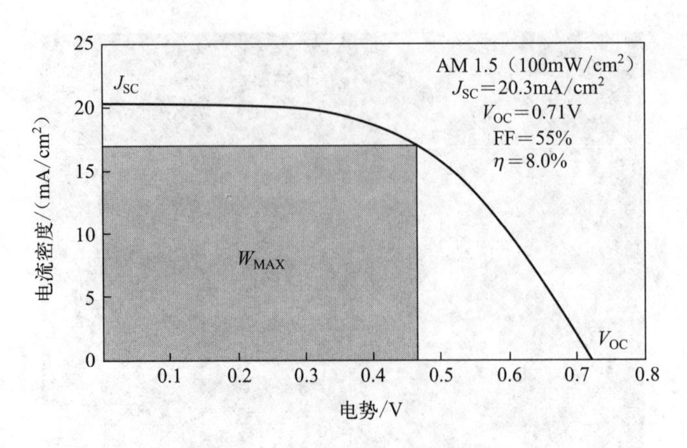


图 8.6　太阳能伏安特性曲线

短路电流（$I_{SC}$）：将太阳能电池置于 AM 1.5 光谱条件、100mW/cm$^2$ 的光源强度照射下，在输出端短路时，流过太阳能电池两端的电流值。

短路电流（$J_{SC}$）：就是将太阳能电池置于 AM1.5 光谱条件、100mW/cm$^2$ 的光源强度照射下，在输出端短路时，流过太阳能电池两端的电流值。

最大输出功率（$W_{MAX}$）：太阳能电池的工作电压和电流随负载电阻的变化而变化，将不同电阻值对应的电压值和电流值制成曲线，得到太阳能电池的伏安特性曲线，如果选择负载电阻值使输出电压和电流的乘积最大，则可得到最大输出功率，用符号 $W_{MAX}$表示。此时的工作电压和工作电流称为最佳工作电压和最佳工作电流，分别用符号 $V_m$ 和 $J_m$ 表示。

填充因子（FF）：太阳能电池的另一个重要参数是填充系数，它是最大输出功率与开路电压和短路电流的乘积之比。它是衡量太阳能电池输出特性的一个重要指标，代表太阳能电池在最佳负载下所能输出的最大功率特性。该值越大，太阳能电池的输出功率越大。FF 的值总是小于 1。串并联电阻对填充系数影响很大。串联电阻越大，短路电流减小越多，填充系数减小越多。并联电阻越小，局部电流越大，导致开路电压下降越大，填充系数下降也越大。

转换效率（$\eta$）：太阳能电池的转换效率是指在外回路中连接最优负载电阻时的最大能量转换效率，等于太阳能电池的输出功率与太阳能电池表面入射能量的比值。太阳能电池的光电转换效率是衡量太阳能电池质量和技术水平的重要参数。它与电池的结构、结特性、材料性能、工作温度、放射性粒子的辐射损伤和环境变化有关。

拓展阅读：

**中国太阳能电池**

中国已成为全球主要的太阳能电池生产国。《中华人民共和国 2022 年国民经济和社会发展统计公报》显示：2022 年全年太阳能电池（光伏电池）产量 3.4 亿千瓦，增长 46.8%。我国光伏行业专利申请量年均增速达到 23.1%，目前我国太阳能电池全球专利申请量为 12.64 万件，全球排名第一，具备较强的创新实力。

### 8.2.3　太阳能电池的分类

太阳能电池的分类方法有很多种，比如按照电池结构分类、按照使用材料分类等，下面我们将就太阳能电池的材料进行分类总结。

#### 8.2.3.1 硅基太阳能电池

硅基太阳能电池主要分为单晶硅太阳能电池、多晶硅太阳能电池和非晶硅薄膜太阳能电池三种。

单晶硅太阳能电池：单晶硅太阳能电池板系列太阳能电池，单晶硅太阳能电池转换效率最高，技术也是最成熟的。目前，单晶硅电池技术已十分成熟。在电池的生产中，一般采用表面织构、发射区钝化、分区掺杂等技术。研制的单晶硅电池主要有平面单晶硅电池和沟槽嵌入栅极单晶硅电池。目前单晶硅太阳能电池产品光电转换效率约为19%，最高为24%，是各类太阳能电池中光电转换效率最高、技术最成熟的产品。同时，由于单晶硅太阳能电池一般用钢化玻璃和防水树脂封装，所以经久耐用，使用寿命一般可达15年，最高可达25年。它在大规模应用和工业化生产中仍然占据着主导地位。但由于单晶硅材料价格的影响和相应的复杂的电池工艺，单晶硅电池的生产成本仍然很高。

多晶硅太阳能电池：多晶硅太阳能电池的生产工艺与单晶硅太阳能电池类似，但多晶硅太阳能电池的光电转换效率则相较于单晶硅降低了很多，其光电转换效率约为17%。在生产成本方面，它比单晶硅太阳能电池更便宜。该材料制作简单，节省电力消耗。生产总成本低，生产工艺成熟。此外，多晶硅太阳能电池的寿命比单晶硅太阳能电池短。多晶硅太阳能电池的生产需要消耗大量的高纯硅材料，而这些材料的制造工艺复杂，能耗较大，已超过太阳能电池总生产成本的50%。

非晶硅薄膜太阳能电池：非晶硅薄膜太阳能电池与单晶硅和多晶硅太阳能电池的生产方法完全不同，工艺大大简化，硅材料消耗少，功耗低，成本低重量轻，转换效率高，方便大规模生产。非晶硅薄膜太阳能电池的优点是它们可以吸收可见光谱（比晶体硅提高500倍），所以只需要一层非常薄的薄膜就能有效吸收光子的能量。而且，这种非晶硅膜的生产技术非常成熟，不仅可以节省大量的材料成本，还可以制造大面积的太阳能电池。非晶硅薄膜太阳能电池的主要问题是光电转换效率低。目前国际先进水平光电转换效率在10%左右，不够稳定。随着时间的延长，其转换效率下降，直接影响了其实际应用。因此在太阳能市场上没有竞争力，多用于功率小的小型电子产品市场。如电子计算器、玩具等。非晶硅是20世纪80年代唯一商业化的薄膜太阳能电池材料，当时引入了非晶硅太阳能电池并进行了大量投资。从1985年到1990年初，非晶硅太阳能电池的比例达到了全球太阳能电池总量的三分之一，但此后由于稳定性差，没有得到有效的改善，导致产量下降。但是，如果非晶硅太阳能电池的存在可以进一步解决稳定性问题，提高转化率，那么，非晶硅太阳能电池无疑是太阳能电池的主要发展产品之一。

#### 8.2.3.2 薄膜太阳能电池

传统硅太阳能电池由于电池的主要部分易碎，易产生隐形裂纹，因此通常需要有一层钢化玻璃作为防护层。由此造成产品的重量大、携带不便、抗震能力差、产品造价高等缺点。针对以上的缺点，新一代的电池应运而生，这就是薄膜太阳能电池，这一类电池主要是质量小、厚度薄、制造工艺简单且产品可弯曲，从而克服了传统硅太阳能电池的缺点。然而，薄膜太阳能电池的光电转换效率并没有传统晶体硅电池转换效率高，同时，薄膜材料的生长机制决定了薄膜太阳能电池易潮解，故封装时要求封装薄膜太阳能电池的含氟材料阻水性需比晶体硅电池的材料强9倍左右。因此有效提升薄膜太阳能电池的转换效率是太阳能行业研究重要的方向。上面提到的非晶硅薄膜太阳能电池从工艺技术上讲也算是薄膜太阳能电池的种类之一，此外，当前已经实现商业化的薄膜太阳能电池主要有：碲化镉薄膜太阳能电池、铜铟镓硒薄膜太阳能电池等。

#### 8.2.3.3 有机聚合物太阳能电池

与传统的无机半导体太阳能电池相比，有机聚合物太阳能电池则主要是利用有机高聚物在传递电荷上的特殊性质来直接或间接地将太阳能转变为电能的器件。从结构上讲，有机聚合物太阳能电池根据电荷传输的性质主要分为有机空穴传输材料和有机电子传输材料。有机聚合物太阳能电池的原理通常包括如下的几个步骤：①具有光敏性质的有机聚合物活跃层吸收光子，产生一个激发态和激子相结合的状态；②激子通过能级跃迁扩散到其他区域；③扩散后的激子解离为电子和空穴；④解离后的电子和空穴分别传输至各自的电极，在阴极和阳极分别完成电子和空穴的收集，以光伏效应而产生电压形成电流。

目前，有机聚合物太阳能电池的主要结构分为三种：①单层结构，主要是以酞菁化合物作为产生激子的有机染料，由于这类结构是在单一染料中形成激子，在分离时只有靠肖特基结形成的电场才能达到有效分离，因此这类结构的激子迁移距离较短；②双层结构，这是一类采用双层膜异质结所形成的太阳能器件，通过由给体和受体两种材料组成的活性层与电极相接触形成欧姆接触，从而形成了为激子扩散的异质界面解离阱，而激子则可通过异质界面形成的内建电场进行分离，产生的电子和空穴则分别被电极收集，从而形成了光电流；③体异质结结构，这类结构是为了解决双层结构中给受体材料接触面过小的问题，通过将给受体材料同时溶于有机物中，再制作成薄膜的方法，通过形成给体、受体电荷互传的异质结网络结构，有效地提高了给体、受体材料的接触，提升了器件的光电转换效率。

有机聚合物太阳能电池具有制备工艺简单、能耗少、环保性好的优势，同时所制备的器件美观，可以具有多彩和半透明等多种形式。但有机材料载流子的迁移率以及器件的寿命问题仍是局限其大规模商业化发展的制约因素。

#### 8.2.3.4 染料敏化太阳能电池和钙钛矿太阳能电池

1991年，瑞士联邦理工学院的Grätzel教授开发的纳米$TiO_2$染料敏化太阳能电池发表在《自然》杂志上。他以较低的成本获得了光电转换效率为7.9%的新型结构太阳能电池，开创了太阳能电池发展史上的新时代。它提供了一种利用太阳能的新方法。染料敏化电池又称染料敏化纳米薄膜太阳能电池，是模拟植物光合作用的原理，将吸附染料的纳米多孔二氧化钛半导体膜作为电池的阳极，并选用适当的氧化-还原电解质，采用贵金属或碳材料镀膜的导电玻璃作为光阴极。其主要优点是：原料丰富，成本低，工艺技术相对简单，在大规模工业化生产中具有很大的优势。同时，所有原材料和生产过程都是无毒无污染的，部分材料可以完全回收利用，这对于保护人类环境具有重要意义。目前，中国、美国、日本等国家都投入了大量的资金来研发它。

染料敏化太阳能电池的工作原理如图8.7所示，大致分为如下几个步骤：①染料分子被光照射激发后由基态跃迁至激发状态；②处于激发状态的染料分子将电子注入到二氧化钛半导体催化剂的导带中；③电子通过多孔性二氧化钛膜扩散至导电基底FTO基板后流入外部电路中；④处于氧化态的染料分子被具有还原态的电解质还原再生；⑤具有氧化态的电解质则从对电极接收由外电路传递过来的光生电子后被还原，从而完成一个循环。由于电子需要从染料注入到二氧化钛的导带中，而二氧化钛层表面所吸附的多层色素阻碍了电子的运输，因此，染料在激发态的激子寿命很长，这是影响染料敏化太阳能电池光电转换效率的重要因素。此外，注入到二氧化钛导带中的电子和氧化态染料间的复合及导带上的电子和氧化态的电解质之间的复合也将大量产生暗电流，从而影响了器件的光电转换效率。因此世界各国的科学家都为了染料敏化太阳能电池的产业化而共同努力。染料敏化太阳能电池与传统的太阳能电池相比，结构简单、易于制造且生产工业简单，易于大规模地工业化生成。同时，其具有更长的寿命、较低的生产成本以及无毒无污染的生产流程。尽管染料敏化太阳能电池在转换效率上还无法和传统的太阳能电池相媲美，相信其多样化以及轻量化的产品形态将会在不久的将来走进我们的生活。

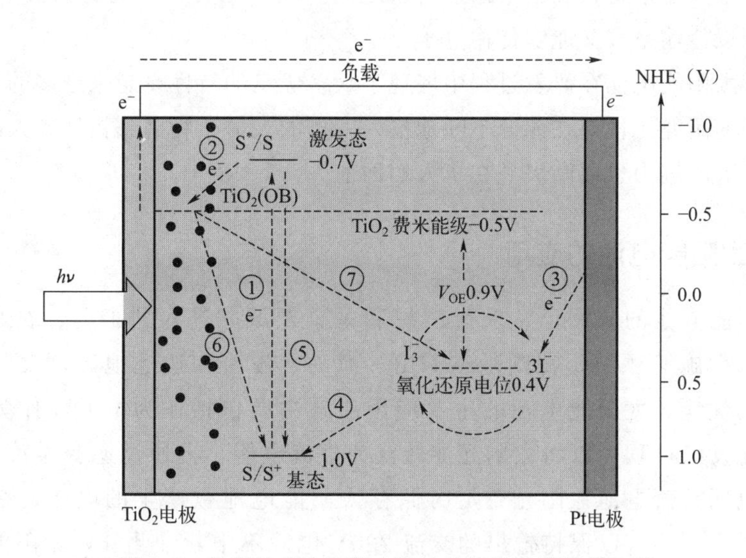


图 8.7 染料敏化太阳能电池的结构及工作原理示意

近年来，钙钛矿太阳能电池（结构及工作原理示意见图 8.8）的研究不断刷新光电转换效率的纪录，目前已超过 25%。钙钛矿太阳能电池起源于科学家对染料敏化电池结构优化的发展过程。由于染料敏化太阳能电池最初为液体电解质材料，考虑到材料寿命和结构的问题，科学家一直在研发固体电解质以替代液体电解质，从而促进了钙钛矿太阳能电池的发展。钙钛矿太阳能电池的基本结构通常包含有玻璃基板材料、电子传输层（二氧化钛膜）、钙钛矿吸收层、空穴传输层和金属负电极。其工作原理是当入射光通过玻璃基板入射时，当

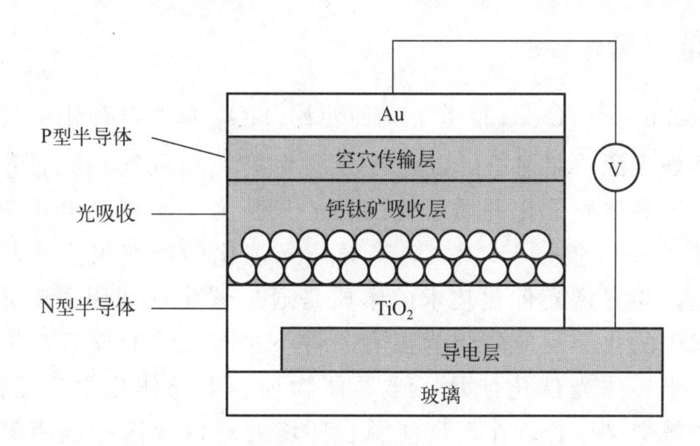


图 8.8 钙钛矿太阳能电池的结构及工作原理示意

吸收能量大于带隙宽度的光子，产生激子，激子在钙钛矿吸收层中分离，变成空穴和电子，分别注入传输材料中。空穴注入是从钙钛矿材料进入空穴传输材料，电子注入是从钙钛矿材料进入电子传输材料（二氧化钛膜）。在此基础上，钙钛矿有两种结构：介观结构和平面异质结结构。介观结构钙钛矿太阳能电池是在染料敏化太阳能电池的基础上发展起来的，和染料敏化太阳能电池的结构极为相似，其中具有介观结构的钙钛矿晶体附着在介孔结构纳米晶二氧化钛上，骨架材料的空穴传输材料沉积在表面，三者共同作为空穴传输层。在这种结构中，介孔二氧化钛不仅是骨架材料，还起着电子传递的作用。平面异质结结构将钙钛矿结构材料隔开，夹在空穴输运材料和电子输运材料之间。激子在夹在中间的钙钛矿材料中分离，钙钛矿材料既可以传输空穴又能够传输电子。

由于钙钛矿太阳能电池在研发过程中展现了众多优良的特性，越来越多的科学家对它产生了青睐，各国的研究机构都在源源不断地投入大量的人力、物力到钙钛矿太阳能电池相关研究当中，其巨大的魅力也逐渐展现在了人们面前。

### 8.2.4 太阳能电池的应用

目前，太阳能电池的应用已从航天领域和军事领域，进入到工业、农业、通信、家电、交通和公用设施等领域，特别是在深山、海岛、沙漠和边远地区，太阳能电池更是具有不可替代的优势。太阳能电池的主要应用前景主要包括作为电源和作为传感器两个方面：①太阳能发电过程可以将太阳光能转换为直流电能，再通过逆变器转换为220V的交流电源输入电网。蓄电池在阳光充足时储存太阳能电池板产生的电能，在夜间或阴雨天时向逆变器供应电能，以保持输出的交流220V电源不中断。此外，太阳能电池板可以直接作为某些电气设备的直流电源。例如太阳能路灯、太阳能交通信号灯等，也可以作为充电装置为手机、数码相机等可充电池充电，无须依赖交流电源，只要有阳光照射即可，尤其是在旅行或旅游途中会特别方便。②太阳能电池也可以作为光传感器，应用于光控、遥控和自动控制电路中。

## ▶▶ 8.3 光催化技术

### 8.3.1 光催化简介

1972年，Fujishima和Honda报道了一种使用$TiO_2$光电极和铂电极组成的光电化学体系，该体系在紫外光源的照射下可以使水分解为氢气和氧气，从而开辟了半导体光催化这一新的领域。半导体光催化开始研究的目的只是为了实现光电化学过程中太阳能向化学能的转换，随着研究的进一步深入，半导体光催化的研究焦点逐渐转移到环境光催化领域。简单地说，半导体光催化技术的本质是通过催化剂利用太阳光子能量，将本需要在苛刻条件下发生的化学反应转化为温和条件下进行的光化学反应的技术。作为一门新兴的交叉学科，半导体光催化涉及了半导体物理、半导体化学、催化化学、电化学、材料科学等多个领域交叉融合，在新型能源、环境处理以及医疗健康等多个方面均有解决人类面对重大问题的应用前景，自其报道以来一直是前沿科学技术的研究热点。

### 8.3.2 光催化原理

半导体光催化反应主要的作用发生在催化剂的表面上，催化剂自身是加速化学反应的化学物质，其本身并不参与催化反应的过程。光催化剂就是能够在光子的激发下发生催化作用的一类化学物质的统称。为了能更清楚地学习半导体光催化的原理，我们首先了解几个与半导体有关的概念。

半导体导带：导带是由自由电子形成的能量空间，即固体结构内自由运动的电子所具有的能量范围。导带是半导体最外面（能量最高）的一个能带，是由许多准连续的能级组成的；是半导体的一种载流子-自由电子（简称为电子）所处的能量范围。

半导体价带：价带，也称价电带，通常是指半导体或绝缘体中，在0K时能被电子占满的最高能带。对半导体而言，此能带中的能级基本上是连续的。全充满的能带中的电子不能在固体中自由运动。

半导体禁带：在能带结构中能态密度为零的能量区间。常用来表示价带和导带之间的能态密度为零的能量区间。禁带宽度的大小决定了材料是具有半导体性质还是具有绝缘体性质。半导体的禁带宽度较小，当温度升高时，电子可以被激发传到导带，从而使材料具有导电性。

半导体能隙：能隙，也译作能带隙，在固态物理学中泛指半导体或是绝缘体的价带顶端至导带底端的能量差距。

对于一个完整的半导体光催化反应体系而言，半导体光催化作用的原理是利用光来激发半导体催化剂，利用太阳光激发所产生的光生电子和空穴参与氧化还原反应。如图8.9所示，当能量大于或等于带隙宽度的光照射到半导体催化剂表面时，处于半导体价带中的电子会被激发跃迁到相应的导带处，价带中则会留下相对稳定的空穴，从而形成光生电子-空穴对，即光生载流子。光激发产生的光生电子可以迁移到催化剂表面，直接还原有机物（如染料）或与电子受体发生反应；同时，光激发产生的光生空穴也可以氧化有机物或氧化水和氢氧根离子为羟基自由基。此时所产生的羟基非常活跃，几乎可以

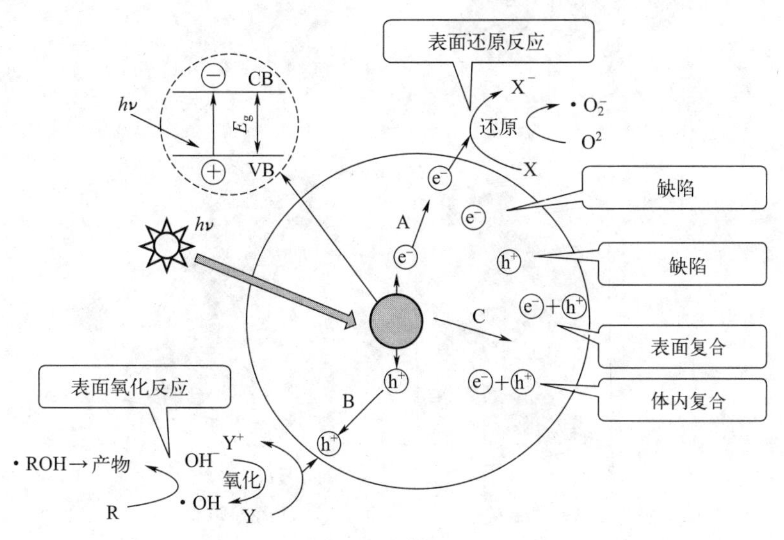


图 8.9 半导体光催化原理示意图

降解所有有机物。大多数有机物光降解过程也是直接或间接利用空穴的强氧化能力。此外，由于纳米材料中存在大量的缺陷，这些缺陷可以捕获光生电子或捕获迁移到表面的光生空穴，阻止电子与空穴的复合，这些粒子表面的缺陷则成为有效的活性位点，从而产生了强烈的氧化还原势。

### 8.3.3 光催化材料

(1) 二氧化钛（$TiO_2$）

$TiO_2$ 是一种无机物，白色固体或粉末状的两性氧化物，具有无毒、最佳的不透明性、最佳白度和光亮度特点，被认为是现今世界上性能最好的一种白色颜料。$TiO_2$ 有三种常见的晶型，金红石、锐钛矿和板钛矿，其中金红石和锐钛矿容易在化学条件下合成，且锐钛矿由于不稳定，易在高温条件下转变为金红石。文献研究表明，作为常用的光催化剂，三种晶型的 $TiO_2$ 中，锐钛矿的光催化活性较高。

如图 8.10 所示，$TiO_2$ 的晶体结构单元通常是由 $TiO_6$ 八面体相互连接得到，由于八面体的扭曲程度和八面体之间的边角连接存在的差异性，形成了多种不一样的同质异构体。其中，每个 $Ti^{4+}$ 都被 6 个 $O^{2-}$ 所构成的八面体所包围。金红石属于四方晶系，结构中 $O^{2-}$ 作为六方最密堆积，$Ti^{4+}$ 位于相似规则的八面体空隙中，$O^{2-}$ 位于以 $Ti^{4+}$ 为角顶所组成的平面三角形的中心，这样就形成了一种以 $TiO_6$ 八面体为基础的晶体结构。$TiO_6$ 八面体彼此以棱相连形成了沿 $c$ 轴方向延伸的比较稳定的 $TiO_6$ 八面体链，链间则是以 $TiO_6$ 八面体的共用角顶相联结。共用棱的缩短，非共用棱的增长，系由于中心阳离子斥力的影响所致，从而使金红石的 $TiO_6$ 八面体稍有畸变。锐钛矿属四方晶系，晶体结构近

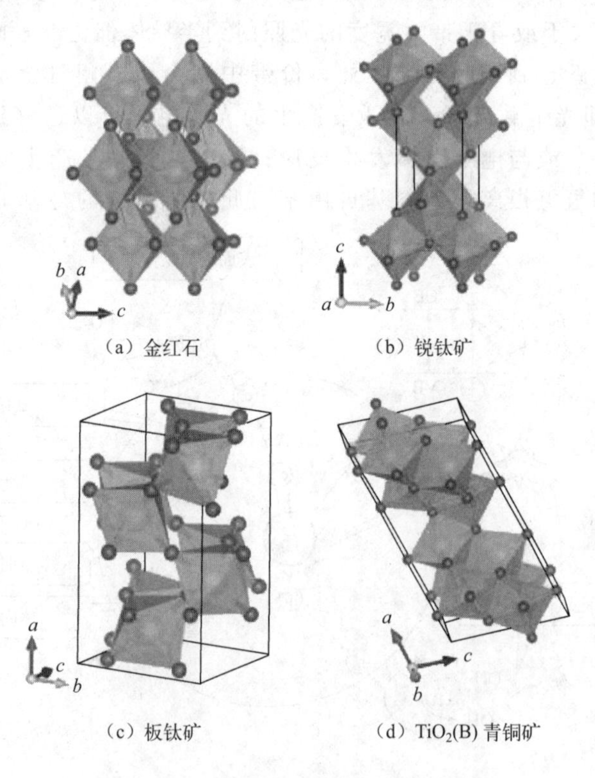


图 8.10 不同晶型 $TiO_2$ 结构示意

似架状，$O^{2-}$作立方最密堆积，$Ti^{4+}$位于八面体空隙。$TiO_6$八面体互相以两对相向的棱共用而联结，$TiO_6$八面体围绕每个四次螺旋轴，形成平行于$c$轴的螺旋状链。板钛矿属斜方晶系，在板钛矿晶体结构中，$O^{2-}$形成歪曲的四层最紧密堆积，层平行（100）晶面，$Ti^{4+}$在八面体空隙中，每个$TiO_6$八面体有三个棱角同周围三个$TiO_6$八面体共用，这些共用的棱角比其他棱角要短些，$Ti^{4+}$微偏离八面体中心，形成歪曲的八面体。$TiO_6$八面体平行$c$轴组成锯齿形链，链与链平行（100）联结成层。此外，有别于以上三种常见的晶型，近些年一种具有单斜晶系的$TiO_2$(B）青铜矿也常被用于光催化的研究，是由共边相连的两个$TiO_6$等八面体通过顶点和与之相同的两个八面体相接而形成的层状结构沿着某一方向在空间上堆积而成的结构。

$TiO_2$是一种宽禁带半导体，基于第一性原理的计算结果表明，$TiO_2$的能带结构是高对称结构，3d轨道分裂为$e_g$和$t_{2g}$两个亚层，但都完全是空的轨道。电子则占据了s和p轨道，而费米能级主要处于s、p能带和$t_{2g}$能带之间，最低的两个价带则相对应于$O_{2s}$能级，接下来的6个价带相对应于$O_{2p}$能级，最低的导带则是由$O_{3s}$产生的，更高的导带则是由$O_{3p}$产生的。因此，利用能带结构的模型计算可知，$TiO_2$的禁带宽度在3.0～3.2eV之间，根据半导体的光吸收阈值$\lambda$与禁带宽度$E_g$的计算公式$\lambda=1240/E_g$可知，$TiO_2$的最大吸收波长大致在387.5nm处，因此，在光催化反应过程中，当其吸收了波长小于或等于387.5nm的光子后，价带中的电子会被激发到导带上，形成带有负电的强还原性电子，同时在价带上留下带正电的强氧化性空穴，由此进一步完成氧化还原反应进行光催化反应。

（2）硫化镉（CdS）

与$TiO_2$一样，CdS也是一种较为典型的半导体光催化材料。CdS晶体有立方晶系和六方晶系两种构型，其中立方晶系结构是其晶体的低温相，六方晶系结构是其晶体的高温相。通常情况下，CdS的立方晶体可在较高的温度条件下转变为六方晶体，然而，有研究表明，在水热条件下CdS可能还会出现从六方晶变回立方晶的现象，但其晶体生成过程中的机理尚未明确。在自然界中，CdS立方晶型呈现出四面体的结构，是具有面心结构的等轴晶系，也称为闪锌矿型结构；而六方晶型的CdS则是具有六方锥状形貌的纤锌矿型结构。室温条件下，CdS的禁带宽度约为2.42eV，是典型的可见光激发的半导体催化剂，因此常因其具有的优异的光电转换特性和发光特性被用作发光二极管、太阳能电池、光催化材料以及光电器件使用。研究表明，半导体光催化剂的粒径大小、形貌以及晶体结构组成是改变半导体光电性能的关键指标，因此，关于CdS制备的相关技术和形成机理研究具有重大的意义和应用前景。此外，相比于$TiO_2$半导体光催化剂只能应用在紫外光条件下，CdS因其较窄的带隙，可在可见光条件下进行光催化反应，特别是可以吸收太阳光进行光催化的相关反应，因此被认为是具有广泛应用前景的可见光光催化剂材料。当然，可见光条件下，CdS在含氧水溶液中极易发生光腐蚀现象，也在一定程度上限制了其的应用。为了克服光腐蚀现象，科研人员已经开展了相关的研究，通过对它进行材料的修饰从而改变其表面的结构组成，改善其光催化反应时的活性和稳定性。

（3）类石墨结构氮化碳（g-$C_3N_4$）

除了以上两种无机光催化剂，近年来聚合物半导体也作为光催化研究的重点。$C_3N_4$被认为是最古老的人工合成化合物之一，其历史可以追溯到1834年，直到20世纪90年代，$C_3N_4$在被长时间地冷落后再次引起研究人员的关注，但这一时期主要是在超硬材料β-$C_3N_4$

方向有突破性进展。1996年研究人员基于第一性原理的计算方法对 $C_3N_4$ 进行了重新计算，推测 $C_3N_4$ 具有5种结构，即α相、β相、立方相、准立方相和类石墨相（g-$C_3N_4$），其中前四种为超硬材料，而只有 g-$C_3N_4$ 是软质相。五种结构中，g-$C_3N_4$ 的密度最低，能量也最低，且在室温条件下，结构最稳定。g-$C_3N_4$ 具有一种类似石墨烯的二维平面片层结构，如图8.11所示，以两种不同单元三嗪环（$C_3N_3$，左图）和3-s-三嗪环（$C_6N_7$，右图）为基本结构单元无限延伸形成网状结构，二维纳米片层间通过范德瓦耳斯力结合。研究人员通过密度泛函理论（DFT）计算表明 $C_6N_7$ 三嗪环结构较 $C_3N_3$ 三嗪环结构连接而成的 g-$C_3N_4$ 更稳定。

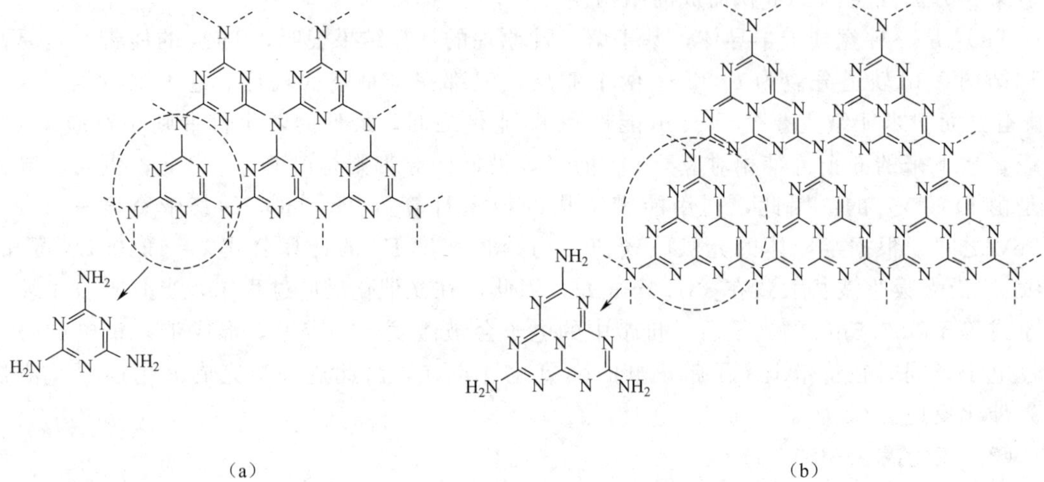

(a)

(b)

图8.11 g-$C_3N_4$ 结构示意

作为聚合物半导体光催化材料，g-$C_3N_4$ 结构中的碳原子和氮原子以 $sp^2$ 杂化形式形成了高度离域的π共轭体系。其中 $N_{pz}$ 轨道组成 g-$C_3N_4$ 的最高占据分子 HOMO 轨道，$C_{pz}$ 轨道组成最低未占据分子 LUMO 轨道，其构成的禁带宽度约为2.7eV。g-$C_3N_4$ 这种可见光聚合物光催化材料因其特殊的能带位置可以通过吸收太阳光谱中波长小于或等于475nm的可见光，以达到满足光解水产氢产氧的热力学要求。此外，与传统的 $TiO_2$ 光催化剂相比，g-$C_3N_4$ 因其二维层状结构的特点，具有较大的比表面积，可以通过与其他半导体复合的形式提供更多的吸附活性位点和有效活化分子氧，产生超氧自由基用于有机官能团的光催化转化和有机污染物的光催化降解。

### 8.3.4 光催化的性能提高

光催化反应是一个较为复杂的过程，其中包含很多重要的物理、化学过程。其中主要的过程包括光生电子和空穴对的产生、分离、再复合与表面捕获等。因此就会形成多个影响光催化性能的因素，如：光催化剂的光子吸收效率、光催化剂吸收光子后激发产生光生电子和空穴对的激发效率、光生电子和空穴在光催化剂体内部的分离效率和迁移效率，以及光生电子和空穴被俘获过程中的界面迁移效率等。科研人员针对以上的反应历程不断探索半导体催化剂反应过程中的影响因素，通过对基元反应的深入研究，采用各种方法来提高电子-空穴对分离、抑制载流子复合、扩大光吸收波长范围等，以期待有效提高光催化过程的转换效率。

（1）催化剂结构调控

为了有效提高光催化材料的催化活性，主要的一种方法就是对现有催化剂的结构和组成进行调控。现有的光催化研究表明，光催化剂的晶相结构、体相中缺陷位的存在直接影响了反应过程中的吸附特性和光催化行为。例如：不同晶型的 $TiO_2$（金红石和锐钛矿）由于晶体表面的分子结构、缺陷类型以及活性位点的差异性，表现出明显不同的吸附行为和光催化活性。研究人员发现醇类在金红石表面主要发生离解型吸附，即 O—H 键的断裂过程；而在锐钛矿表面，则是通过表面配位的方式进行吸附。这样两种不同的醇类吸附方式导致了不同晶体结构的光催化性能差异。此外，前面我们介绍了金红石和锐钛矿两种不同的结构组成，而正是这样的结构差异性使得金红石和锐钛矿具有不同的质量密度和电子能带结构，从而直接造成了两者不同的光催化行为。实际上，用于光催化的晶体很难是完美的晶体结晶，通常都会存在一种或几种结构上的缺陷，而在光催化反应中存在的缺陷可以改变晶体的费米能级，使得光生电子和空穴对在表面缺陷位的复合情况发生改变从而影响了光催化活性。

能带结构与位置的不同也是影响光催化活性的重要因素之一，半导体催化剂的能带位置及吸附物种的氧化还原电位直接决定了半导体光催化反应的活性。一般情况下，半导体的价带顶越正，空穴的氧化能力越强；而导带底部越负，电子的还原能力越强。并且导带和价带的离域性越好，光生电子和空穴的迁移能力也就越强，就越有利于光催化氧化还原反应的进行。以光解水为例进一步说明能带结构与位置与光催化性能之间的影响关系。如图 8.12 所示，光解水反应要想同时释放 $H_2$ 和 $O_2$，需要从热力学和动力学上满足要求，对于光催化剂来说其导带的位置需要比分解 $H_2O$ 所制备 $H_2$ 的电位（0V）更负；价带位置要比分解 $H_2O$ 所释放 $O_2$ 的电位（1.23V）更正。因此开发具有合适的能带结构且稳定高效的光催化剂是光催化领域未来发展的一个重要方向。

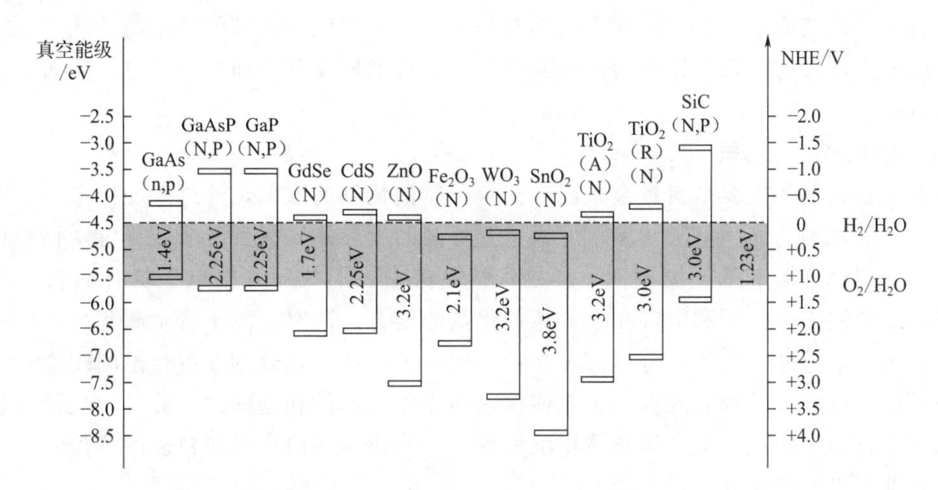


图 8.12　半导体带隙宽度及导带、价带位置示意图

此外，光催化材料的晶体尺寸也是重要的影响因素。在光催化过程中，光生载流子通过扩散作用从材料的内部迁移到材料的表面进而发生氧化还原反应。材料的晶体尺寸越小，电子从体相扩散到表面的时间就会越短，光生电子与空穴的复合概率就会越小，从而达到有效提升电荷分离效率的目的，因此光催化反应中光催化剂的尺寸通常都是纳米级。同时，光催化剂的晶粒尺寸越小，暴露在晶体表面的原子数就越多，其比表面积

也就越大，可以有效提升催化剂的吸附能力，进而增加催化剂表面的活性位点，从而提高光催化反应的活性。研究表明，当半导体晶体尺寸在 10～100Å（1Å＝$10^{-10}$ m）时，半导体就可以表现出量子尺寸效应，从而使价带电位更正、导带电位更负。带隙变得更宽，使吸收带边发生蓝移，这些变化可以使得光催化剂的光生电子和空穴具有更强的氧化还原能力，进而提升催化活性。

（2）掺杂改性

由于半导体光催化剂存在光响应范围较窄的问题，造成了难以有效利用太阳光。同时，半导体光催化剂在光辐射的条件下所产生的光生电子-空穴对易发生复合作用，从而降低了光催化反应的活性。因此根据半导体的能带理论，在光催化剂表面引入掺杂离子，当最适半径的离子或原子掺杂时，可通过在半导体的晶格中引入缺陷或改变材料的结晶结构与表面性质，从而达到扩大光谱响应范围的作用，这将有效地促进光生电子和空穴对的分离过程，有效提升光催化活性。研究人员发现，掺杂改性主要有三类可能的改性机理：

①引入中间能级，降低半导体的带隙宽度。这一类掺杂改性如在半导体中掺杂 V、Mn、Fe 等过渡金属的离子后，掺杂的金属离子可以进入晶格中，从而在半导体光催化剂的禁带中产生杂质能级，还有一些阴离子在掺杂后产生的掺杂能级与半导体相重叠，导致半导体的价带上移，致使带隙宽度变窄，这些掺杂都可以使吸收带边发生红移，提高了对光子的利用率，使其可在可见光条件下响应。

② 成为电子和空穴的俘获中心，抑制复合。离子或元素掺杂在半导体禁带后，可因其较多的能级结构成为光生电子和空穴对的浅势捕获陷阱，延长了载流子的寿命，减少了电子和空穴对的复合，提高光催化活性。但大量的掺杂也会因为产生过多捕获陷阱而造成载流子在迁移过程中的失活。

③ 形成晶格缺陷，增加氧空位。有些掺杂过程可以导致掺杂离子进入到晶格中占据了原有金属离子或氧原子的位置，在催化剂的晶体结构中形成了局部的晶格畸变或在晶体中产生了新的氧空位，这些都可以作为反应的活性中心增加催化剂表面的氧空位，从而延伸光谱的吸收范围。

（3）表面贵金属沉积

表面贵金属沉积主要是将贵金属修饰在半导体催化剂的表面，通过改变体系中的电子分布状态，将催化剂的光生电子从费米能级位置更高的半导体转移到费米能级位置相对较低的金属上，直到两者的费米能级相同，形成肖特基势垒，形成对光生电子具有捕获作用的陷阱，进一步抑制光生电子和空穴在半导体催化剂的复合。同时，由于贵金属和半导体的功函数不同，光生电子和空穴将会分别锚定在贵金属和半导体上，分别在各自不同的位置发生氧化还原反应，这样的过程有效提高了光催化剂的光催化活性和选择性。此外，最新的研究表明，当贵金属纳米颗粒和半导体基体相沉积后，可构成一种由金属颗粒表面等离激元共振所引起的可见光光谱吸收。

（4）表面光敏化

由于有些半导体催化剂只能在紫外光区被激发，其光谱利用率较低，科研人员于是将具有可见光活性的光敏化剂通过物理或化学吸附的形式，吸附在催化剂表面，使吸收波长可以从紫外光区延伸到可见光区。催化剂的有效光敏化过程需要同时符合两个条件，一个是敏化剂易于吸附在半导体催化剂的表面，另一个是敏化剂处于激发态时的能级与半导体的导带能级相匹配，通常是处于激发态的敏化剂电势比半导体的导带电势更负，这样就可以促使敏化剂所激发的电子注入到半导体催化剂的导带，从而被其表面的 $O_2$ 所捕获，形成 $O_2^-$，成为还原活性中心，使有机物被还原。光敏化剂通常都是有机染料，常见的有钌吡啶类衍生物、玫瑰红等。但值得注意的是，有机染料光敏化半导体存在敏化剂自身被光催化降解的问题。

（5）半导体复合

由于半导体在复合后可以具有两种或者多种不同能级结构的价带和导带，在光激发的条件下光生电子和空穴可以分别迁移至不同复合半导体的导带和价带处，从而使光生载流子可以有效地分离或产生新的催化性能。异质结一般可以定义为两种不同能带结构的半导体接触组成的界面结构，根据能带之间的相互关系，两种复合半导体所构成的异质结构主要有如图 8.13所示的跨立型（Ⅰ型）、错开型（Ⅱ型）和破隙型（Ⅲ型）三种类型。其中跨立型和破隙型异质结由于在载流子的迁移过程中的影响，无法有效完成光生电子和空穴对的转移和分离过程。而错开型的异质结理论上在光照条件下，光生电子-空穴对产生后电子可以从 S1 转移至 S2，光生空穴则向相反方向移动，从而实现了光生电子-空穴对在空间上的分离作用和界面转移过程，从而进一步提高了光催化反应的活性。此外，近些年来，仿照植物光合用而提出的 Z 型异质结和 S 型异质结以及太阳能电池中常见的 P-N 型异质结也因为既能实现载流子在氧化还原位点处的空间分离过程，同时又保证了光催化剂能保持较为合适的价带和导带位置，从而使催化剂保持了较强的氧化还原反应能力。

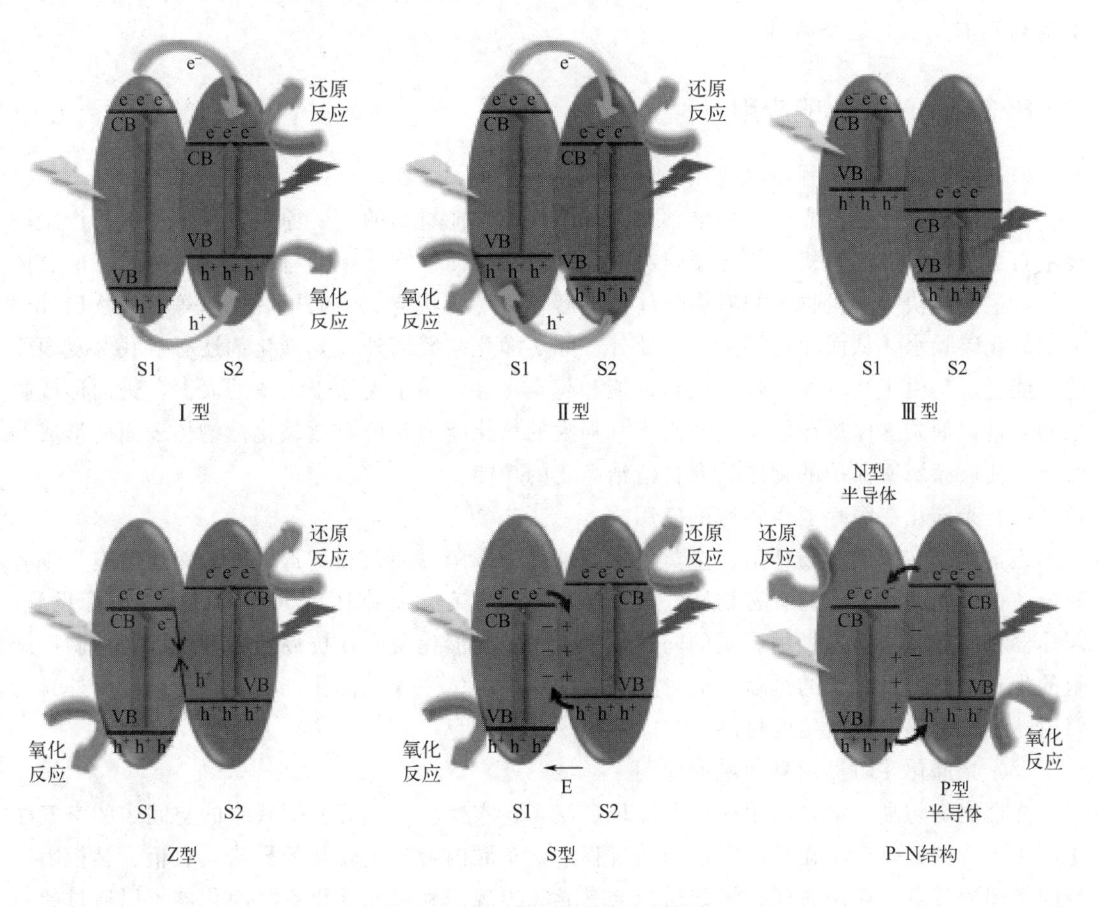


图 8.13 半导体异质结结构示意

（6）无机-有机表面杂化

具有 π 共轭结构的表面杂化无机半导体光催化剂近来已广泛用于光催化环境修复和能量转换领域。表面杂化被认为是能数倍提高光催化活性、完全抑制无机光催化剂的光腐蚀以及扩大光催化剂的光谱响应范围的有效方法。表面杂化光催化剂是一类由含有共轭 π 结构的导电有机材料对无机半导体进行表面修饰的材料。有机材料分散在无机半导体的表面并通过牢固的化学键连接。根据有机材料的结构特征，表面杂化可分为三类：有机小分子半导体、导电聚合物和碳基导电材料。基于有机材料的光催化性能，表面杂化包括两种情况，一种是表面有机杂化剂中没有光催化性能的仅充当光敏材料和保护层，以增强无机光催化剂的光催化活性；另一种情况是有机杂化剂本身具有光催化活性。

对于具有一定带隙宽度的有机材料，可被光激发产生光生电荷。对于诸如石墨烯没有光催化活性的有机导电材料，本身不会产生光生电荷，仅用作电荷传输介质以分离无机半导体的电子-空穴对，我们将由这类导电有机材料和无机半导体形成的表面杂化的界面电荷分离机制定义为导电类型。同时，许多无机光催化剂仅在紫外光区具有响应，有机半导体材料在可见光区域具有吸收特性且消光系数大，用于表面杂化光催化剂中仅需薄膜便可以有效吸收入射光。此外，有机光催化剂材料的吸光特性容易通过分子设计被调控，得益于表面杂化中有机半导体的高吸收系数和灵活可调的吸收光谱，有望拓宽表面杂化光催化剂至红外线的响应波长，产生的光生电荷转移到无机半导体的表面并进一步参与光催化氧化还原反应。

### 8.3.5 光催化的应用

（1）光催化在净化领域的应用

在光催化反应中，光催化剂能够作为环境净化功能材料的主要原因是光催化剂所产生的羟基自由基可以破坏有机气体分子自身的化学键，从而使空气中的有机气体成为单一的气体分子，进而加快了有机物质和有害气体的分解，进一步将空气中的甲醛、苯等有害物质分解为二氧化碳和水，从而净化了空气。此外，除了净化空气以外，光催化剂还有自我修复净化的功能。这是由于其具有较强的酸化性能和超亲水性，易于喷涂于物体的表面，进而形成膜状的光催化剂防雾保护涂层，同时由于其强大的氧化能力，可有效氧化掉物体表面所形成的污渍，使被涂层所保护的物体具有自清洁净化的功能。

（2）光催化在医疗卫生领域的应用

光催化剂在杀灭大肠杆菌、金黄色葡萄球菌、霉菌等细菌和病毒的同时，还能进一步有效分解由病菌所释放出的有害物质。其杀菌功能可以有效抑制医院、养老机构等医疗设施、医疗器械的细菌繁殖，做到有效的防护。近年来，光催化反应在抗癌药物开发以及抑制癌细胞的生长方面也有卓越的贡献。通过在患者的病患部位注入光催化剂药物，辅助以紫外光的照射达到抑制癌细胞繁殖的目的。

（3）光催化在防臭消臭领域的应用

光催化剂防臭、消臭的用途主要体现在汽车、衣柜、鞋柜等密闭狭小的空间中的空气净化应用上。例如，汽车在长时间使用的过程中，车厢内会产生较强的异味；衣柜、鞋柜因其空间密闭的特点，使用时间久了之后也会有异味出现。利用光催化空气净化器可以通过超氧自由基的强氧化作用有效消除车厢、衣柜、鞋柜的臭味异味，净化空气。

（4）光催化在水净化领域的应用

此外，光催化剂还可以应用到水体净化的领域。利用光催化剂的强氧化还原作用，有效分解水体中的有机污染物。特别是当水体中具有很高浓度的有机污染物或用其他方法难以处理的污染物时，采用固载技术或造粒方式所制备的光催化剂进行水体的净化，其水质净化的效果非常明显。

（5）光催化在新能源领域的应用

光催化的另一个重要应用就是能源，一个是通过光解水制取氢气，所制取的氢气被认为是清洁的新能源染料，有着广泛的应用前景，预计将来将替代石油以支撑人类社会的能源需求；另一个就是太阳能电池，其将有望替代现有的火力和水力发电，使人类真正用上取之不尽用之不竭的太阳能。

## 思考题

1. 光伏发电的原理是什么？
2. 光催化技术的原理是什么？
3. 如何有效提高太阳能的利用率？
4. 大范围地使用太阳能是否会污染环境？
5. 太阳能的优缺点是什么？
6. 目前为止，太阳能利用的新技术有哪些？
7. 光催化性能提高的方法有哪些？
8. 什么是染料敏化电池？
9. 敏化电池的结构组成如何？
10. 结合本章的学习，谈谈你对太阳能的看法。

## 参考文献


[1] 潘小勇，马道胜．新能源技术 [M]．南昌：江西高校出版社，2019.
[2] 罗运俊．太阳能利用技术 [M]．北京：化学工业出版社，2011.
[3] 沈辉，曾祖勤．太阳能光伏发电技术 [M]．北京：化学工业出版社，2005.
[4] 陈玮．新型太阳能电池之热载流子电池 [D]．重庆：西南大学，2017.
[5] 吴建春．光伏发电系统建设实用技术 [M]．重庆：重庆大学出版社，2015.
[6] 宋洋，宋凯．太阳能光伏发电技术 [M]．南昌：江西科学技术出版社，2018.
[7] 李明，季旭，等．槽式聚光太阳能系统的热电能量转换与利用 [M]．北京：科学出版社，2011.
[8] 王东．太阳能光伏发电技术与系统集成 [M]．北京：化学工业出版社，2013.
[9] 屠佳佳．太阳能电池性能参数测试系统的试验研究 [M]．杭州：中国计量学院计量测试工程学院，2013.
[10] 张兴．太阳能光伏并网发电及其逆变控制 [M]．北京：机械工业出版社，2016.
[11] 潘虹娜，李小琳，等．晶体硅太阳能电池制备技术 [M]．北京：北京邮电大学出版社，2017.
[12] 陈元灯，陈宇，等．LED制造技术与应用 [M]．北京：电子工业出版社，2019.
[13] 杨广武，程元壮，等．钙钛矿太阳能电池材料制备、器件组装及性能测试综合实验设计 [J]．实验技术与管理，2022，39（03）：30-36.
[14] 李伟，顾德恩，等．太阳能电池材料及其应用 [M]．成都：电子科技大学出版社，2014.
[15] 全国能源基础与管理标准化技术委员会．太阳能热水器及相关产品标准汇编 [M]．北京：中国标准出版社，2018.
[16] 布罗恩·诺顿．太阳能热利用 [M]．饶政华，刘刚，译．北京：机械工业出版社，2018.

[17] 屠海令，李腾飞，马飞，等．我国关键基础材料发展现状及展望［J］．中国工程科学，2017，19（3）：125-135.
[18] 郭廷玮，等．太阳能的利用［M］．北京：科学技术文献出版社，2001.
[19] 邓桂芳．透析太阳能资源化利用的环保节能新主张［J］．电气工程应用，2015（4）：32-38.
[20] 姜璐璐．功能层优化对钙钛矿太阳能电池性能影响研究［D］．武汉：武汉大学，2019.
[21] 吕勇军，鞠振河，等．太阳能应用检测与控制技术［M］．北京：人民邮电出版社，2013.
[22] 官成钢．光伏电池理论模型仿真优化及多结单色光电池的制备研究［D］．武汉：华中科技大学，2018.

# 第9章 生物质能

## 9.1 概述

### 9.1.1 生物质

(1) 生物质的概念

参照国际能源机构(IEA)相关表述，将生物质(biomass)定义为通过光合作用而生成的各种有机体(植物)及其衍生物(动物)。美国能源信息管理局(简称EIA)的定义：生物质是指来源于植物和动物的有机物质，是一种可再生能源。

《联合国气候变化框架公约》所定义的生物质的概念为："来源于植物、动物和微生物的非化石物质且可生物降解的有机物质。"它也包括农林业和相关工业产生的产品、副产品、残渣和废弃物，以及工业和城市垃圾中非化石物质和可生物降解的有机组分。

总之，地球上各种有机体，即一切有生命的、能够生长的有机物质，均称生物质。

**小知识**

- 生物质资源可以作为能源材料，也可用作化工原料制取化学品。
- 作为能源，生物质可以直接或物理加工后使用，也可以转化为二次能源，以满足现代社会的使用需求和解决直接使用有可能带来的效率低、不环保等问题。

**请思考：**生物质可以转化为哪些二次能源？为何要转化为二次能源？

(2) 生物质的分类与化学组成

① 生物质的分类。生物质可按不同标准进行分类。比如，根据是否可以大规模代替常规化石能源，将其分为传统生物质能和现代生物质能。广义来说，传统生物质能指在发展中国家小规模应用的生物质能，主要有农村生活用能(薪柴、秸秆、稻草)和其他农业生产的畜禽粪便和废弃物等；现代生物质能是指能大规模应用的生物质能，主要有城市固体废弃物、现代林业生产的废弃物和甘蔗渣等。

② 生物质的组成特点。生物质由C、H、O、N、S等元素组成，是空气中的$CO_2$、水和太阳光通过光合作用的产物。其挥发分高，碳活性高，硫、氮含量低(S 0.1%～1.5%，N 0.5%～3.0%)，灰分低(0.1%～3.0%)。

挥发分是指样品在规定条件下隔绝空气加热，样品中的有机物质受热分解出一部分分子量较小的组分(此时为蒸气状态)。

③ 主要化学成分。

a. 纤维素。纤维素（cellulose）是由葡萄糖脱水聚合而成的大分子多糖（约含 5000～10000 个葡萄糖单位），是植物细胞壁的主要成分。自然界中纤维素分布最广、含量最多，占植物界碳含量的 50%以上。例如，棉花的纤维素含量接近 100%，一般木材中含纤维素 40%～50%、半纤维素 10%～30%和 20%～30%的木质素。

葡萄糖（glucose），分子式 $C_6H_{12}O_6$。是一种多羟基醛，含五个羟基，一个醛基，具有多元醇和醛的性质。葡萄糖是自然界分布最广且最为重要的一种单糖，通过植物光合作用产生。

生物质资源中，木质纤维素（lignocellulose）含量最为丰富，分布最为广泛，主要有纤维素（40%～50%）、半纤维素（25%～35%）、木质素（15%～20%）三部分组成（图 9.1）。纤维素通过 β-1,4-糖苷键连接葡萄糖单元，分子中的羟基易与分子内或相邻纤维素分子上的含氧基团之间形成牢固的氢键，这些氢键使纤维素形成了很强的结晶结构，导致纤维素不溶于水，具有很强的酸碱耐受性，性质稳定。

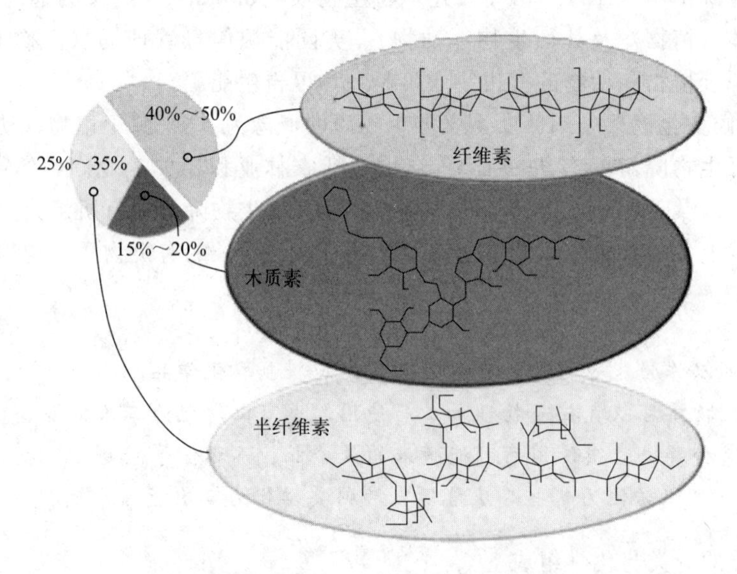


图 9.1 生物质资源中的纤维素、半纤维素、木质素

半纤维素是由多种糖聚合而成，主要包括五碳糖（木糖、阿拉伯糖）、六碳糖（甘露糖、葡萄糖、半乳糖）以及其它糖酸等。其中聚木糖是含量最丰富的半纤维素。由于构成半纤维素的糖基多种多样，所以可以从半纤维素获得葡萄糖、果糖、甘露糖、核糖、阿拉伯糖等下游平台分子。

生物质的木质素部分主要是由苯丙烷结构单元组成的无定形聚合物，并含有羧基、羟基等其它官能团。与木质纤维素生物质中纤维素和半纤维素相比，木质素含有更多的芳环结构，使其更加疏水。木质素是含量第二丰富的天然聚合物，也是唯一可大量获得的含芳香族单体的可再生原料，具有广泛的应用前景。

b. 甲壳素。甲壳素是自然界中仅次于纤维素储量的多糖资源，亦是自然界中仅次于蛋白质的含氮有机聚合物，广泛存在于自然界低等植物菌类、虾、蟹、昆虫等甲壳动物的外壳，真菌的细胞壁等中。甲壳素的化学结构类似于纤维素，都是六碳糖的多聚体，区别在于纤维素C-2位置的羟基被乙酰氨基所取代。甲壳素广泛应用于废水净化、食品添加剂、染料、织物、黏合剂等。

### 9.1.2 生物质能

（1）生物质能概念

生物质能（biomass energy）是由太阳能转化而来的以化学能形式储藏在生物质中的能量。自人类用火以来，最早直接应用的能源就是生物质能。生物质能是唯一可再生的碳源，并可转化成常规的固态、液态和气态燃料，是解决未来能源危机最有潜力的途径之一。

2005年2月28日第十届全国人民代表大会常务委员会第十四次会议上通过，自2006年1月1日起施行的《中华人民共和国可再生能源法》将生物质能的含义解释为：生物质能，是指利用自然界的植物、粪便以及城乡有机废物转化成的能源。生物质资源与传统的矿物燃料相比，具有明显的特点，即可再生性和无污染性。

（2）生物质能的特征

① 储量巨大。从森林到海洋地球上存在着数量庞大的生物质资源，陆地地面以上总的生物质量约为1.8Mt，海洋中约为40亿吨，陆地地面以上的生物质量基本上与土壤中存在的数量相当。陆地地面以上总生物质量折算成能量大约是33000EJ，为世界能源年消耗量的80倍以上。另外，通过光合作用还在不断形成新的生物质。

陆地地面以上生物质的年净生产量约为1150亿吨，其换算成能量则约为世界能源年消耗量的10倍。其中，森林树木年生长量数目巨大，约为全世界一次性能源的7至8倍，实际可利用的量按照该数据10%计算，可以满足能量供给需求。

② 属可再生能源。只要有阳光照射，绿色植物的光合作用就不会停止，生物质能再生就不会停止，其与太阳能、风能等同，属于可再生能源同时也是唯一一种可再生的碳基能源，可以转化成气态、液态和固态燃料等多种能量形式以及其他化工产品，是未来能源危机最有潜力的解决方法之一。

③ 加工转化的技术经济性有待提升。生物质能量密度低，再加上含硫含氮，在现代文明社会要求下一般需加工转化。然而，生物质的水含量高，化学结构复杂，其化学加工要求和技术工艺远比煤炭和石油的复杂，其技术经济性有待提升。其中一条途径就是选定或开发容易转化的农作物或植物，规模化机械化种植，以期实现能源结构向可再生资源的变革。

### 9.1.3 生物质转化

把生物质通过一定方法和手段转变成使用起来更为方便和洁净的燃料物质或其它产品的技术统称为生物质转化技术。

生物质主要转化技术如图9.2所示，不同的利用方式具有各自的技术特点。

（1）生物质物理转化——生物质压缩成型

生物质压缩成型（biomass briquetting）是指将各类生物质废弃物，如稻壳、秸秆、锯

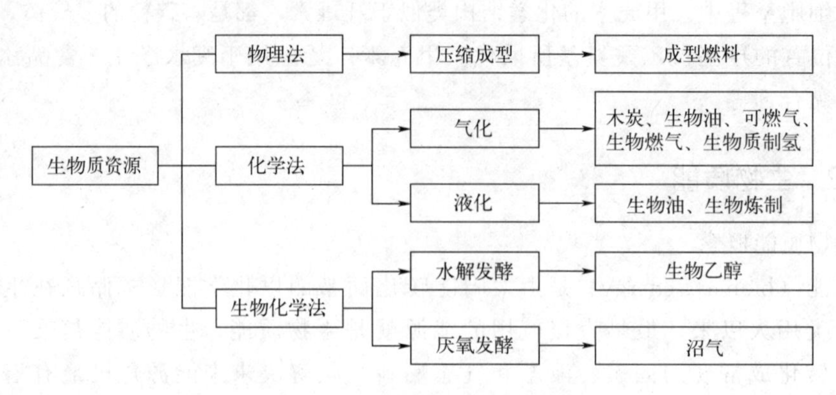


图 9.2 生物质转化的主要技术

末等，在一定压力的作用下（加热或者不加热），使原来松散、细碎、无定形的生物质原料压缩成为密度较大的粒状、块状、棒状等各种成型燃料。

生物质成型燃料工艺根据是否向原料中添加黏结剂可以分为加黏结剂成型和不加黏结剂成型两种；根据不同的原料热处理方式又可以分为常温压缩成型、炭化成型和热压成型。压缩成型既可以提高生物质的能量密度，减小生物质体积，使其易于存储和运输，又可以解决生物质直接燃烧效能低的问题，从而使其能够代替煤炭来作为居民采暖、锅炉燃料，或者作为炊事燃料使用。

（2）生物质化学转化

① 热解技术。生物质热裂解是指生物质在完全没有氧或缺氧条件下热降解，最终生成生物油、木炭和可燃气体的过程。三种产物的比例取决于热裂解工艺和反应条件。一般地说，低温慢速热裂解（小于 500℃），产物以木炭为主；高温闪速热裂解（700～1100℃），产物以可燃气体为主；中温快速热裂解（500～650℃），产物以生物油为主。如果反应条件合适，可获得原生物质 80%～85%的能量，生物油产率可达 70%（质量分数）以上。

② 气化技术。生物质气化是指固体生物质转化为气体燃料的热化学过程。在高温的条件下，以 $O_2$(空气、富氧或纯氧)、水蒸气或 $H_2$ 等作气化剂，将生物质中可燃部分转化为 CO、$H_2$ 和 $CH_4$ 等可燃气。气化可将生物质转化为高品质的气态燃料，直接应用作为锅炉燃料或发电，产生所需的热量或电力，或作为合成气进行间接液化以生产甲醇、二甲醚等液体燃料或化工产品。目前主要开发了上吸式固定床气化炉、下吸式固定床气化炉和循环流化床气化炉。

想一想，热解与气化有何区别？

③ 液化技术。液化是将固态的生物质通过一系列的化学加工过程，使之转化为液体燃料（主要是液体烃类产品，比如汽油、柴油、液化石油气等，有时也包括醇类燃料，比如甲醇、乙醇等）的清洁利用技术。液化技术按照化学加工过程技术路线的不同，可分为直接液化和间接液化两种。

直接液化是在高压和一定温度下，将固体生物质与 $H_2$ 发生反应（加氢），直接转化为液体燃料的热化学反应过程。

间接液化是指将由生物质气化得到的合成气（$CO+H_2$），经催化合成为液体燃料（甲醇或二甲醚等）。

（3）生物质生化转化

生物质生化转化是在微生物或酶的作用下，生物质进行生物转化生成乙醇、氢气、甲烷等液体燃料或气体燃料的技术。主要利用农业生产和加工过程的生物质，例如畜禽粪便、农作物秸秆、生活污水、工业有机废水以及其它有机废弃物等。生物质生化转化技术主要分为生物质水解发酵技术、生物质厌氧发酵技术以及生物质酶解技术。

生物质转化技术是用微生物法等方法将生物质能转变成燃料物质的技术，其通式为：

$$\text{有机物质}\xrightarrow[\text{厌氧微生物发酵}]{\text{微生物发酵}}\begin{matrix}\text{液体燃料}\\\text{气体燃料}\end{matrix}+CO_2$$

通常产生的液体燃料为乙醇，气体燃料为沼气。

① 生物乙醇技术——生物质水解发酵。乙醇又称酒精，是由C、H、O三种元素组成的有机化合物，也是一种不含硫及灰分的优质液体燃料，可代替汽油、柴油等石油燃料。生物乙醇是最易工业化的一种民用燃料或内燃机燃料，也是最具发展潜力的一种石油替代燃料。

生产生物乙醇的有机物原料分为两类，一是糖类原料，例如甜菜、甘蔗、甜高粱等作物的汁液，制糖工业的废糖蜜等。糖类原料可以直接发酵生成含有乙醇的发酵醪液，然后经蒸馏得到高浓度酒精；二是淀粉类原料，例如甘薯、玉米、木薯、马铃薯等。淀粉类原料先进行蒸煮、糖化，再通过发酵、蒸馏生成酒精。酒精可以用作燃料，也可以用作汽油添加剂制备车用乙醇汽油，还可以用来制作饮料。

② 沼气技术——生物质厌氧发酵。沼气是指生物质在严格厌氧的条件下，通过发酵微生物的作用所生成的气体燃料。有很多生物质可以产生沼气，例如：秸秆、人畜粪便、水生植物、污泥、有机废水等。沼气可以直接利用，也可以将其中所含$CO_2$除去从而制得较高纯度的甲烷产品。

沼气发酵的过程，实质上是微生物的物质代谢和能量转化过程，这些微生物在分解代谢过程中获得能量和物质，以满足自身生长繁殖，同时大部分物质转化为$CH_4$和$CO_2$。沼气一般含$CH_4$ 50%～70%，其余为$CO_2$和少量的$N_2$、$H_2$和$H_2S$等。

### 9.1.4 生物质制氢技术

氢是宇宙中最为丰富的元素，在地球上广泛存在于水、甲烷、氨以及各种含氢的化合物中，氢可以由各种一次能源转化而来，也可以通过可再生能源或二次能源制取。氢能是最环保的能源，清洁无污染，燃烧热值高，是解决目前全球能源紧缺和环境污染问题的首选。

生物质制氢主要包括生物转化制氢和热化学转换制氢等方法，是当前最有发展前景的清洁的生物质能转换技术之一。生物质是廉价的可再生制氢原料，可产生的氢气占生物质总能量的40%左右，已成为世界各国可再生能源科学技术领域的研究开发热点之一。

生物质制氢，包括微生物转换技术和热化学转换技术制氢。其中，微生物转换技术制氢包括光解微生物产氢和厌氧发酵菌有机物制氢。

## 9.2 生物质气化

### 9.2.1 生物质气化制取燃气

(1) 生物质气化发生器

在生物质气化发生器方面，近年来主要开发了固定床反应器、流化床反应器和气化床反应器。用于生物质气化的介质主要有：空气、氧气、空气/水蒸气、氧气/水蒸气等。为提升装量和获得最大量的气体，科学家开发了循环流化床和有催化剂的高压反应器。苏格兰人斯特林于1816年发明了一种外燃封闭式发动机，该发动机的开发研制，使热值低、焦油含量高的软柴类可作为先行物质气化的热源，并驱动小型发电机。目前，美国在生物质热解气化技术方面获得了突破，研制出了生物质综合气化装置（如燃气轮机等发电系统成套设备），为大规模利用生物质气体发电提供了实用技术。

(2) 生物质气化工艺

生物质的气化工艺有多种分类形式，若按是否加入气化剂，可分为无气化剂气化（干馏）和有气化剂气化（空气气化、氧气气化、水蒸气气化、水蒸气-空气混合气化及氢气气化）（图 9.3）。

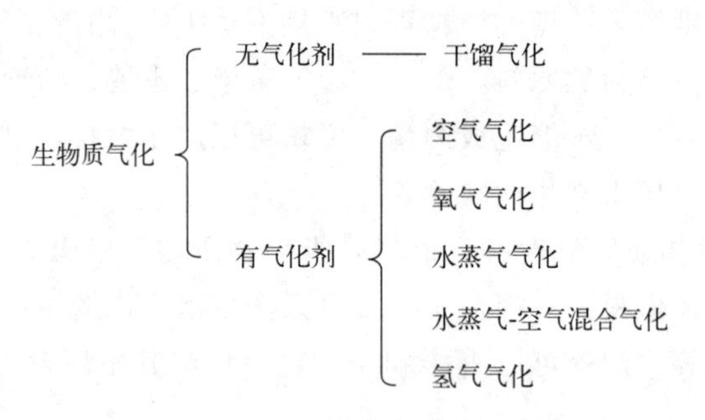


图 9.3 生物质气化工艺

(3) 生物质材料气化特点

生物质作为气化原料，由于其元素组成特点，故比化石型燃料（煤、石油）具有更多的优越性。

**请思考：**测定生物质样品挥发分时，需在规定条件下隔绝空气加热，此过程中有机物质发生了哪些变化？变化程度与温度有何关系？

① 挥发分高。其挥发性份额一般为70%～80%。当温度较低时（<400℃），大部分挥发分可被释放出来，而煤炭则需要更高的温度。

② 生物质炭的反应活性高。在较低温度下，生物质炭能在较低气压下、较短时间内，以较快速度与 $CO_2$、水蒸气进行气化反应，而煤炭类燃料只能有20%(甚至更少）被气化。

③ 灰分少。除稻壳外，生物质的灰分一般不足3%，且其灰分不黏结。

④生物质含硫低。生物质中含硫量常<0.2%，气体脱硫装置简便，能有效降低设备成本，为环境友好型燃料资源。

综上所述，生物质气化技术是一种化学处理技术，将固态生物质原料转换成可燃性气体，有些情况下同时副产液体和固体残渣。生物质气化基本原理为：在高温条件下，生物质中高分子量的有机碳氢化合物发生断裂，转变成低分子量的烃类、CO 和 $H_2$ 等，使得生物质能使用更加简便，能量转换效率也有较大提高。

## 9.2.2 生物质厌氧发酵技术制备沼气

### 9.2.2.1 厌氧过程的基本原理

早在 19 世纪人们就已经发现沼气的产生是一个微生物学过程。1965 年美国微生物学家 Hungate 教授创立了严格厌氧微生物培养技术，人们逐步开始认识到沼气发酵的本质，揭示了沼气发酵的微生物学原理：沼气发酵过程是在无氧条件下由多个生理类群的微生物共同参与完成的，是微生物为适应缺氧环境，利用不同类群的不同分解作用，构成完整的生化反应系列，逐步将有机质降解，最终形成甲烷、氢气和二氧化碳等的混合物，即沼气。

**什么是沼气？**

- 覆盖地表植被在阳光作用下产生的有机物在厌氧和其他适宜条件下，经沼气微生物分解代谢，产生的以甲烷和二氧化碳为主体的混合气体，称为沼气。
- 从光合作用的角度来说，沼气是一种可再生能源。

（1）沼气的理化性质

沼气主要成分是甲烷（$CH_4$），占总体积的 50%～70%，其次是二氧化碳（$CO_2$），占 25%～45%。除此之外，还含有少量的氮气（$N_2$）、氢气（$H_2$）、氧气（$O_2$）、氨气（$NH_3$）、一氧化碳（CO）和硫化氢（$H_2S$）等气体。甲烷与沼气的主要理化性质如表 9.1 所示。

**表 9.1　甲烷与沼气的主要理化性质**

| 特性 | $CH_4$ | 标准沼气(含 $CH_4$ 60%，含 $CO_2$ <40%) |
| --- | --- | --- |
| 爆炸范围(与空气混合的体积分数)/% | 5～15.4 | 8.33～25 |
| 密度/(g/L) | 0.72 | 1.22 |
| 相对密度 | 0.5548 | 0.94 |
| 临界温度/℃ | −82.5 | −25.7～48.42 |
| 临界压力/MPa | 4.59 | 59.35～53.93 |
| 气味 | 无 | 微臭 |

注：1. 爆炸范围——可燃性气体在空气或氧化中建立爆震波所需的浓度范围。
2. 临界温度、临界压力——由气态开始转为液态时的温度、压力值。

（2）厌氧沼气发酵的主要反应历程

沼气发酵是一个（微）生物学的过程，分为液化、产酸和产甲烷三个阶段，如图 9.4 所示。

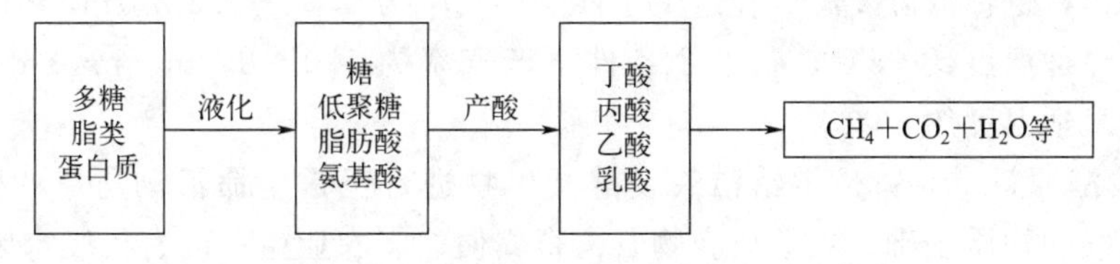


图 9.4　沼气发酵的基本历程示意图

① 液化阶段。农作物秸秆、垃圾、人畜粪便和其他各种有机废弃物，主要成分都是以大分子状态存在，例如淀粉、纤维素和蛋白质等。它们不能被微生物直接吸收利用，必须经过微生物分泌的胞外酶（例如纤维素酶、脂肪酶和肽酶等）酶解，分解成为可溶于水的小分子化合物，也就是多糖分解为单糖或二糖，蛋白质分解为肽和氨基酸，脂肪分解为甘油和脂肪酸，才能进入微生物细胞内再进行一系列的生化反应，此过程为液化。

② 产酸阶段。单糖类、肽、氨基酸、甘油、脂肪酸等物质在产酸微生物群的作用下，转化成简单的有机酸（如甲酸、乙酸、丙酸、丁酸和乳酸）、醇（如甲醇、乙醇等）以及二氧化碳、氢气、氨气和硫化氢等。主要的产物为挥发性有机酸，以乙酸为主，约占80%，故称为产酸阶段。

③ 产甲烷阶段。在产甲烷微生物群（又称产甲烷细菌）存在条件下，有机酸、醇以及氨气等物质被进一步转化为甲烷和二氧化碳，这种以甲烷和二氧化碳为主的混合气体便称为沼气。

实际发酵过程中，上述三个阶段的界线和参与作用的沼气微生物都是共存的，尤其是液化和产酸两个阶段，参与液化的微生物也会产酸，所以有学者把沼气发酵基本过程分为产酸（含液化阶段）和产甲烷两个阶段。

（3）沼气发酵工艺条件

沼气是有机物质经过多种细菌群发酵而产生的，只有充分满足它们适宜的生长条件，微生物才能迅速生长繁殖，达到高效产气的目的。综合起来，人工制取沼气的基本条件是：严格厌氧环境、适宜的发酵温度、碳氮比适宜的发酵原料、适宜的发酵料液浓度、适宜的酸碱度和优质的菌种。反应器发酵产气的好坏与发酵工艺条件的控制密切相关。实践证明，往往会由于某一条件没有控制好而引起整个系统运行失败。因此，控制好发酵工艺条件是维持沼气高效发酵的关键。

① 严格的厌氧环境。沼气微生物的核心菌群产甲烷菌是一种严格厌氧性细菌，对氧气特别敏感，这类菌群的生长、发育、繁殖、代谢等生命活动过程中都不需要空气。微量氧气的存在便会使其生命活动受到抑制，甚至死亡。好氧微生物生长的氧化还原电位（$E_h$）为300～400mV，厌氧微生物只能在100mV以下甚至负值时才能生长，产甲烷菌的生长适宜$E_h$在−300mV以下。

在沼气发酵初期，反应器内或发酵原料会存在一定氧气，但由于是在密闭的空间里，好氧菌和兼性厌氧菌的代谢作用迅速消耗了残存的氧气，为产甲烷菌创造了严格的厌氧条件。

② 发酵温度。温度是沼气发酵的重要外因条件，温度适宜则发酵微生物繁殖旺盛、活性强，沼气发酵进程就快，产气效果好；反之，温度不适宜，沼气发酵进程就慢，产气效果差。因此，温度是生产沼气的重要因素。沼气发酵微生物只能在一定温度范围内进行代谢活动，一般8～65℃下，均能发酵产生沼气，温度高低不同产气效果不同。在8～65℃时，温度越高，产气速率越大，但不是线性关系。人们把沼气发酵划分为三个发酵区，分别为常温发酵（8～26℃），也称低温发酵，在这个条件下产气率为0.15～0.3m/($m^3$ · d)；中温发酵（28～38℃），最适温度约35℃，在这个条件下产气率为1.0～2.0m/($m^3$ · d)；高温发酵（46～65℃），最适温度约55℃。

③ 沼气发酵原料。原料是供给沼气发酵微生物进行正常生命活动所需的营养和能量，是不断生产沼气的物质基础。农业废弃物、禽畜粪便、工农业生产的有机废水废物、污水处理厂污泥以及多种能源植物等都可以作为沼气发酵的原料。

④ 适宜的料液浓度。沼气池内发酵料液浓度要求随工艺的不同而有所改变。一般发酵料液浓度的范围是2%～30%，但有机废水沼气发酵浓度一般低于2%。发酵料液浓度在20%以下时，料液呈流动液态状，称为湿式发酵；料液浓度超过20%时，料液呈固态状，称为干式发酵。

发酵料液浓度太低或太高，都对沼气生产不利。浓度太低时，含水量高而有机物含量低，会降低单位容积的利用效率；浓度太高时，传质、传热受到影响，不利于沼气微生物的代谢活动，发酵生态系统受到破坏，产气少甚至不产气。因此，一定要根据发酵料液浓度的不同，采用不同的适配工艺，保证沼气发酵正常进行。

⑤ 适宜的pH值。沼气发酵微生物最适宜的pH值为6.8～7.5。一般来说，当pH值在6以下或8以上时，沼气发酵就要受到抑制，严重时停止产气。主要因为pH值会影响微生物酶的活性，可以采用监测挥发酸含量来控制进料量，这样可以做到精确管理。

⑥ 发酵原料碳氮比。发酵原料碳氮比不同，其发酵产气情况差异也很大。从营养学和代谢作用角度看，沼气微生物消耗碳的速度比消耗氮的速度要快20～30倍。因此，沼气发酵过程中，不仅需要原料充足，而且需要适当的搭配，保持一定的碳氮比例，这样才不会因缺氮或缺碳而影响沼气的正常发酵，在其他营养元素具备的条件下，碳氮比为（20～30）∶1可正常进行沼气发酵，如果比例失调，沼气发酵受到影响。

⑦ 抑制物。一般情况下，农作物秸秆、能源植物等发酵原料中有毒物质较少，但畜禽养殖场和工厂中的有机废水中常含有消毒和防疫的药物或者重金属等有毒物质，会抑制厌氧微生物的生长、代谢及繁殖等。例如，有些有机氯化物（$CH_2Cl_2$、$CHCl_3$、$CCl_4$ 等）毒性很强，常造成产甲烷菌的中毒而使发酵失败。

⑧ 搅拌。对沼气发酵来说，搅拌是非常重要的。在沼气发酵的生化过程中，需要依靠微生物的代谢活动来进行生物化学反应，因此就要求微生物不断地接触新的食料。如果不搅拌，池内就会出现明显的分层现象，也就是浮渣层、液体层以及污泥层。这种分层现象会引起原料发酵不均匀，出现死角，产生的甲烷气体难以释放。故通过搅拌能够使发酵原料的分布更加均匀，防止分层现象，增大原料和微生物的接触概率，提高发酵速度，增加沼气产量。

⑨ 接种物。人工制取沼气必须有沼气微生物。如果没有沼气微生物的作用，沼气发酵的生化过程就无法完成，所以，在沼气发酵运行之初，要加入足够数量含优良沼气发酵微生物的接种物。在条件具备时，宜采用与生态环境一致的厌氧污泥作为接种物。当没有适宜的接种物时，需要进行菌种富集和培养，扩大接种物数量。

综上，沼气发酵是沼气微生物菌群分解代谢有机物产生沼气的过程，与其它生物一样，对环境条件有一定要求，这样沼气发酵才能正常运行。

#### 9.2.2.2 燃料沼气的生产工艺

根据不同标准，沼气发酵工艺可划分为很多类型：按温度可分为常温发酵、中温发酵和高温发酵；按产酸和产甲烷是否在同一装置中进行，可分为两步发酵和一步发酵；按进料方式可分为批量发酵、连续发酵与半连续发酵；按原料来源不同，可分为畜禽粪便发酵、农林废弃物发酵、工业有机废弃物沼气发酵和城市垃圾发酵等。而现在最常用的是按原料来源分类。

（1）畜禽粪便发酵途径与工艺

畜禽粪便主要来源于鸡、牛和猪。根据对畜禽品种、体重及昼夜排便量的评估，我国每年仅养殖场的粪便污水即可获 16 亿吨，相当于 1150 万吨标准煤，而可获得粪便资源的实物重为 3.2 亿吨，相当于 1.1 亿吨当量的油脂，是仅次于农作物秸秆资源的能源物质。

进行粪便资源化、无害化和清洁化的集中治理，变废为宝，建设大中型沼气工程是最经济、最可行、最现实的选择之路。合理利用这一资源，可以补充城乡特别是城镇清洁能源。这对改善城镇生活环境、降低生活能耗、促进人畜健康、建设美丽洁净的社区环境、提高人民生活质量具有重要意义。

该类能源资源的组成特点是：原料颗粒较细，作发酵的原材料无需粉碎；氮素含量较高，其原料碳氮比＜25∶1，在进入沼气池之前不需要进行预处理（如粉碎、预发酵等）；直接包含能被微生物吸收利用的小分子化合物，分解、产气速度快，发酵时间短，单位发酵原料的总产气量低于农作物的秸秆。通过微生物发酵，不仅可以回收畜禽粪便及养殖场冲洗水中的能源物质，还可以杀灭水中所含的致病微生物。

根据畜禽粪化合物组成和物理特性，该原料不宜单独发酵，应与碳氮比较大的农作物的秸秆、城乡垃圾混合发酵为宜，以提高整体生物质沼气发酵的综合效益。其发酵过程见图 9.5。

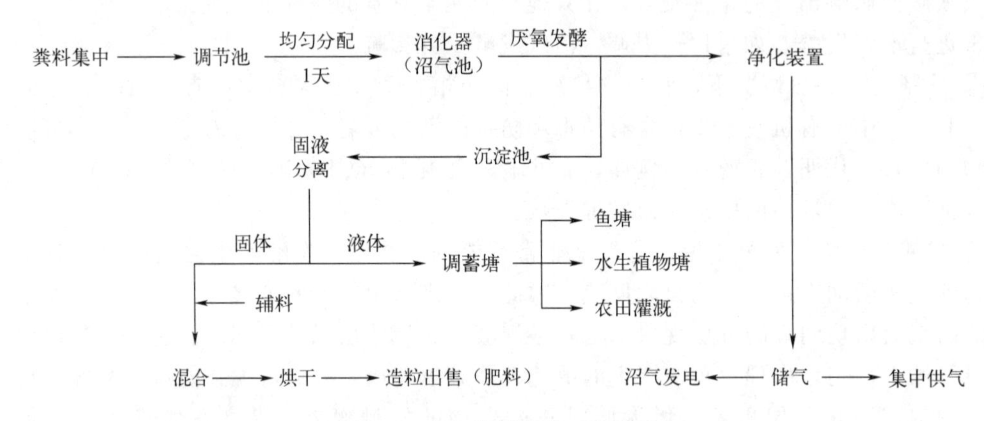


图 9.5 畜禽粪便发酵工艺流程

（2）农林废弃物发酵途径与工艺

农林废弃物主要有作物秸秆、浮游生物（如水葫芦、水花生等）、农林产品加工废弃物（包括稻壳、玉米芯、花生壳、甘蔗渣、棉籽壳、枝杈和木屑等），原料丰富，产量巨大。

将其适当处理后用于沼气发酵，既可获得大量清洁燃料，又可获得能优化土壤结构、改善土壤生态环境的有机肥。

以农林废弃物沼气发酵为例。其工艺流程如图 9.6 所示。

当发酵完成后，需除去旧料，第二次工艺流程与上述类同，但是上述的首步堆沤是在池内进行，若在池外进行需采用相当于秸秆质量 1%～2% 的石灰兑成石灰水，均匀喷散于粉碎的秸秆上，再泼上粪水（或沼气池液），提高氮素含量；湿度已不见水流为宜；料堆要层层压紧或踩紧，减少空气的透入；气温应控制在 10℃以上，否则要加温。

（3）工业有机废弃物沼气发酵途径与工艺

工业主要有机废弃物是乙醇制造、酿酒、制糖、食品加工、造纸及屠宰等行业生产过程中排出的废水，其种类繁多，主要有制浆造纸废水、制革业废水、酿酒发酵废水、肉类加工废水 4 大类，每一类废水的组成成分复杂多变。

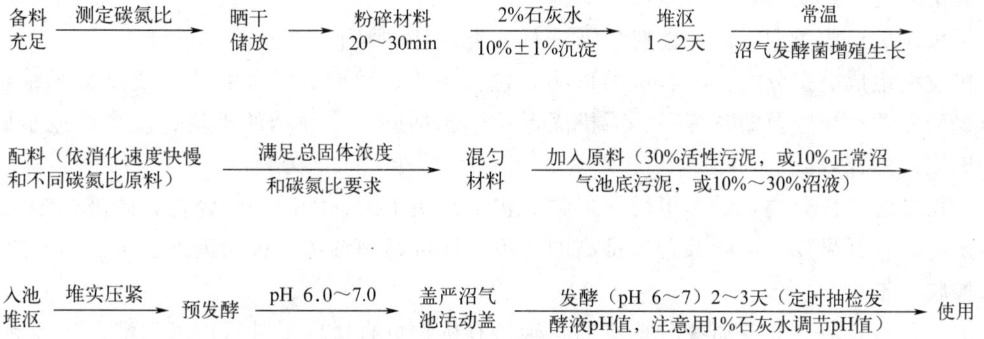

备料充足
测定碳氮比
晒干储放
粉碎材料 20～30min
2%石灰水
10%±1%沉淀
堆沤 1～2天
常温
沼气发酵菌增殖生长
配料（依消化速度快慢和不同碳氮比原料）
满足总固体浓度
和碳氮比要求
混匀材料
加入原料（30%活性污泥，或10%正常沼气池底污泥，或10%～30%沼液）
入池堆沤
堆实压紧
预发酵
pH 6.0～7.0
盖严沼气池活动盖
发酵（pH 6～7）2～3天（定时抽检发酵液pH值，注意用1%石灰水调节pH值）
使用

图 9.6　农林废弃物沼气发酵工艺流程

通常依工业有机废水中含有机物量，将 COD（有机物化学需氧量）大于 5.0g/L 的有机废水称为高浓度有机废水，反之称为低浓度有机废水。前者主要是以粮食为原料的酒精、啤酒、味精、糖、豆制品等生产、加工行业产生的废水，后者为肉类加工、制革、印染、造纸行业产生的废水。它们均含丰富的有机物，可通过厌氧发酵过程产生沼气，提供能源。其沼气发酵流程如图 9.7 所示。

资源
制革业废水
沉沙集水池
沼气
脱水脱硫
储气
用户
脱碱
废造纸水
隔阻栅栏
调料酸化
发酵消化池
储液池
肥料
屠宰水
隔阻栅栏
调节池
酿酒废水
隔阻栅栏

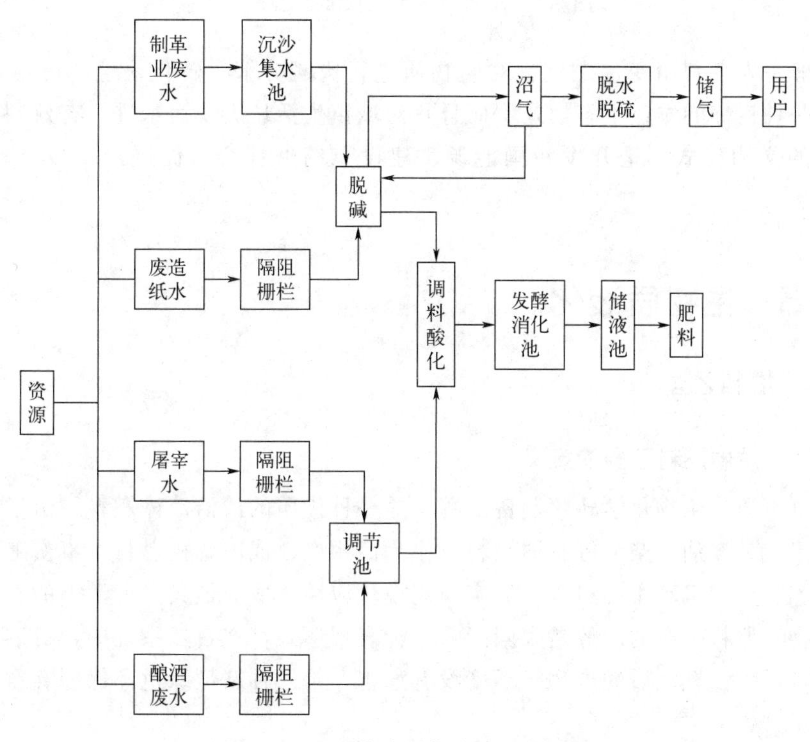

图 9.7　工业废水沼气发酵工艺流程

（4）城市垃圾发酵途径与工艺

城市垃圾是人类日常生活和生产所排放的固体废弃物，目前生活垃圾处理的方法主要有露天堆放、焚烧和卫生填埋等。焚烧处理时，不仅会烧掉其中可回收的资源，而且释放出有毒气体，并产生有毒有害的炉渣和灰尘，既浪费资源，又影响环境和人体健康。实际上，生活有机垃圾也是一种潜在的生物质能资源，尽管成分复杂，但也可以通过发酵生产沼气，供

城市居民取暖、照明等，促进城市环境卫生。

可按垃圾组成类型、燃烧性对垃圾进行分类，具体如下：

按垃圾组成类型分类：①有机固形物，包括果皮、菜叶、动物骨头、废纸、纤维材料、破布、废皮革、橡胶及塑料等。②无机固形物，包括砂石、硬结的土块、金属丝或金属片、碎玻璃或碎陶瓷等。

按垃圾燃烧性分类：①非可燃固形物，包括结块土团、沙砾、陶瓷物、碎玻璃等。②难燃固形物，包括果皮、菜叶等含水量高的垃圾。③可燃固形物，包括废纸、木制品、废纺织品、橡胶、塑料。

上述各种垃圾中只有那些分拣出的含碳氮有机物可直接用于进行沼气发酵，或经预处理后与粪便掺和进行发酵，产生的沼气供市民生活利用（图 9.8）。

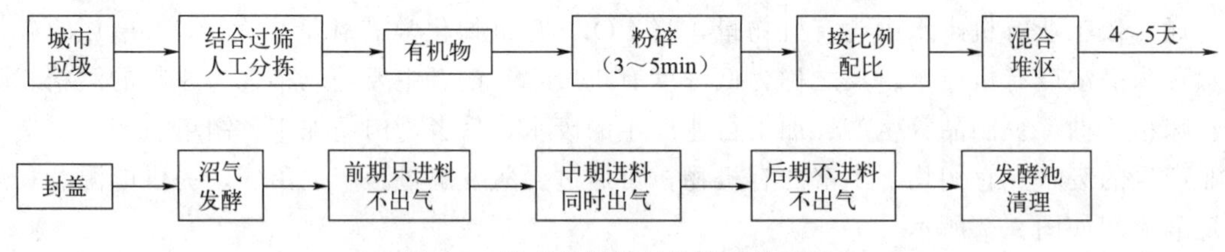


图 9.8 城市垃圾沼气发酵工艺流程

沼气发酵是人工利用变种微生物对生物质进行厌氧分解、转化，生产可燃气的工程技术，不仅是一种良好的农业生态模式，而且是对城镇生活垃圾及污水进行有效利用、优化城镇卫生管理的文明模式，是开发我国能源、建设节约型社会、促进经济发展的有效战略措施。

## 9.3 生物质液化

### 9.3.1 燃料乙醇

#### 9.3.1.1 发展燃料乙醇的意义

生物质可以通过生物化学转化制备乙醇，是一种优质的清洁液体燃料。由于它不含硫及灰分，可直接代替汽油、柴油等石油燃料，作为民用燃料或内燃机燃料。事实上，纯乙醇或与汽油混合燃料用作机动车燃料，已经实现规模化应用，成为最具发展潜力的石油替代燃料之一。用生物质原料生产的乙醇是太阳能的一种表现形式，在自然系统中，可形成无污染的闭路循环，可再生、燃烧后的产物对环境没有危害，是一种新型绿色环保型燃料，因此越来越受到重视。

#### 9.3.1.2 燃料乙醇的概念和性质

（1）燃料乙醇的概念

乙醇（ethanol），又称酒精，是由 C、H、O 三种元素组成的有机化合物。依据中华人民共和国国家标准《变性燃料乙醇》（GB 18350—2013）和《车用乙醇汽油（E10）》（GB 18351—2017），燃料乙醇（fuel ethanol）是指未加变性剂的、可作为燃料用的乙醇。变性燃料乙醇（denatured fuel ethanol）是指加入变性剂后用于调配车用乙醇汽油的燃料乙醇，不能食用。它可以按规定的比例与汽油混合作为车用点燃式内燃机的燃料。这里的变性剂指的是添加到燃料乙醇中使其不能食用的车用乙醇汽油调和组分油或车用乙醇汽油。燃料乙醇与变性剂的体积混合比例应为100∶1～100∶5，即变性剂在变性燃料乙醇中的体积分数为0.99%～4.76%。表9.2为我国变性燃料乙醇国家标准（GB 18350—2013）指标。

表9.2 我国变性燃料乙醇国家标准指标

| 项目 | 指标 | 项目 | 指标 |
|---|---|---|---|
| 外观 | 清澈透明，无可见悬浮物和沉淀物 | 无机氯（以 $Cl^-$ 计）/(mg/L) | ≤8 |
| 乙醇(体积分数)/% | ≥92.1 | 酸度(以乙酸计)/(mg/L) | ≤56 |
| 甲醇(体积分数)/% | ≤0.5 | 铜/(mg/L) | ≤0.08 |
| 溶剂洗胶质/(mg/100mL) | ≤5.0 | pH值 | 6.5～9.0 |
| 水分(体积分数)/% | ≤0.8 | 硫/(mg/kg) | ≤30 |

（2）燃料乙醇的性质

乙醇分子由烃基（$—C_2H_5$）和官能团羟基（—OH）两部分构成，分子式为 $C_2H_5OH$，分子量为46.07。燃料乙醇在常温常压下为无色透明的液体，可与水以任何比例混合。

乙醇易挥发、易燃烧，乙醇蒸气与空气混合可以形成爆炸性气体，爆炸极限为4.3%～19.0%（体积分数）。

燃料乙醇的使用有两种方法，一是作为汽油的“含氧添加剂”（oxygenate additive），这是美国使用燃料乙醇的基本方法，这种无铅汽油约含10%（体积分数）的无水乙醇；二是部分或完全代替汽油作为内燃机燃料，20世纪70年代起在巴西得到大范围的推广应用。多年的实践表明，燃料乙醇与无铅汽油的混配比在25%以内时，不必对汽油发动机作大的改装，但混配比超过25%时，就需要调整汽油发动机的压缩比、改装燃料供给系统、调整点火时间等，以保证发动机的正常高效运转。

**小知识**

- 工业上乙醇的生产方法有两种：化学合成法和生物发酵法。
- 化学合成法始于20世纪30年代，当时石油工业的迅速发展和医药、化工领域对乙醇需求量的迅速增加使该法得到较大发展。化学合成法指利用炼焦、石油工业中石油裂解产生的废气为原料经化学合成而生成乙醇的方法，最常用的是乙烯直接水合法。化学反应式为：

$$CH_2=CH_2+H_2O \xrightarrow[230\sim300℃,7\sim8MPa]{\text{催化剂}} C_2H_5OH$$

- 至20世纪70年代石油危机以后，化学合成法逐渐淡出，古老的生物发酵法成为新宠。以1995年为例，世界上93%的乙醇皆通过发酵法生产。

### 9.3.1.3 燃料乙醇生产原理及工艺流程

（1）生物发酵法制备燃料乙醇的生产原理

以可发酵性糖为原料，在酵母等微生物作用下，发生复杂的生化反应，产生乙醇和其他副产品的过程称为发酵。其中，葡萄糖等六碳糖通过糖酵解（EMP）途径分解转化为丙酮酸，在无氧条件下丙酮酸进一步被还原成乙醇等发酵产物；木糖等五碳糖通过比葡萄糖复杂得多的代谢途径，产生乙醇和其他副产物。

葡萄糖和木糖通过微生物代谢生成乙醇的反应方程式如下：

$$C_6H_{12}O_6 \xrightarrow{\text{微生物}} 2C_2H_5OH + 2CO_2$$

$$3C_5H_{10}O_5 \xrightarrow{\text{微生物}} 5C_2H_5OH + 5CO_2$$

理论上葡萄糖发酵生成乙醇的最大收率为 0.51g/g（乙醇/葡萄糖），因葡萄糖在代谢过程中部分转化为其它副产物，因此实际乙醇收率要小，具体大小与发酵工艺条件密切相关。另外，木糖代谢途径比葡萄糖复杂，副产物多，因此实际收率更低。

以葡萄糖发酵生产乙醇为例，固体葡萄糖燃烧可放热，其热值为 2.81MJ/mol，产生 2mol 乙醇燃烧可放热 2.74MJ。这样理论上葡萄糖通过发酵可最多回收 97%以上的能量。然而，实际发酵中因微生物不能把糖全部转化为乙醇，能量转化效率要低一些。

（2）生产工艺

依据各种非粮原料的特性，木薯可归类于淀粉原料，甜高粱和能源甘蔗是糖类原料，农林废弃物等生物质属纤维素原料。各种原料用以生产燃料乙醇所采用的生产工艺及其技术特性对比见表 9.3。由表可见，在各原料制备燃料乙醇的生产工艺中，预处理和水解/糖化阶段区别较大，发酵、乙醇提取精制及综合利用基本属于共性技术，故以下按类别对木薯、甜高粱和纤维素类原料制取非粮燃料乙醇工艺进行说明，再对共性技术进行说明和对比。

**表 9.3 不同原料燃料乙醇生产工艺技术特性对比**

| 种类 | 淀粉类 | 糖类 | 纤维素类 |
|---|---|---|---|
| 预处理 | 粉碎、蒸煮糊化 | 压榨、调节 | 粉碎、物理或化学处理 |
| 水解/糖化 | 酸或酶糖化，易水解。产物单一，无发酵抑制物 | 无水解过程，无发酵抑制物 | 酸或纤维素酶糖化、水解较难。产物复杂，有发酵抑制物 |
| 发酵 | 产淀粉酶酵母发酵六碳糖为乙醇 | 耐乙醇酵母发酵六碳糖为乙醇 | 专用酵母或细菌发酵六碳糖和五碳糖为乙醇 |
| 乙醇提取与精制 | 蒸馏、精馏、纯化 | 蒸馏、精馏、纯化 | 蒸馏、精馏、纯化 |
| 综合利用 | 饲料、沼气、$CO_2$ | 肥料、沼气、$CO_2$ | 木质素（燃料）、沼气、$CO_2$ |

① 木薯原料燃料乙醇生产工艺流程。木薯属淀粉类原料，首先要通过酸或酶，将淀粉水解为葡萄糖单糖，然后经酵母的无氧发酵作用转化为乙醇，一般的化学反应可用下式表示：

$$(C_6H_{10}O_5)_n \xrightarrow{\text{酸或淀粉酶},H_2O} nC_6H_{12}O_6 \xrightarrow{\text{酵母}} 2nC_2H_6O + 2nCO_2\uparrow$$

在工业上，淀粉原料发酵法生产乙醇的工艺过程相对复杂，一般应包括以下几个阶段：原料预处理工段，目的是软化、糊化淀粉，产生足够大的接触表面积，为糖化酶提供必要的催化条件；糖化工段，在糖化酶存在条件下把淀粉大分子水解转化为葡萄糖；发酵工段，用酵母将葡萄糖转化为乙醇；提取和纯化工段，采用蒸馏或萃取的方法提取乙醇，并精制为燃料乙醇。一般工艺流程如图 9.9 所示。

木薯原料可以是干的木薯片，也可以是鲜木薯：木薯粉碎后加水制浆的比例为薯与水为（1∶2）～（1∶2.2），鲜木薯可清洗后直接粉碎制浆，比例为鲜薯∶水为 1∶1.5，将制好的浆料用于蒸煮工段。

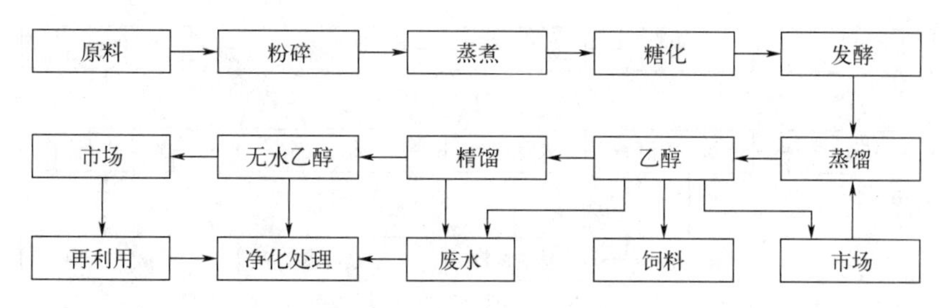

图 9.9 木薯原料燃料乙醇生产的一般工艺流程

根据木薯乙醇企业各工艺流程的平均能耗值，原料粉碎和木薯发酵的能耗占总能耗的6%，蒸馏提纯占57%，蒸煮糖化占37%。

2009年有报道采用新鲜木薯直接生产乙醇的新工艺，即用真菌α-淀粉酶和降黏酶预处理鲜木薯浆液后，加入颗粒淀粉水解酶 STARGEN TM 进行酵母乙醇发酵。该工艺省却了蒸煮工段，生产过程能耗低，值得探索。

② 甜高粱原料燃料乙醇生产工艺流程。甜高粱和能源甘蔗属于糖类原料，其所含的糖分主要是蔗糖（由葡萄糖和果糖通过糖苷键结合的双糖），酵母菌可利用自身的蔗糖水解酶系水解蔗糖为葡萄糖和果糖，并在无氧条件下发酵产乙醇，一般的化学反应可用下式表示：

$$(C_6H_{10}O_5)_2 \xrightarrow{\text{酶}, H_2O} 2C_6H_{12}O_6 \xrightarrow{\text{酵母或乙醇发酵菌}} 4C_2H_6O + 4CO_2 \uparrow$$

利用糖类原料生产乙醇，一般工艺流程如图 9.10 所示。

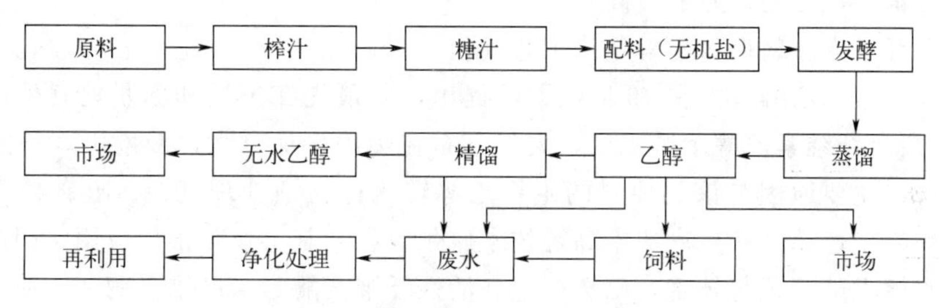

图 9.10 糖类原料燃料乙醇生产的一般工艺流程

通常甜高粱茎秆汁发酵前要经过加水稀释、加酸酸化、灭菌处理，稀释至酵母能利用的糖度，调配发酵所必需的无机盐，再进入发酵罐中进行发酵。甜高粱榨汁糖度一般在16～22Bx，用无机盐调配即可作为发酵液使用。若为方便保存，用浓缩甜高粱汁进行乙醇发酵，必须将其稀释至一定浓度以适应酵母的发酵条件；若用耐糖酵母，可将其稀释至28～30Bx。当前，以固定化酵母发酵甜高粱汁产乙醇是较有前景的工艺。固定化酵母可重复使用，使用期在30天以上，抗杂菌能力强，不再需要酒母培养。与批次发酵相比，发酵时间从70～80h缩短到13～14h，该项技术同样适用于所有淀粉原料（包括玉米、木薯）及甘蔗、糖蜜等糖类原料的乙醇生产。

另外，甜高粱茎秆固态发酵也是当前较实用的工艺，生产工艺流程如图 9.11 所示。固态发酵是指利用自然底物作碳源，或利用惰性底物作固体支持物，体系无水或接近于无水的任何发酵过程。

该工艺无需将甜高粱茎秆榨汁，简单地清洗后直接切段粉碎，经蒸料、引种发酵，再经蒸馏即可得到乙醇。与液态发酵相比，甜高粱茎秆固态发酵产乙醇的过程具有如下优点：

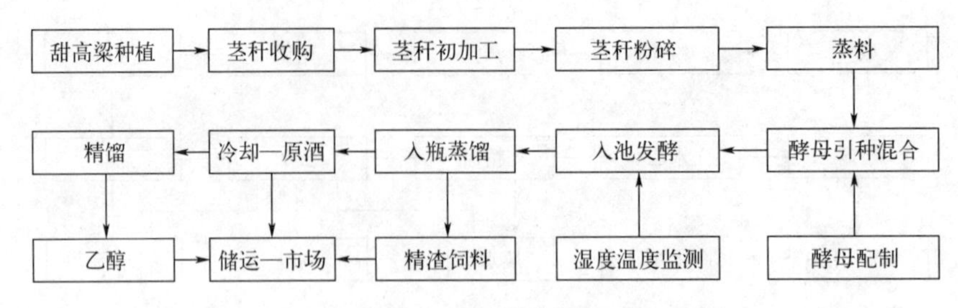


图 9.11 甜高粱茎秆固态发酵工艺流程

a. 投资少，技术较简单；b. 产物的产率较高；c. 基质含水量低，大大减少了生物反应器的体积，不需要废水处理，环境污染较少，后处理加工方便。但固体发酵过程中传质和传热效果非常差，导致很难实现规模化生产。

比较图 9.10 和图 9.11 可以发现，糖类和淀粉原料生产乙醇的工艺过程中，只有发酵前的预处理方法存在差异，后续过程基本相同。但是，在具体工艺细节方面，如工艺条件和操作，还是存在一些差异。事实上，淀粉原料的发酵效率比糖类原料的发酵效率要高 5%～7%，正常情况下，淀粉原料发酵效率可达 90%以上，而后者的发酵效率通常只有 85%左右。

糖类发酵时酵母数较多，发酵剧烈，发酵周期较短，而淀粉发酵时比较平和，伴随淀粉后糖化作用，其发酵周期通常比糖类原料发酵周期长 15～25h，发酵效率高低主要与残余糖分有关，因两种原料所用菌种耐酸、耐酒、耐高渗透性能不同，糖类成熟醪的含酒率、酸度、残余糖分都要比淀粉成熟醪要高。

(3) 木质纤维素原料燃料乙醇生产工艺流程

以木质纤维素制乙醇技术在 19 世纪即已提出，并最先在美国和苏联建有生产厂。目前世界上有 40 余座纤维素乙醇示范工厂，大都分布在美国、加拿大以及欧洲，该技术尚未实现工业化生产，主要原因是该类原料的生物乙醇转化存在预处理复杂、五碳糖乙醇转化率低、纤维素酶稳定性差、酶生产成本高等技术瓶颈，影响其工业化推广应用。因此，开发高效预处理和水解发酵工艺与技术，筛选产生高活性纤维素酶、半纤维素酶和木质素酶的高产菌株，降低酶的生产成本，提高五碳糖的乙醇转化率，开发高效转化工艺系统等，已成为木质纤维素原料生产燃料乙醇技术的研究热点。

以木质纤维素类生物质为原料生产燃料乙醇，首先要把原料中的纤维素和半纤维素水解为单糖，然后再把单糖发酵成乙醇。纤维素原料生产燃料乙醇的一般工艺流程如图 9.12 所示。

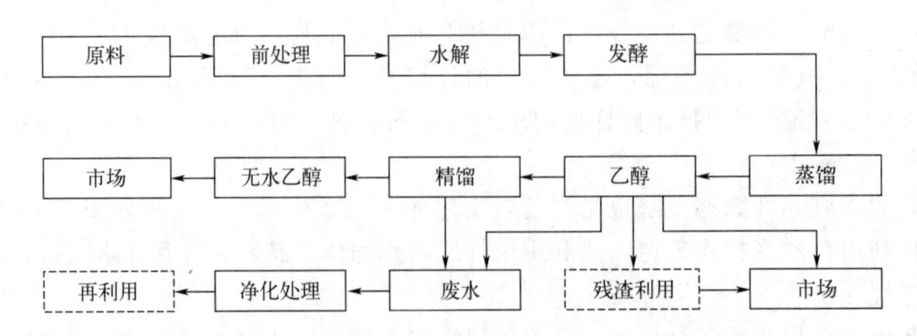


图 9.12 木质纤维素原料生产燃料乙醇的一般工艺流程

## 9.3.2 燃料油（生物质化学转化——生物柴油）

（1）生物柴油的概念及特性

生物柴油（biodiesel）是以油料作物、野生油料植物和工程微藻等水生植物油，以及动物油脂、废食用油等为原料，在催化剂作用下通过酯交换反应制取的甲酯或乙酯燃料。生物柴油是一种可以替代普通柴油使用的环保燃油，可供内燃机使用，是资源永续的可再生能源。

与传统的柴油相比，生物柴油具有润滑性能好，储存、运输、使用安全，抗爆性好，燃烧充分等优良性能。具体表现如下。

① 性能好。与石化柴油相比，生物柴油具有相对高的运动黏度，这样不但不影响生物柴油的燃油雾化效果，而且更易在汽缸内壁形成一层油膜，提高运动机件的润滑性能，减少磨损；生物柴油的十六烷值较高，大于56(石化柴油为49)，抗爆性能优于石化柴油；生物柴油点火、燃烧性能好于石化柴油；生物柴油可适用于任何柴油引擎，不影响运转性能，也无需额外增加加油和储存设备以及人员的特殊技术培训。

② 安全。生物柴油的闪点较石化柴油高，不属于危险品，安全性好。生物柴油的闪点在110～170℃之间，远高于柴油闪点（60℃左右），贮藏、运输和使用都极为安全。

③ 环境友好。与普通柴油相比，生物柴油中不含芳香族化合物及铅、卤素等有害物质，使用生物柴油可降低90%的空气污染和94%的致癌率；生物柴油含硫量很低，可使二氧化硫和硫化物的排放量维持在较低水平。生物柴油的生物可降解性好，且其降解物无毒，泄漏时不易造成环境污染，具有环境友好效应及健康效应。在各种替代燃油中，只有生物柴油可以达到美国“清洁空气法”所规定的健康影响检测的全部要求。生物柴油和柴油的品质指标比较见表9.4。

**表9.4 生物柴油和柴油的品质指标比较**

| 指标名称 | | 生物柴油 | 常规柴油 | 指标名称 | 生物柴油 | 常规柴油 |
|---|---|---|---|---|---|---|
| 冷滤点(CFPP)/℃ | 夏季产品 | −10 | 0 | 热值/(MJ/L) | 32 | 35 |
| | 冬季产品 | −20 | −20 | 燃烧功效(柴油-100%)/% | 104 | 100 |
| 20℃的密度/(g/mL) | | 0.88 | 0.83 | 硫含量(质量分数)/% | ＜0.001 | ＜0.2 |
| 40℃的动力黏度/($mm^2/s$) | | 4～6 | 2～4 | 氧含量(体积分数)/% | 10 | 0 |
| 闭口闪电/℃ | | ＞100 | 60 | 燃烧1kg燃料按化学计算法的最小空气消耗量/kg | 12.5 | 14.5 |
| 可燃性/十六烷值 | | ≥56 | ≥49 | 水危害等级 | 1 | 2 |
| 三星期后的生物分解率/% | | 98 | 70 | | | |

**请思考：**生物柴油和其它以石油为原料生产出来的普通柴油有何区别？

（2）生物柴油的质量标准

① 石化柴油产品质量标准。为了改善汽车的运行性能和降低汽车尾气中有害物质的排放量，1998年6月，美国、欧洲和日本汽车制造协会和发动机制造商协会，在比利时布鲁塞尔举行的世界燃油会议上，共同代表汽车制造者提出了对汽车燃油的要求，称之为“世界燃油规范”，该规范把汽车燃油的要求分为4类（表9.5）。

表 9.5 欧洲 4 类要求

| 参数 | 1993 年 | 1998 年 | 2000 年 | 2005 年 | 参数 | 1993 年 | 1998 年 | 2000 年 | 2005 年 |
|---|---|---|---|---|---|---|---|---|---|
| 排放标准 | 欧洲Ⅰ号 | 欧洲Ⅱ号 | 欧洲Ⅲ号 | 欧洲Ⅳ号 | 密度/($kg/m^3$) | 820～860 | 820～860 | 820～845 | 820～825 |
| 十六烷值 | ≥49 | ≥49 | ≥51 | ≥58 | 多环芳烃含量/% | 无规定 | 无规定 | ≤11 | ≤1 |
| 十六烷指数 | ≥46 | ≥46 | ≥46 | — | 硫含量/% | ≤0.2 | ≤0.05 | ≤0.35 | ≤0.005 |

② 生物柴油产品质量标准。为保证生物柴油品质，20 世纪 90 年代就开始研究制定生物柴油的产品质量标准和生产技术标准。1992 年，奥地利制定了世界上第一个以菜籽油甲酯为基准的生物柴油标准，随后德国、法国、捷克、美国也分别制定了各自的生物柴油标准。然而，由于植物油产地气候存在差异，植物油种类不同，所得甘油三酯在组成上有较大差别，因此各国制定的标准指标存在着一定的差异。从总体上看，生物柴油在冷滤点、闪点、燃烧功效、含硫量、含氧量、燃烧耗氧量、对水源的危害方面优于普通柴油，而其它指标与普通柴油相当。

就全球而言，德国在生物柴油的生产能力上处于世界领先地位，在欧洲，不论企业规模大小，其所生产的生物柴油的质量必须达到德国生物柴油质量标准 DIN V 51606 所规定的要求（表 9.6）。

表 9.6 现阶段生物柴油的德国标准（DIN V 51606）

| 名称 | | 标准值 | 检验方法 | 名称 | 标准值 | 检验方法 |
|---|---|---|---|---|---|---|
| 15℃时的密度/(g/mL) | | 0.875～0.900 | DIN EN ISO 3675 | 灰分(质量分数)/% | ≤0.03 | DIN 51575 |
| 40℃时的动力黏度/($mm^2/s$) | | 3.5～5.0 | DIN EN ISO 3104 | 水分/(mg/kg) | ≤300 | DIN 51777-1 |
| Pensky-Martens 法在密闭杯中的闪点/℃ | | ≥110 | DIN EN ISO 22715 | 总杂质/(mg/kg) | ≤20 | DIN 51419 |
| 冷滤点(CFPP)/℃ | 4 月 15 日至 9 月 30 日 | ≤0 | DIN EN116 | 对铜的腐蚀效能(在 50℃时 3h 腐蚀程度) | 1 | DIN EN ISO 2160 |
| | 10 月 1 日至 11 月 15 日 | ≤−10 | | 氧化稳定性(诱导期)/h | 未给出 | IP306 |
| | 11 月 16 日至 2 月 28 日 | ≤−20 | | 中和值(KOH)/(mg/kg) | ≤0.5 | DIN 51558-1 |
| | 3 月 1 日至 4 月 14 日 | ≤−10 | | 甲醇含量(质量分数)/% | ≤0.3 | |
| 硫含量(质量分数)/% | | ≤0.01 | DIN EN ISO 14596 | 碘值/(g/100g) | ≤115 | DIN 53241-1 |
| 残炭(质量分数)/% | | ≤0.05 | DIN EN ISO 10370 | 磷含量/(mg/kg) | ≤10 | DIN 51440-1 |
| 十六烷值 | | ≥49 | DIN 51773 | 碱含量(Na＋K)/(mg/kg) | ≤5 | 依据 DIN 51797-3，增加钾 |

我国首个《柴油机燃料调合用生物柴油（BD100）》国家标准（GB/T 20828—2007）于 2007年发布实施，这对于规范我国生物柴油市场具有重大的积极作用。之后依次被《柴油机燃料调合用生物柴油（BD100）》（GB/T 20828—2014）和（GB/T 20828—2015）代替。目前该项现行国标为《B5 柴油》（GB 25199—2017）。表 9.7 为我国 B5 普通柴油技术

要求（GB 25199—2017）。

**表 9.7 B5 普通柴油技术要求**

| 项目 | | 质量指标 | | |
|---|---|---|---|---|
| | | 5 号 | 0 号 | −10 号 |
| 氧化安定性(总不溶物含量)/(mg/100mL) | | ≤2.5 | | |
| 硫含量/(mg/100mL) | | ≤10 | | |
| 酸值(以 KOH 计)/(mg/g) | | ≤0.09 | | |
| 10%蒸余物残炭(质量分数)/% | | ≤0.3 | | |
| 灰分(质量分数)/% | | ≤0.01 | | |
| 铜片腐蚀(50℃,3h)/级 | | ≤1 | | |
| 水含量(质量分数)/% | | ≤0.03 | | |
| 机械杂质 | | 无 | | |
| 运动黏度(50℃)/($mm^2$/s) | | 2.5～8.0 | | |
| 闪点(闭口)/℃ | | ≥60 | | |
| 冷滤点/℃ | | ≤8 | ≤4 | ≤−5 |
| 凝点/℃ | | ≤5 | ≤0 | ≤−10 |
| 十六烷值 | | ≥51 | | |
| 密度(20℃)/($kg/mm^3$) | | 810～850 | | |
| 馏程 | 50%回收温度/℃ | ≤300 | | |
| | 50%回收温度 | ≤355 | | |
| | 50%回收温度 | ≤365 | | |
| 润滑性 | 校正磨斑直径(60℃)/μm | ≤460 | | |
| 脂肪酸甲酯(FAME)含量(体积分数)/% | | >1.0<br>≤5.0 | | |
| 多环芳烃含量(质量分数)/% | | ≤11 | | |

(3) 生物柴油的制备方法

目前，国内外生物柴油的制备方法，主要以化学法和生物合成法为主，分别概述如下。

① 化学法。化学法生产生物柴油采用酯交换法，即用动物、植物油脂与甲醇或乙醇等低碳醇在催化剂作用下进行转酯化反应，生成相应的脂肪酸甲酯或脂肪酸乙酯，再经洗涤干燥即得生物柴油。

酯交换反应的工艺简单，但后续的废液处理、低碳醇回收和产品提纯工艺较为复杂。常用酸性或者碱性催化剂，一般采用较高的醇油比（6∶1）。反应产物经静置后分为上下两层，下层为甘油，上层是甲酯层。将上层的甲酯取出，洗去带出的甘油，再进一步提纯得到最终产品。

化学法合成生物柴油存在以下问题：生产过程产生废酸废碱液，排放前需环保处理。醇必须过量（一般为 6∶1 的醇油比），后续工艺必须有相应的醇回收装置，工艺过程能耗高，需要进一步研究。

② 生物合成法。近年来，人们开始研究用生物法合成生物柴油，即用动物油脂和低碳醇通过脂肪酶进行转酯化反应，制备相应的脂肪酸甲酯及脂肪酸乙酯。作为催化剂，脂肪酶

可以很好地催化醇与脂肪酸甘油酯进行酯交换反应。与化学合成法相比，生物合成法具有条件温和、醇用量小和无污染的优点。

目前主要存在以下问题：脂肪酶催化剂对长链脂肪醇转化有效，而对短链脂肪醇（如甲醇或乙醇等）转化率低，一般仅为 40%～60%。另外，短链醇以及甘油产物对酶有一定毒性作用，缩短酶的使用寿命。

（4）影响酯交换反应的主要因素

① 反应温度。在 60～80℃范围内，反应产率随着温度的升高呈现先升高后降低的趋势，这表明酯交换反应存在一个最佳反应温度。温度低会使反应减慢，产率降低；温度过高会使甲醇大量挥发至气相中，降低液相中的甲醇浓度，导致产率降低。

② 醇油比。酯交换反应中，1mol 甘油三酯需要与 3mol 甲醇反应，产生 3mol 脂肪酸甲酯和 1mol 甘油。为强化反应向正反应方向进行，一般采用过量的甲醇，从而提高酯交换反应的转化率。研究发现，醇油比为 6∶1 时，生物柴油的产率最高，可达到 85%。进一步增加甲醇的浓度可导致生物柴油产率稍有下降。

③ 催化剂。转酯反应可以由酸或碱催化，在工业生产中，对生产设备腐蚀性相对较小的碱性催化剂应用较为广泛。NaOH 是最有效的碱性催化剂之一，常用浓度在 0.5%～1.0%之间。研究结果表明，随着 NaOH 浓度的升高，生物柴油产率明显提高；达到极值后，进一步增加 NaOH 浓度，产率则有所下降，这主要是由于脂肪酸甲酯与 NaOH 发生皂化副反应而造成的。

④ 搅拌强度。甲醇与甘油三酯形成一个两相分层液体系统，强化传质是酯交换反应顺利进行的必要条件。增加搅拌强度，可以改善传质，加强活性中间体甲氧基由甲醇相向甘油三酯相传递的速度，促进甲氧基对甘油三酯的进攻，使得酯交换反应顺利进行。

⑤ 反应时间。以 NaOH 为催化剂，在醇油比为 6∶1、反应温度为 60℃的条件下进行转酯反应。研究表明，在开始阶段，产率随着反应时间的延长有明显的上升；但当反应时间超过 20min 之后，产率反而又有所下降；而后随着反应时间的延长，产率逐渐趋于一个稳定值。当反应时间进一步延长后，会引起副反应——皂化反应的发生，这样对生物柴油的产率造成负面作用，通常反应时间应当控制在 30min 内。

⑥ 反应物纯度。油脂的纯度在很大程度上影响酯交换的效率，粗植物油经提纯后，油脂转化率由 65%～84%提升至 94%～97%，这主要是由于纯化处理可以排除粗油脂中游离脂肪酸的负面催化作用。

## 9.4 生物质制氢

生物质制氢是指以生物质为基础原料的制氢过程。常见的可以被转化为氢气的生物质原料有两类：①专门的生物能源作物，如甘蔗和高粱等；②廉价的有机质残留或废弃物，如常规农业耕作的有机废物和木材加工残留物。目前生物质气化制氢的局限性主要在于生物质原料的预处理工艺复杂，且初产物杂质较多，氢气提纯难度高。

### 9.4.1 制氢方法与工艺

生物质制氢按处理方法分为化学法和生物法。热化学法的优点是它的总体效率（热制氢效率）较高（约52%），生产成本较低。与化学法相比，生物制氢过程更环保，能耗更低。

化学法制氢是通过热化学处理，将生物质转化为氢气，根据处理工艺分为直接或多步法。无论哪种方法，都需要通过分离得到纯氢。直接转化法包括气化/热解和超临界转化法。多步法是指生物质先转化为甲醇、乙醇和甲烷等，然后再进一步制氢。

气化/热解法制氢是指生物质在完全缺氧或有限氧的条件下，受热分解制取氢气的方法。热解与气化的区别在于是否加入气化剂。热解制氢经历两个步骤：①生物质热解得到气、液、固三相产物；②热解产生的气体直接分离即可得到氢气，其它产物可进一步制氢。

超临界水转化法制氢是指生物质在超临界水中发生催化裂解制取富氢气体的方法。该方法中生物质的转化率可达到100%，气体产物中氢气的体积分数可超过50%，且反应中不生成焦油等副产品。生物质超临界水制氢发生的反应非常复杂，包含裂化分解、异构化、脱水聚合、水解、重整、氧化和水煤气变换等一系列的反应。其他化学转化方法制氢，例如微波热解，在微波作用下，分子运动由原来的杂乱状态变成有序的高频振动，分子动能转变为热能，达到均匀加热的目的。

超临界水：在温度374.2℃、压力22.1MPa条件下，水具备液态时的分子间距，同时又会像气态时分子运动剧烈，成为兼具液体溶解力与气体扩散力的新状态，称为超临界水流体。

生物法制氢是利用微生物代谢来制取氢气的一项生物工程技术。目前常用的生物制氢方法可归纳为4种：光解水、光发酵、暗发酵与光暗耦合发酵制氢。光解水制氢是指微生物通过光合作用分解水制氢，可用的微生物有3种：蓝藻细菌、厌氧细菌、发酵细菌。光发酵制氢是指在常压、厌氧、光照条件下通过光合细菌分解有机物制取$H_2$的过程。暗发酵制氢是指异养型的厌氧菌或固氮菌通过分解有机小分子制氢。光暗耦合发酵制氢是指利用厌氧光发酵制氢细菌和暗发酵制氢细菌的各自优势及互补特性，将二者结合以提高制氢能力及底物转化效率的新型模式。生物发酵制氢被认为是支撑未来可持续氢经济的途径之一，近年来取得了极大的进展。

**生物质制氢新技术——光催化技术**

剑桥大学研究人员基于光催化反应，在室温条件下成功实现了生物质到氢能及有机化学品的转化，为制备清洁的氢燃料创造了全新技术路径。研究人员首先制备了平均粒径为5nm的硫化镉（CdS）量子点催化纳米颗粒，随后将其分散到10mol/L的KOH溶液中，原位的X射线光电子能谱显示CdS量子点表面形成了一层极薄的$CdO_x$壳层，即在碱性溶液中CdS转变成了$CdS/CdO_x$核壳纳米颗粒，而$CdO_x$壳层能够抑制非辐射的电子空穴复合，有助于提高CdS催化活性。此外，碱性溶液有助于提高纤维素等生物质的溶解度。因此，研究人员将纤维素（反应基）、CdS量子点一并溶解到10mol/L的KOH溶液中，用可见光照射混合液，在25℃的室温下，$CdS/CdO_x$催化纳米颗粒在光驱动下成功实现了生物质到氢气的催化转化，并且在此条件下可以实现连续6天的稳定产氢，产氢效率达到600mmol/g(1gCdS产氢600mmol)，表现出优秀的催化稳定性。该项研究开发了一种全新的光催化转化制氢方法，能在室温、无预处理的情况下，实现生物质到氢能的高效转化，大幅降低了制氢成本和工艺难度，为低成本量产氢气提供了全新的技术路径，对氢能的商业化应用具有重大的推动作用。

### 9.4.2 生命周期评价

制氢技术的生命周期评价是评估从氢气制备到氢气成品储运过程的生命周期影响，其研究开展过程是通过汇总所有涉及到的制氢技术流程的清单数据，综合得出对应制氢技术的影响情况，并根据影响结果总结评价意见。

目前，对生物质气化制氢的生命周期评价还存在争议，这种争议主要集中在植物类生物质种植生长过程的清单核算。植物种植生长过程对应的影响，例如，光合作用吸收的二氧化碳、投入能耗等，是否需要纳入影响评价中，还未达成一致意见。此问题之所以存在争议，是因为在植物种植过程中，最终被用于制氢的生物质只占一部分，而与这部分刚好对应的种植清单却难以界定。一种观点主张，生命周期评价不应该纳入作物种植过程的所有详细清单，因为作物种植过程中投入的能耗和物耗，并非完全为转化成氢能而产生，故纳入种植过程的全部清单会放大影响评价的结果，而具体与制氢部分对应的清单又很难界定，故选择不考虑生长种植过程的影响。该观点适用于自然生长的植物或已经实现了主要价值后的农作物副产品，例如稻草、秸秆等。另一种观点主张，生命周期评价应该纳入作物种植过程的所有详细清单，因为这一过程包含的人工机械劳动、土壤培育、化肥制造等清单数据所产生的影响不容忽视，系统流程只有尽可能保证完整，才能得到具有说服力的结果。对于专门培育用于制氢的生物质，例如杨树等，在进行生命周期评价时，比较适合采用这种理论。两种观点都有合理之处，故采用不同的划分依据时，影响评价需要做出不同的解释说明。

**生命周期评价**（life cycle assessment，LCA）

生命周期评价是汇总和评估一个产品（或服务）体系在整个寿命周期内所有投入、产出及其对环境造成直接或潜在影响的方法。开展生命周期评价，首先辨识和量化目标产品在其整个生命周期中的能耗、资源消耗量以及对环境的释放量，然后评价这些消耗和释放造成的影响大小，进而提出改善意见，得出相关结论。

目前，生命周期评价的方法还处在研究和发展阶段，国际标准化组织ISO将生命周期评价的过程分为互相联系、不断重复进行的4个步骤，即目的与范围定义、清单分析、影响评价和结果解释，这是目前进行生命周期评价活动采用的主流方法。生命周期评价对于指导实际生产过程具有重大意义。

生命周期评价是对某一系统流程的环保能耗效益进行评估，其意义在于通过评价分析的结果得出有利于指导实际生产的结论，这也是生命周期评价理念受到广泛关注和应用的原因。

## 思考题

1. 什么是生物质和生物质能？两者有何特点与联系？
2. 与化石能源相比，生物质能具有哪些优缺点？
3. 现代生物质能转化利用技术主要有哪些？
4. 何为生物质气化？生物质气化途径有哪些？试具体说明。

5. 目前生物质气化有哪些工艺方法？各自的特点是什么？
6. 简述生物质气化的特点。
7. 何为沼气发酵？简述沼气发酵的生物学机制。
8. 简述厌氧沼气发酵的主要反应历程。
9. 燃料沼气的生产主要途径与工艺有哪些？试举例加以说明。
10. 乙醇汽油与 MTBE 汽油比较有哪些优点？
11. 发酵法生产乙醇的主要原料有哪些？相对应的发酵生产工艺流程如何？
12. 何为生物柴油？生物柴油与石化柴油相比有哪些优势？
13. 简述生物柴油的制备方法。
14. 影响转酯反应的主要因素有哪些？
15. 简述生物质制氢的方法及二者的区别。
16. 简述生物质制氢的生命周期评价。

## 参考文献

[1] 刘荣厚. 生物质能工程 [M]. 北京：化学工业出版社，2009.
[2] 吴创之，马隆龙. 生物质能现代化利用技术 [M]. 北京：化学工业出版社，2003.
[3] 袁振宏，吴创之，马隆龙. 生物质能利用原理与技术 [M]. 北京：化学工业出版社，2004.
[4] 李海滨，袁振宏，马晓茜. 现代生物质能利用技术 [M]. 北京：化学工业出版社，2011.
[5] 程备久. 生物质能学 [M]. 北京：化学工业出版社，2008.
[6] 翟秀静. 新能源技术 [M]. 2 版. 北京：化学工业出版社，2010.
[7] 袁振宏. 生物质能高效利用技术 [M]. 北京：化学工业出版社，2015.
[8] 袁振宏，吴创之，马隆龙，等. 生物质能利用原理与技术 [M]. 北京：化学工业出版社，2008.
[9] 陈汉平，杨世关. 生物质能转化原理与技术 [M]. 北京：中国水利水电出版社，2018.

# 第10章 氢能

当前人类社会使用的能源主要来自化石燃料，如煤、石油、天然气，均为不可再生资源，其储量日趋减少，而在人类社会对能源需求日益增长的背景下，无疑将导致人类社会面临着严重的能源短缺问题。另外，化石燃料的开采和使用，带来了严重的环境污染和气候变化，导致人类生存环境的不断恶化。因此，能源与环境问题已成为全球关注的两大焦点。鉴于此，开发新能源（包括太阳能、风能等可再生能源），减少环境污染，已迫在眉睫，受到全球的高度重视。在开发的新能源体系中，氢能作为一种高效、清洁的二次能源，受到了全球的高度关注和广泛的研究。氢能产业是一个产业链，包括上游的氢源供应、中游的氢燃料电池系统以及下游的应用。通过氢能的应用，能够有效解决人类社会当前面临的能源环境问题，被誉为“能源领域的未来之星”“二十一世纪的终极能源”。

本章在简要介绍氢能概念的基础上，对氢气的制备及储存等进行概括性阐述。

到2050年，氢能占比将达到10%（约5亿吨标煤，折合1.1亿吨氢气），与电力协同互补，共同成为中国终端能源体系的消费主体之一。

届时，可实现二氧化碳减排约7亿吨/年，累计拉动33万亿元经济产值。“绿氢”可再生能源制氢将是未来的主要氢气来源，到2050年，可再生能源制氢将超过80%。

2019年中国氢能联盟发布了《中国氢能源及燃料电池产业白皮书》。

## 10.1 概述

### 10.1.1 氢气

氢（hydrogen）位于元素周期表第一位，常温常压条件下单质形态氢气呈气态，是最轻的气体。氢气由双原子分子组成，无色无味无臭，是一种极易燃烧的气体。氢气基本的物理化学性质见表10.1。

**表10.1 氢气基本的物理化学性质**

| 性质 | 数值 | 性质 | 数值 |
|---|---|---|---|
| H-H键长/pm | 74 | 分子量 | 2.016 |
| 解离能/(kJ/mol) | 436.12(25℃) | 熔化热/(J/mol) | 117.20 |
| | | 汽化热/(J/mol) | 904.14 |

续表

| 性质 | 数值 | 性质 | 数值 |
| --- | --- | --- | --- |
| 电离势/eV | 15.427 | 临界温度/℃ | −240.0 |
| 熔点/℃ | −259.20 | 临界压力/MPa | 1.313 |
| 沸点/℃ | −252.77 | 临界密度/($g/cm^3$) | 0.031 |
| 气态氢密度/($kg/m^3$) | 0.0899 | 易燃级别 | 4 |
| 液态氢密度/($kg/m^3$) | 70.99 | 易爆性级别 | 1 |

除了了解氢气的基本物理化学性质外，以氢气作为燃料，还需对其燃烧性能进行了解，具体见表10.2。

**表10.2 氢气的燃烧性能参数及其与甲烷、汽油的对比**

| 性能参数 | 氢气 | 甲烷 | 汽油 |
| --- | --- | --- | --- |
| 低热值/(kW·h/kg) | 33.33 | 13.9 | 12.4 |
| 自燃温度/℃ | 585 | 540 | 228～501 |
| 火焰温度/℃ | 2045 | 1875 | 2200 |
| 空气中的燃烧极限(体积分数)/% | 4～75 | 5.3～15 | 1.0～7.6 |
| 最低点火能/mW·s | 0.02 | 0.29 | 0.24 |
| 空气中火焰传播速度/(m/s) | 2.65 | 0.4 | 0.4 |
| 爆炸极限(体积分数)/% | 13～65 | 6.3～13.5 | 1.1～3.3 |
| 爆炸速度/(km/s) | 1.48～2.15 | 1.39～1.64 | 1.4～1.7 |
| 爆炸能量/($kg/m^3$)① | 2.02 | 7.03 | 44.22 |
| 空气中扩散系数/($cm^2/s$) | 0.61 | 0.16 | 0.05 |

① $1m^3$ 相当于1kg TNT爆炸产生的能量。

在地球上和地球大气中，氢主要以稳定的化合态存在，游离状态氢极其稀少。在地壳里，按质量计算氢只占总质量的1%，而如果按原子百分数计算则占17%。在整个宇宙中，氢是最多的元素，按原子百分数计算氢占81.75%。

氢在自然界中分布很广，如动植物、石油、天然气，甚至煤炭都含氢，日常生活常用的水是氢的“仓库”——氢在水中的质量分数为11.11%，泥土中约有1.5%的氢。

## 10.1.2 氢能的概念

当前全球经济可被称作“碳经济”，这主要是因为大多数一次能源来源于碳基化石燃料，如：煤、石油、天然气等。与“碳经济”的概念类似，以氢作为主要能源的经济称为“氢经济”，此概念于20世纪70年代已被提出，其本质就是以氢气作为燃料，通过燃烧或燃料电池发电，为人类社会活动提供能源，这也就是我们今天说的氢能，即以氢气作为能量载体，通过氢气与氧气发生化学反应所产生的能量。

$$H_2+\frac{1}{2}O_2 = H_2O \quad \Delta H=-241.8kJ/mol(298K)$$

氢能的核心原料是氢，在地球上资源丰富，但氢通常以化合物的形式存在，如水、有机物等。氢在使用前需使用一次能源将其从化学物质中分离出来，因此氢能属于二次能源。

氢能作为一种新能源，其优势主要包括以下几个方面：

第一，来源广泛。氢能的主要原料氢气，来源方式多样，包括化石燃料制氢、工业副产氢、回收制氢、有机液体储氢材料制氢以及生物质气化制氢等，更重要的是氢还可以来源于水，如电解水、光解水等，这也是氢能之所以具有吸引力的重要因素之一，因为水资源是地球上每个国家都拥有的，可以消除能源的区域主导地位，创造更好的政治环境。

第二，清洁无污染。氢气通过燃料电池发电，其产物只有水，无二氧化碳和其它污染物的排放，能够实现真正的零污染、零排放。

第三，能量转化效率高。氢气通过燃料电池应用，可实现综合转化效率达90%以上，能量转化效率高。

第四，应用领域广。氢气在能源、工业、交通等领域可广泛地应用。在能源领域，除了一些特殊需要碳的场合之外，当前化石燃料的应用领域，氢作为燃料都适用。如氢可作为燃料用于锅炉、内燃机、涡轮机以及喷射发动机等，且其比化石燃料具有更高的效率、更清洁。

在工业领域，氢可以作为原料直接用于化工合成、炼化以及钢铁等行业。在交通领域，氢自身可以直接作为燃料或者通过燃料电池发电，驱动汽车、轮船、火车、飞机等。

## 10.2 氢能的应用方式

如上所述，氢能就是通过氢气与氧气发生化学反应所产生的能量，发生的化学反应，可以通过直接燃烧的方式进行，也可以通过燃料电池发电的方式实现，这是当前氢能主要的两种应用方式。

### 10.2.1 氢的燃烧——氢内燃机

氢气作为燃料，通过直接燃烧应用于交通运输领域的典型技术是氢内燃机，该技术已有多年的研究历史。使用氢气作为氢内燃机的燃料，与常规的汽油、压缩天然气燃料进行对比(见表10.3)，其优势显著，如燃烧范围宽、点火能量低、熄火距离小、自燃温度高、化学计量比的条件下火焰传播速度快、扩散速度快以及密度小等。

**表10.3 不同内燃机燃料特性的对比（298K，0.1MPa）**

| 特性 | 氢气 | 汽油 | 压缩天然气 |
|---|---|---|---|
| 密度/($kg/m^3$) | 0.0824 | 0.72 | 730 |
| 燃烧范围 | 0.1～7.1 | 0.4～1.6 | 0.7～4 |
| 计量比下的熄火距离/mm | 0.64 | 2.1 | 2 |
| 燃料/空气的质量计量比 | 0.029 | 0.069 | 0.068 |
| 化学计量比下的体积分数/% | 29.53 | 9.48 | 2 |
| 计量比下的燃烧热/(MJ/kg) | 3.37 | 2.9 | 2.83 |

正是由于氢具有独特的燃烧特性，一方面使得氢内燃机能够高效运行，相关研究显示，与传统的燃油车相比，使用氢作为燃料，效率能够提高 20%以上；另一方面，氢内燃机燃烧清洁，显著降低氮氧化物的排放。此外，通过氢直接燃烧的应用方式，对氢气的纯度要求没有燃料电池系统那么严格，拓宽了氢气的来源途径，降低了氢气的制造成本。

### 10.2.2 氢燃料电池发电

氢能的另一种典型的应用方式是通过氢燃料电池系统发电，再进行应用。氢燃料电池是一种可以将氢气和氧气的化学能直接转化为电能的一个发电装置。

氢燃料电池主要应用于发电，在机动车领域有良好的发展前景。

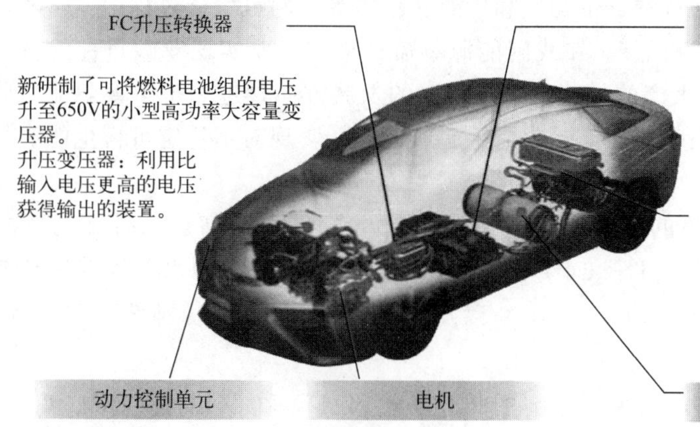


## 10.3 氢的制取

我国是世界上第一制氢大国，2020 年我国氢气产能约 4100 万吨，产量约 3343 万吨。截至 2022 年 6 月我国氢气产能超过了 4300 万吨，2022 年全年产氢量达 4004 万吨。目前，我国氢气主要用作化工原料，例如合成氨、炼油油品精制、甲醇生产和费托合成等。由于当前氢燃料电池汽车数量较少，用作动力能源的氢气不多，主要是一些煤化工和石油化工制氢，以及其它工业副产氢，基本上都作为燃料直接烧掉了。总体来讲，制氢方式主要有含碳资源制氢和电解水制氢，以及工业副产氢。

**“灰氢”“蓝氢”和“绿氢”**

在制取氢气的过程中，按照所产生二氧化碳的多寡把氢分成三类，即“灰氢”“蓝氢”和“绿氢”。“灰氢”（gray hydrogen）是通过石油、天然气、煤炭等碳基原料制取氢，制氢过程产生的二氧化碳不做任何处理；而“蓝氢”（blue hydrogen）制取氢过程仍然使用含碳原料，但同时对产生的二氧化碳进行捕集、利用和封存；“绿氢”（green hydrogen）则是使用可再生能源发电电解水制氢，其制取过程不排放二氧化碳。

**制氢的碳排放标准**

2020 年 12 月 29 日，由中国氢能联盟提出的《低碳氢、清洁氢与可再生能源氢的标准与评价》正式发布实施，对于各类氢的定义为：

① 低碳氢。低碳氢是指生产过程中所产生的温室气体排放值低于特定限值的氢气。这里的特定限值为 14.51kg/kg(即生产 1kg $H_2$ 排放的 $CO_2$ 为 14.51kg，下同)。

② 清洁氢。清洁氢是指生产过程中所产生的温室气体排放值低于 4.90kg/kg 的氢气。

③ 可再生氢气。可再生氢气生产过程中的温室气体排放限值与清洁氢相同，且氢气的生产所消耗的能源为可再生能源。

（1）含碳资源制氢

含碳资源包括煤炭、天然气、石油、生物质和甲醇、乙醇等，制氢生产过程中都伴随二氧化碳的产生，即所产氢气属于“灰氢”。在我国能源革命进程中，要实现双碳目标的背景下，通过碳捕捉（CCUS）技术所生产的“蓝氢”是未来的发展方向，进一步与太阳能、风能等可再生能源结合，通过二氧化碳的加氢转化为甲醇或甲烷，实现对不稳定可再生能源的化学储存，并最终实现“绿氢”的规模化生产。

煤制氢：煤炭以水煤浆或煤粉的形式，经气化炉在 1000℃以上的高温条件下与气化剂（蒸汽/氧气）反应生成合成气（$H_2+CO$），CO 与 $H_2$ 分离后 CO 再经水蒸气变换转变为 $H_2$ 和 $CO_2$，经过脱除酸性气体（$CO_2+SO_2$）以及变压吸附（PSA）提纯等工艺流程，即得到高纯度的氢气。

天然气重整制氢：甲烷与水蒸气在催化剂的作用下生成 $H_2$ 和 CO，再经 CO 变换，与水蒸气反应生成 $CO_2$ 和 $H_2$。天然气重整制氢是传统制氢工艺，技术非常成熟，主要应用于生产炼厂氢气、合成气和合成氨原料，是工业上最常用的制氢方法之一。

甲醇重整制氢：甲醇与水蒸气在催化剂的作用下生成 $H_2$ 和 $CO_2$，再经膜分离或变压吸附（PSA）提纯等工艺得到高纯度 $H_2$。甲醇重整制氢技术工艺简单、操作灵活，规模可大可小，目前已广泛应用于炼厂和化工企业等场合的现制现用，有效解决了氢气运输和储存成本高的难题，同时也提升了应用安全性。

生物质制氢：将成为未来主要发展方向，其技术特点详见生物质能章节。

（2）水制氢

以水为原料，采用热化学水分解、光解和电解所产氢气属于“绿氢”。

热化学水分解制氢可耦合核能、太阳能，甚至是工业废热进行，反应条件温和，不排放任何污染物，但在提高分解体系效率、高温耐腐蚀材料等方面仍需重大突破，方能实现工业化。

光解水的研究虽然已取得极大进展，但其经济性不好，仍存在技术瓶颈，特别是催化剂研制。

电解水制氢技术早已实现了商业化应用，但其效率仍有待进一步提高。水电解制氢的关键是如何降低电解过程的能耗，提高能源转换效率。目前商用电解槽法，能耗水平约为4.5～5.5kW·h/m³，能效在72%～82%。目前商品化的水电解制氢装置操作压力为0.8～3MPa，操作温度为80～90℃，制氢纯度达到99.7%。

电解水制氢主要有碱性水电解、质子交换膜（PEM）电解水、固体氧化物（SOEC）电解三种技术路线。碱性水电解技术最大优势是阴阳电极板中不含有贵金属，成本相对较低。最核心的特点是要求电力稳定可靠，不适合风光等间歇性电能。碱性水电解制氢相对来说很成熟，已应用于气象、医药等领域。PEM电解水制氢产出高压氢气，气体纯度高，但PEM价格高，一定程度上限制了其应用。固体氧化物电解技术电耗低，适合产生高温、高压蒸汽的光热发电系统。

## 10.4 氢的存储

目前，储氢方法主要分为高压储氢、液态储氢和化合储氢三种。

（1）高压储氢

高压储氢即将氢气压缩到一个耐高压的容器中，氢以气态形式储存，氢气的储量与储罐内的压力成正比。常见的高压氢气瓶压力为15MPa，近年来随着氢能发展，相关技术取得了重大突破；目前国内主要采用35MPa碳纤维复合瓶储运，日本等国家主要使用70MPa储氢瓶，对应的储氢密度约为23kg/m³和38kg/m³。日本丰田于2017年发表的一项新型专利提出了全复合轻质纤维缠绕储罐设计方法，储氢压力即可以达到70MPa，氢气储存质量密度仅约为5.7%。

高压储氢可通过减压阀调控氢气的释放，简便易行，但加压过程成本较大，且随着压力的增大，储氢的安全隐患也会大大提高。

（2）液态储氢

液态储氢是在低温下将氢气液化储存在绝热容器中。优点是氢的体积密度较高，为70.78kg/m³，是标况下氢气密度的近788倍。然而，液氢的沸点极低（−252.78℃），与环境的温差极大，对储氢容器的绝热要求很高。目前最大的液化储氢罐容积达12000L，位于美国肯尼迪航天中心。

（3）化合储氢

金属氢化物储氢：在一定温度和压力条件下，金属或合金与氢反应，形成金属氢化物，然后加热氢化物释放氢，如$LaNi_5H_6$、$MgH_2$和$NaAlH_4$等。金属氢化物储氢质量密度小、可逆循环性差，难以满足氢能的发展要求，仅在一些特殊场合有一定应用前景。

无机、有机载氢分子储氢：氨、甲烷、甲醇、甲基环己烷（MCH）等储氢。其中，甲醇可在常温和常压下，以液态形式进行储存和运输，并在使用地点在催化剂作用下通过催化反应提取出所需量的氢气。与液氢、高压储氢相比，甲醇储氢优势显著（表10.4）。

表 10.4 储氢技术的比较（以 $1m^3$ 储存体积为基准）

| 技术 | 甲醇储氢 | 液氢 | 高压 70MPa |
|---|---|---|---|
| 相态 | 液体(常温常压) | 液体(−252.78℃) | 气体 |
| 密度/(kg/$m^3$) | 790.0 | 70.8 | 39.0 |
| 储存容器体积/$m^3$ | 1 | 2.09 | 3.80 |
| 储氢密度/(kg/$m^3$) | 148.1 | 70.8 | 39.0 |
| 储存容器重量 | 非常小 | 大 | 大 |
| 化学反应 | $3H_2+CO_2 = CH_3OH+H_2O$ | 无 | 无 |
| 储存条件 | 常压 | 低温−252.78℃ | 高压 70MPa |
| 储存过程耗能 | 放热过程 | 消耗能量,30% | 消耗能量,30% |

1. 氢能的基本概念是什么？氢能有什么优势和劣势？

2. 氢的储存有哪些方法？甲醇储氢有哪些特点？

3. 制氢方法有哪些？简述其基本原理。

4. 电解水制氢将成为氢气重要的来源，请查资料获得现有商品制氢电能消耗数据，并分析其主要影响因素。计算产生 1 标准立方米的氢气理论上所需的电能。

5. 标况条件下的氢气可经压缩机升压至 70MPa，计算压缩 $1000m^3$ 氢气需要消耗多少能量？

6. 氢燃料电池与氢燃烧分别产生哪种能量？试简述两者的异同点。

## 参考文献


[1] Ghosh T K, Prelas M A. Energy Resources and Systems, Volume 2: Renewable Resources [M]. Berlin: Springer Science + Business Media B V, 2009.

[2] Alexander Gavrilyuk. Hydrogen Energy for Beginners [M]. Singapore: Jenny Stanford Publishing, 2013.

[3] Momirlan M, Veziroglu T N. Current status of hydrogen energy [J]. Renewable and Sustainable Energy Reviews, 2002, 6 (1): 141-179.

[4] Cooper H W. Fuel cells, the hydrogen economy and you [J]. Chemical Engineering Progress, 2007, 103 (11): 34-43.

[5] Alefeld G, Völkl J. Hydrogen in Metals I [M]. Berlin: Springer-Verlag, 2005.

[6] 严志文. 精细化学品共性技术研究进展浅析 [J]. 橡塑技术与装备（塑料），2016, 42 (12): 29-30.

# 第11章 燃料电池

## 11.1 概述

燃料电池是一种不经过燃烧直接以电化学反应的方式将燃料的化学能转变为电能的发电装置，是一项可以高效率利用能源而又不污染环境的新技术。燃料电池通过电化学反应把燃料的化学能中的吉布斯自由能转换成电能，不受卡诺循环效应的限制，因此效率高。燃料电池中所需的化学物质（燃料和氧化剂）可以不断被补充——本质上，它是一种“可燃的”电池。

目前，燃料电池可按温度和电解质的不同进行分类。按工作温度的高低分类：低温燃料电池、中温燃料电池、高温燃料电池。按所用电解质特性来进行区分：酸性燃料电池和碱性燃料电池。其中碱性燃料电池需要使用不含二氧化碳的燃料。

酸性燃料电池包括聚合物电解质电池、磷酸燃料电池及质子交换膜燃料电池（PEMFC）；而熔融碳酸盐燃料电池（MCFC）和固体氧化物燃料电池（SOFC）则属于碱性燃料电池。

**常用术语（英文首字母缩略词与中文对照）**

AFC：碱性燃料电池
EC：电催化
FC：燃料电池
GDE：气体扩散电极
GDL：气体扩散层
HOR：氢氧化反应
HT-PEFC：高温聚合物电解质燃料电池
MCFC：熔融碳酸盐燃料电池
ORR：氧还原反应
PAFC：磷酸燃料电池
PEFC：高分子电解质燃料电池
SOFC：固体氧化物燃料电池

燃料电池可用于便携式或固定应用，根据电池类型的不同，可以使用各种不同的燃料。氢气、甲醇和烃类都可以作为燃料电池的燃料，如表 11.1 所示。

**表 11.1　不同燃料的燃料电池**

| 燃料 | 温度/℃ | 电解质 | 导电离子 | 简称 | 类属 |
|---|---|---|---|---|---|
| 氢气 | 60～200 | 聚合物磷酸 | $2H^+$ | PEFC | 酸性燃料电池 |
| 氢气 | 80 | 碱性溶液 | $2OH^-$ | AFC | 碱性燃料电池 |
| 甲醇 | 60～200 | 质子交换膜 | $2H^+$ | DMFC | 酸性燃料电池 |
| 烃类 | 650 | 碳酸盐 | $CO_3^{2-}$ | MCFC | 碱性燃料电池 |
| 烃类 | 900 | 氧化物 | $O^{2-}$ | SOFC | 碱性燃料电池 |

## 11.2 燃料电池原理与构成

虽然有许多不同类型的燃料电池，但它们都由相同的基本部件以及燃料和氧化剂组成，如图 11.1 所示。所有的燃料电池都需要两个电极：带负电的阳极（anode），在这里燃料被氧化（向外部负载释放电子流）；带正电的阴极（cathode），在这里氧化剂被还原（阴极吸收从负载中流出的电子）。必须有一种离子传导的方式来完成电化学电路，因此需要某种电解质（electrolyte）。早期的燃料电池使用液体电解质（浓碱性或浓酸性），但目前的趋势是向固体方向发展——主要是聚合物或陶瓷。对于典型的氢燃料电池，两个半电池反应是：

阳极：$H_2(g) \longrightarrow 2H^+(aq) + 2e^-$ (11.1)

阴极：$1/2O_2(g) + 2H^+ + 2e^- \longrightarrow H_2O$ (11.2)

总反应：$H_2(g) + 1/2O_2(g) \longrightarrow H_2O$ (11.3)

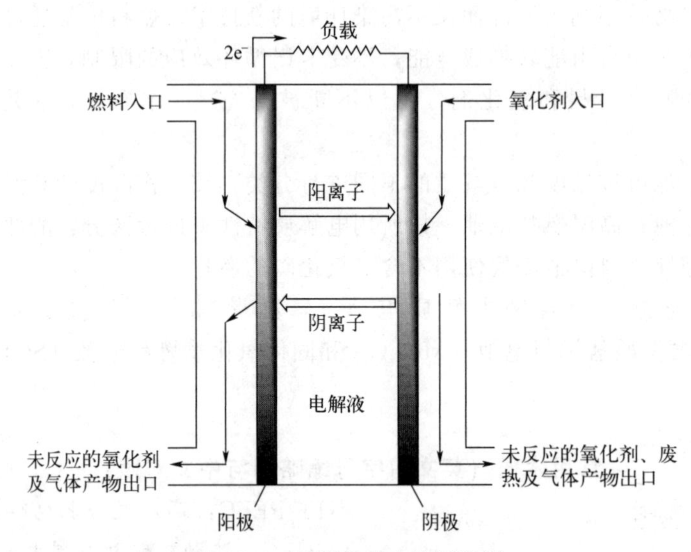


图 11.1 原型燃料电池原理图

电池电位［$E_{cell}$，也称为电动势（EMF）或电池电压］是力（单位为伏特；1V=1 焦耳/库仑），使电流通过电路。$E_{cell}$的大小反映了所涉及的化学反应物还原势的差异。容易被还原的化合物具有高的正还原电位，而非常容易被氧化的化合物具有高的负还原电位。

标准还原电位的几个代表性值见表 11.2，在所示的例子中，氟气体最容易被还原（2.87V），而金属锂是最强大的还原剂（−3.05V）。

**表 11.2 选定的标准半电池电位**

| 半反应 | $E^\ominus$/V | 半反应 | $E^\ominus$/V |
|---|---|---|---|
| $F_2(g)+2e^- \longrightarrow 2F^-(aq)$ | 2.87 | $I_3^-(aq)+2e^- \longrightarrow 3I^-(aq)$ | 0.53 |
| $O_3(g)+2H^+(aq)+2e^- \longrightarrow O_2(g)+H_2O$ | 2.07 | $2H^+(aq)+2e^- \longrightarrow H_2(g)$ | 0.000 |
| $Cl_2(g)+2e^- \longrightarrow 2Cl^-(aq)$ | 1.36 | $Zn^{2+}(aq)+2e^- \longrightarrow Zn(s)$ | −0.763 |
| $O_2(g)+4H^+(aq)+4e^- \longrightarrow 2H_2O$ | 1.23 | $2H_2O+2e^- \longrightarrow H_2(g)+2OH^-(aq)$ | −0.83 |
| $NO_3^-(aq)+4H^+(aq)+3e^- \longrightarrow NO(g)+2H_2O$ | 0.96 | $Li^+(aq)+e^- \longrightarrow Li(s)$ | −3.05 |
| $Ag(aq)+e^- \longrightarrow Ag(s)$ | 0.08 | | |

注：标准状态为 25℃、1mol/L 浓度、0.1MPa 大气压。

单个电池的输出量非常小，使许多电池可以通过导电的双极板连接在一起，形成一个燃料电池堆。一个电池的阳极与下一个电池的阴极（以此类推）处于电接触状态，整个组装的设计使燃料和氧化剂供应可以流经每个电池。堆栈的总电压是单个单元数的函数。一些固体氧化物燃料电池（SOFC）系统能够产生的功率水平高达100MW多，并用于固定发电。

## 11.3 燃料电池热力学基础

### 11.3.1 电池电势计算

为了解可以从燃料电池中获得多少功，需要通过热力学来计算。电池电势是由燃料和氧化剂的还原电势之差决定的。因此，吉布斯自由能、焓、熵和$E_{cell}$都是相互关联的。

使用表11.2中的半电池电位值计算$E^{\ominus}_{cell}$（0.1MPa、298K和1mol/L浓度的标准条件下的电池电位值）很简单。

$H_2/O_2$氧化还原对：

$$E_{cell}=E_{阴极}-E_{阳极}=1.23-0.00=1.23(V) \tag{11.4}$$

这个值代表了燃料电池在标准条件下所能产生的最大能量，前提是电池在热力学可逆的情况下工作。

注意：电池电势有$E_{cell}$、$E_{cell(可逆)}$和$E_{TN}$(热中性电池电位）几种。$E^{\ominus}_{cell}$是标准条件下的电池电势。$E_{cell(可逆)}$是指电池在可逆条件下工作时的电位。它代表热力学最大值，但它不是100%理论上可能的最大电压。理论上的最大值被称为“热中性”电池电势（$E_{TN}$，也被称为“潜在电压”），它没有考虑到由热力学第二定律必然导致的能量损失。如果燃料和氧化剂的所有化学能完全转化为电能——这在热力学上是不可能的，那么热中性电池的电势就是燃料电池所显示的电压。

### 11.3.2 电池电势与吉布斯自由能

对于给定的氧化还原电偶，吉布斯自由能$\Delta G$与焓和熵之间的关系为：

$$\Delta G=\Delta H-T\Delta S \tag{11.5}$$

式中，$\Delta H$为产生的热能；$\Delta S$是熵值。

$$\Delta G=-nFE_{cell} \tag{11.6}$$

式中，$F$为法拉第常数（$F=9.6485\times10^4$C/mol）；$n$为平衡电化学方程中转移的电子物质的量。注意，这个方程说明了符号与反应的自发性的联系：负的$\Delta G$与正的$E_{cell}$有关。因此，为了使电化学反应按照所写的进行，电池电势必须是正的。

由于一个电化学反应最终是关于传递一定数量的电子的反应，$\Delta G$也与电荷量$q$有关。

由$q=nF$可得：

$$\Delta G=qE_{cell}=-nFE_{cell} \tag{11.7}$$

（1）水状态的影响

在计算氢燃料电池的电池电势时有一个重要的注意事项：电池中产生的水的状态对热力学值有大的影响。反应条件决定了水的状态是液态或气态。因此，在计算$E_{cell}$时必须确保使用正确的热力学数据（见表11.3）。

表 11.3 $H_2$、$O_2$ 和水的热力学数据（298K，0.1MPa）

| 物质 | $\Delta H$/(J/mol) | $\Delta S$/(J/mol) |
| --- | --- | --- |
| $H_2$ | 0 | 130.68 |
| $O_2$ | 0 | 205.14 |
| $H_2O$(l) | −285830 | 69.92 |
| $H_2O$(g) | −241845 | 188.83 |

注：水的蒸发焓为 44010J/mol。

用热力学方法确定 $H_2O$(l) 的 $E^{\ominus}_{cell}$ 值（而不是半电池还原电位）。

① 使用 $\Delta G=\Delta H-T\Delta S$ 计算 $\Delta G^{\ominus}$。参考表 11.3，在 0.1MPa 和 298K 下，$H_2$ 和 $O_2$ 的焓定义为零，$H_2O$(l) 的生成焓为−285830J/mol。因此 $\Delta H$ 计算为

$$\Delta H^{\ominus}=H_{产物}-H_{反应物}=-285830\text{J/mol}-0\text{J/mol}=-285830\text{J/mol} \tag{11.8}$$

考虑到反应的化学计量，熵的变化以类似的方式计算：

$$\begin{aligned}\Delta S^{\ominus}&=S_{产物}-S_{反应物}\\&=69.92\text{J/(mol·K)}-[130.68\text{J/(mol·K)}+0.5\times205.14\text{J/(mol·K)}]\\&=-163.3\text{J/(mol·K)}\end{aligned} \tag{11.9}$$

将计算值代入 $\Delta G=\Delta H-T\Delta S$，得到 $\Delta G^{\ominus}$：

$$\Delta G^{\ominus}=-285830\text{J/mol}-298\text{K}\times[-163.3\text{J/(mol·K)}]=-237167\text{J/mol} \tag{11.10}$$

② 由 $\Delta G^{\ominus}$ 计算 $E^{\ominus}_{cell}$。因为 1mol $H_2$ 转移 2mol 电子［式(11.1) 和式(11.2)］，标准的可逆电池电位 $E_{cell}$ 的计算是简单的，通过重新排列式(11.6) 得出：

$$E^{\ominus}_{cell}=\frac{-237167\text{J/mol}}{-2\times96485\text{C/mol}}=1.2290\text{J/C}=1.23\text{V}$$

正如预期的那样，该值与测量得到半电池电势的值相同。

如果产生的水不是液态而是气态，考虑到在水中生成产物的焓和熵的不同，$E_{cell}$ 的值就会不同。再次参考表 11.3 中提供的热力学值并进行上述计算，我们发现，当水以气态（1.185V<1.23V）产生时，产生的最大能量较小［式(11.11)～式(11.14)］。这是因为水从液体汽化成气体的过程中能量损失了。

计算 $\Delta H$：

$$\Delta H=H_{产物}-H_{反应物}=-241845\text{J/mol}-0\text{J/mol}=-241845\text{J/mol} \tag{11.11}$$

计算 $\Delta S$：

$$\begin{aligned}\Delta S&=S_{产物}-S_{反应物}\\&=188.83\text{J/(mol·K)}-[130.68\text{J/(mol·K)}+0.5\times205.14\text{J/(mol·K)}]\\&=-44.42\text{J/(mol·K)}\end{aligned} \tag{11.12}$$

计算 $\Delta G$：

$$\Delta G=-241845\text{J/mol}-295\text{K}\times[-44.42\text{J/(mol·K)}]=-228608\text{J/mol} \tag{11.13}$$

计算 $E_{cell}$：

$$E_{cell}=\frac{-228608\text{J/mol}}{-2\times96485\text{C/mol}}=1.185\text{V} \tag{11.14}$$

在这些计算中，重要的是联系所涉及化合物的物理状态和热力学值。

(2) 温度和压力的影响

由于电势是吉布斯自由能的最终体现，可以得出温度会影响燃料电池的工作电势。吉布

斯自由能关系中的 $T\Delta S$ 项［式(11.5)］揭示了温度的影响与熵的变化有关。几乎所有的燃料电池反应的熵变都是负的，这意味着 $E_{cell}$ 随温度的升高而降低。例如，对于氢燃料电池，在 300～1300K 的温度范围内观察到约 0.3V 的下降。

燃料电池的工作温度影响的远不止电池的电势。而在较高的温度下操作也有好处：氧化还原反应速率的增加导致电流密度和电池功率的增加。在较高的温度下，贵金属催化剂的中毒概率也会减小。但随着温度的升高，燃料电池材料的降解会加剧，并出现额外的机械问题，尤其是聚合物组件。

在有气态反应物或产物的燃料电池系统中，压力对 $E_{cell}$ 的影响很大。在这种情况下，$E_{cell}$ 依赖于电化学反应中气体物质物质的量的变化。大多数燃料电池反应趋向于相同的方向，多表现为气体物质的物质的量减少。这导致了 $E_{cell}$ 的增加，但其影响程度低于温度。图 11.2 展示了温度和压力对氢氧燃料电池电势的影响。

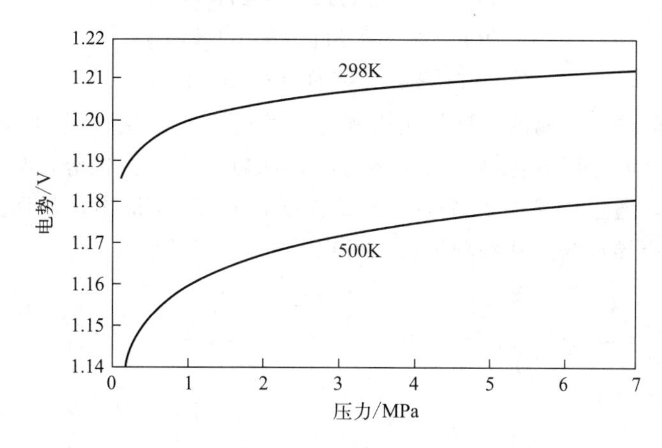


图 11.2 温度和压力对电池电势的影响

## 11.4 燃料电池电催化剂

### 11.4.1 电催化作用

燃料电池最关键的部件是电极，而电极中必须要有电催化剂。电极构造和电催化剂制备对燃料电池的性能有着深远的影响。所有需要发生的反应，如反应物的吸附和反应、电子和离子的传导以及产物的扩散都必须在催化剂和反应物界面的原子水平上发生。最终，反应物到电极的传输是最大限度地改善催化动力学的关键。反应物必须能够扩散到反应位点，吸附到电极表面进行反应，然后产物扩散出去。另外，电子必须被收集起来，并以最小的交换电流流过电路。因此，催化剂材料、表面积和形貌都会影响电池的整体效率。

在这里，我们暂时只考虑 $H_2/O_2$ 聚合物电解质膜燃料电池（PEMFC），以下许多概念也适用于各种类型的燃料电池。

无论是阴极氢氧化还是阳极氧还原都需要电催化剂，铂族金属（PGM）是目前最常用的。电极本身必须是多孔的，这样气体就可以扩散到电催化剂表面，这就是所谓的气体扩散电极。通常的催化剂制备是通过将金属盐（如 $PtCl_2$）的水溶液吸附到载体材料（通常是炭黑）上进行的。然后用还原剂（例如氢或金属氢化物）处理这种混合物来将金属还原。不过，这种电极制备方法有30%以上的金属无法应用，导致在催化上是无效的，因此开发新的制备电催化剂的方法是一个值得探索的研究领域。

### 11.4.2 氧还原反应

燃料电池需要在阴极和阳极上发生有效转换，提高氧还原反应（ORR）的效率是首要目标。ORR的一个致命弱点是慢，它会影响任何使用氧气作为氧化剂的燃料电池。鉴于此，人们普遍认为铂作为ORR电催化剂是不可缺少的，但存在成本问题。ORR的机理非常复杂，取决于特定的电极材料。因此，除了知道其中几个基本步骤和不确定的中间产物之外，人们还没有很好地理解它。1976年Wroblowa引入了两个简化的总体途径：双电子途径和四电子途径：

四电子途径：
$$O_2+4e^-+4H^+ \rightleftharpoons 2H_2O \tag{11.15}$$

双电子途径：
$$①O_2+2e^-+2H^+ \rightleftharpoons H_2O_2$$
$$②H_2O_2+2e^-+2H^+ \rightleftharpoons 2H_2O \tag{11.16}$$

过氧化氢的中间体和金属的特殊作用尚需进一步探究。过氧化氢/双电子途径主要作用于大多数碳材料、金和金属氧化物。当铂参与时，四电子途径占优势，如图11.3所示。与金属结合的分子氧，通过反键将大量的电子吸收到它的$\pi^*$轨道中，从而削弱了O—O键。随后的质子化和还原导致双羟基物种生成，可以通过还原消除生成水。

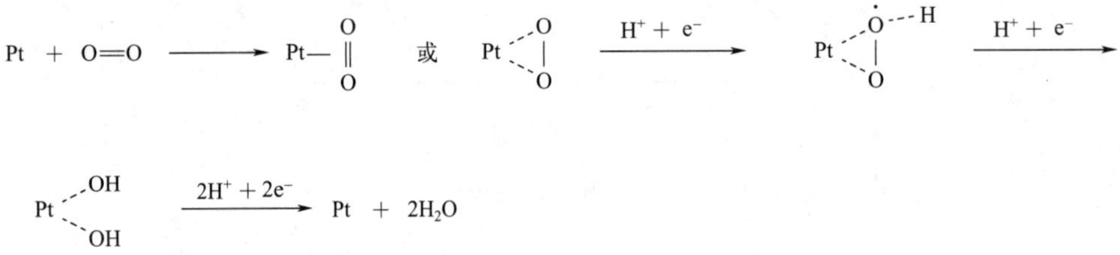

$$Pt + O{=}O \longrightarrow Pt{-}O{=}O \text{ 或 } Pt\langle O{-}O\rangle \xrightarrow{H^+ + e^-} Pt\langle O{-}O{-}H\rangle \xrightarrow{H^+ + e^-} Pt\langle (OH)(OH)\rangle \xrightarrow{2H^+ + 2e^-} Pt + 2H_2O$$

图11.3 氧还原反应中的中间体

虽然铂是ORR的一种有效催化剂，但它的成本很高：是大约一半的燃料电池堆栈的费用（即使高产能也是如此）。并且铂是一种有限资源，减少铂的数量（或找到可靠、高效、可持续和更便宜的替代品）是当务之急。有一些具有代表性的例子。

① 铂合金的应用

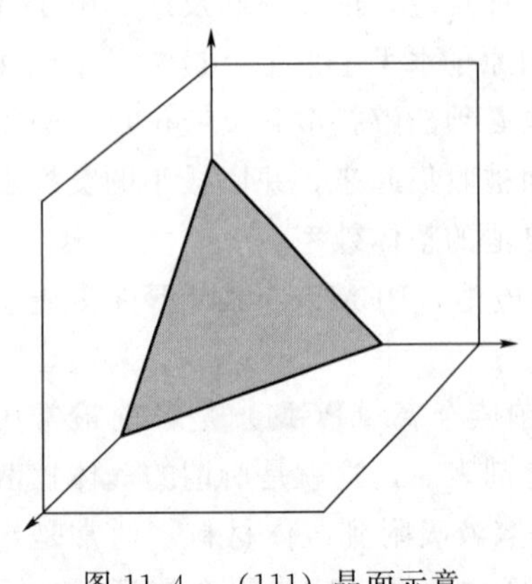

图11.4 （111）晶面示意

在一项开创性的发现中，$Pt_3Ni(111)$被确定比最先进的PEMFC的Pt/C催化剂活性更高。“111”表明了表面原子暴露的类型，如图11.4中单元格的阴影区域所示。虽然这种活性显著增加的原因尚不清楚，但过渡金属（Ni、Co、Mn、Fe、Cu）的二元、三元铂合金是目前最活跃的ORR电催化剂之一。其中，二元铂合金$Pt_3Ni(111)$是最活跃的。

② 在纳米技术方面的进展

从粒径、形状、化学计量组成和均匀性方面控制电催化剂的合成，极大地提高了燃料电池催化剂的性能，纳米粒子的加入提高了这些催化剂的性能和耐久性。阿尔贡国家实验室（美国）合成的“纳米隔离”PtNi催化剂的活性比ORR的Pt/C高7倍，并且使用二甲基甲酰胺为溶剂和还原剂合成的PtNi纳米颗粒表现出比“最先进”的Pt/C催化剂高15倍的活性。根据美国能源部的一份报告，由$Pt_{68}CO_{29}Mn_3$矿石组成的纳米薄膜（NSTF）三元电催化剂已成为“首选的阴极和阳极”。总体而言，在减少燃料电池中铂的使用方面取得了令人瞩目的进展，阳极上铂族金属的含量降至0.05mg/cm$^2$，阴极上铂族金属的含量降至0.1mg/cm$^2$。

由于铂仍然是燃料电池成本的主要因素，因此对非PGM甚至是无金属催化剂的研究尤其重要。在非PGM催化剂领域，铁、钴和锰都显示出良好的性能。掺氮碳纳米管、多孔碳和氮化碳是已经研究并取得了一些初步成功的无金属替代品。在硼酸存在的情况下，用氨处理氧化石墨烯产生的硼和氮的掺杂材料比市售的Pt/C电极具有更好的电催化活性。虽然与标准Pt/C催化剂相比，这些铂替代品的性能不佳，但早期结果令人满意。

### 11.4.3　催化剂的表征

总结一篇关于燃料电池电催化剂的文章时，简要地提及在描述它们时所使用的实验技术是非常重要的。能够研究潜在电催化剂的表面性质以及电化学性质是评价其潜力的关键。评价催化剂活性的均匀性、粒径、表面粗糙度等的方法，如扫描电子显微镜（SEM）、透射电子显微镜（TEM）、扫描透射电子显微镜（STEM）、扩展X射线吸收精细结构（XAFS）、X射线衍射（XRD）、X射线光电子能谱（XPS）和能量色散X射线能谱（EDS）通常用于给出这些材料的形貌、粒度的原子级视图及这些材料的均匀性。循环伏安法和其他电化学研究（旋转盘电极和旋转环盘电极）提供了氧化还原化学的动力学和机械探针。最后，理论方法（特别是密度泛函理论）已被证明可用于计算电荷密度和模拟新型催化剂表面上氧化还原反应的机理。

## 11.5　重要的燃料电池

有了对电催化剂的作用以及氢和氧的氧化还原化学的基本了解，我们现在可以深入介绍一些特定的燃料电池：PEMFC（质子交换膜燃料电池）、DMFC（直接甲醇燃料电池）和SOFC（固体氧化物燃料电池）。

### 11.5.1　质子交换膜燃料电池

质子交换膜燃料电池（PEMFC）采用可传导离子的聚合膜作为电解质，所以也叫聚合物电解质燃料电池（PEFC）、同体聚合物燃料电池（SPFC）或固体聚合物电解质燃料电池（SPEFC）。PEMFC使用氢作为燃料，也可使用甲醇作为燃料（DMFC）。

PEMFC在−20～100℃工作，是一种低温燃料电池；人们已经投入了大量精力开发能够在100℃以上工作的更高温度的PEMFC。

PEMFC的核心是由电催化剂和电解质膜组成的膜电极组件（MEA）（如图11.5所示）。PEMFC使用气体燃料和氧化剂（$H_2$、$O_2$或空气），电极通常由多孔材料组成即碳气体扩散层，催化剂层与之结合。MEA的制造是将催化剂层（约10μm厚）黏结到离子膜上，或者将其黏结到碳电极层上。离聚体膜本身也很薄（通常在10～175μm左右）。在这种情况下，良好的黏结是必要的，以便获得适当的导电性。

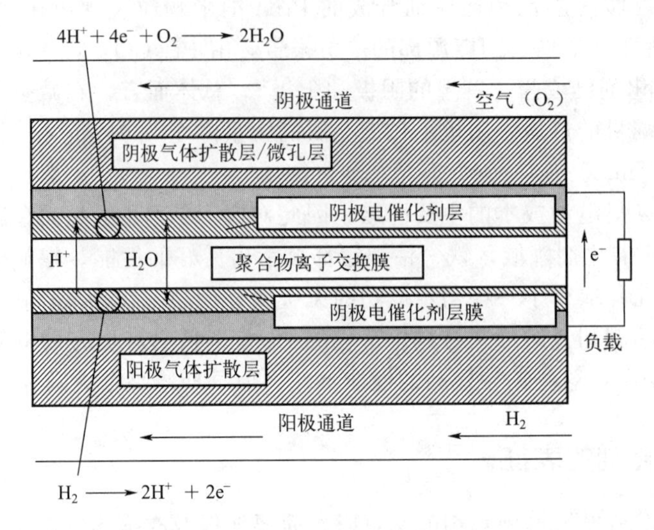


图 11.5　PEM 燃料电池原理图

PEMFC 的另一个重要问题是水管理，为了提供维持电化学反应所需的质子导电性水平，水分是必要的。干膜具有低导电性的特点，并且因为增加电阻使其电流减小。因此，PEM 性能的评价必须以某种方式反映电导率，在特定的温度和相对湿度（RH）条件下，以 S/cm 为评价单位。

在 PEMFC 中，用作燃料电池电解质膜的聚合物有四类：全氟磺酸、磺化聚芳醚/酮/砜、聚酰亚胺和聚苯并咪唑（PBI）。对聚合物膜有严格的要求：

● 首先，聚合物膜必须具有机械稳定性，可以在相当高的温度（高达 120℃）下运行。

● 水是 PEMFC 成功运行的关键组成部分，因此聚合物必须在高湿度条件下表现良好且耐用。

● 除了热/机械稳定性外，聚合物还必须具有较高的化学反应活性。

● 与任何电解质一样，它必须充当电子的绝缘体。

● 它还必须不能渗透燃料，防止燃料通过电解液膜到阴极，从而降低开路电压 $V_{OC}$ 含量。

## 11.5.2　直接甲醇燃料电池

虽然氢/氧质子交换膜燃料电池（PEMFC）的发展取得了显著进展，但氢燃料仍有诸多问题，如化石燃料生产、可燃性和单位体积的低能量密度。甲醇、甘油和乙醇等作为液态燃料具有显著优势，因此可以利用当前的燃料输送基础设施。按体积计算，他们的能量密度也比氢高得多。因此，研究问题就变成了“我们能否绕过氢气的大规模生产，在燃料电池中通过某种方式重整甲醇直接产生氢气?”答案是肯定的，直接甲醇燃料电池（DAFC）就是这样的。甲醇是 PEMFC 的最佳醇类燃料，因为它有足够的功率密度。在本节中，我们将讨论仅限于使用甲醇的 PEMFC，并将这种组合称为 DMFC。

在 DMFC 中使用甲醇作为燃料也带来了一系列的挑战。甲醇交叉（甲醇通过膜从阳极传输到阴极的现象）就是一个相当大的问题。我们已经知道阴极的动力学是缓慢的。在

DMFC中，阳极的动力学（甲醇被氧化的地方）也存在问题。因为我们目前在MEA中同时使用液体和气体，一个好的催化剂层需要一个有效的三相边界，也就是催化剂层的固体、液态甲醇和气态氧。为DMFC找到一种好的电催化剂是十分复杂的，因为在甲醇氧化的某个时刻，CO作为中间体，会导致电催化剂中毒。意味着当这种液体燃料使用在便携式燃料电池时，要使其成为可行的可持续能源解决方案，还需要进行大量研究。

在有水存在的情况下，甲醇在阳极被氧化（产生$CO_2$），而阴极反应通常是将氧气还原成水。和$H_2/O_2$燃料电池的热力学相同，产品的物理状态（液体或气体）也会影响所有的热力学计算。相关热力学数据见表11.4。

**表11.4 甲醇和水在25℃和0.1MPa下的热力学值**

| 物质 | $\Delta H$/(kJ/mol) | | $\Delta G$/(kJ/mol) | |
|---|---|---|---|---|
| | 气态 | 液态 | 气态 | 液态 |
| 甲醇 | 200.670 | 238.660 | −162.000 | −166.360 |
| 水 | 241.826 | 285.826 | −228.590 | −237.180 |

### 11.5.3 固体氧化物燃料电池

固体氧化物燃料电池（SOFC）是可靠的、相对便宜的且高效的电力来源，效率大约为40%。SOFC可被用作小型应用（如住宅）和商业规模发电厂的固定电源。SOFC是一种电导率随温度的升高而增大的固体燃料电池。此外，SOFC的高温废气可以耦合到另一个发电源（如涡轮机）上，从而提高热电联产（CHP）系统的效率。虽然科学家们致力于开发可以在更高的温度下运行的、更耐用的聚合物电解质膜（提高PEMFC的效率），但研究SOFC的科学家正在努力寻找允许SOFC在较低温度下工作的材料（约500～700℃），来提高安全性、耐久性并降低运营成本。然而，SOFC较高的工作温度使得燃料选择范围更广，也就是只要燃料可以原位重整以产生合成气，就可以用于SOFC。

与煤气化相关的SOFC堆栈被称为IGFC系统（集成气化燃料电池）。这些系统属于“清洁煤”技术领域，其中煤在蒸汽存在下气化，以产生用于SOFC合成的原料气。在SOFC中，合成气中的CO通过电化学氧化产生的$CO_2$在理论上将被隔离，使其成为碳中性的过程。

SOFC一般有两种类型：一种是氧化物导电电解质，另一种是质子导电电解质。质子导电SOFC（缩写为PC-SOFC）由一种水合的氧化物电解质组成，它允许质子从一个固定氧化物跳转到下一种氧化物。这些PC-SOFC的优点是燃料不会被水稀释，因此不需要进行水管理或燃料再循环。此外，由于质子迁移率的$E_{act}$较低，PC-SOFC可以在较低的温度（400～800℃）下运行。

## 思考题

1. 燃料电池与其它电池的区别是什么？

2. 燃料电池的工作原理是什么？以氢燃料电池为例，写出酸或碱电解质条件下的阳极和阴极所发生的反应。

3. 简述温度和压力对燃料电池效率的影响。

4. DMFC 和 PEMFC 的关系是什么？

5. 固体氧化物燃料电池与其他类型燃料电池相比，有哪些优势？

6. 燃料电池可以应用在哪些领域？

## 参考文献


[1] 衣宝廉. 燃料电池——原理·技术·应用 [M]. 北京：化学工业出版社，2003.

[2] Gregor H. Fuel cell technology handbook [M]. Florida：CRC Press LLC，2003.

[3] Timothy E L，Adam Z W. Fuel Cells and Hydrogen Production [M]. Berlin：Springer Science＋Business Media，LLC，part of Springer Nature，2019.

[4] Wroblowa H，G Razumney. Electroreduction of oxygen：A new mechanistic criterion [J]. Journal of Electroanalytical Chemistry and Interfacial Electrochemistry，1976，69 (2)：195-201.

[5] van der Vliet D F，Wang C，Tripkovic D，et al. Mesostructured thin films as electrocatalysts with tunable composition and surface morphology [J]. Nature Materials，2012，11 (12)：1051-1058.

[6] Carpenter M K，Moylan T E，Kukreja R S，et al. Solvothermal synthesis of platinum alloy nanoparticles for oxygen reduction electrocatalysis [J]. Journal of the American Chemical Society，2012，134 (20)：8535-8542.

[7] U. S. Department of Energy. 2011b. FY 2011. Progress Report for the DOE Hydrogen and Fuel Cells Program. U. S. Government [R/OL]. http：//www. hydrogen. energy. gov/annual _ progress11. html.